普通高等教育机电类系列教材

机械设计课程设计

第 3 版

主　编　王　旭　王秀叶　王积森

副主编　周先军　张春萍

参　编　李伟华　张　磊

主　审　黄珊秋

机 械 工 业 出 版 社

本书是按照高等院校机械设计及机械设计基础课程的教学基本要求，结合当前形势，根据机械工程教学内容和体系的改革需要进行编写的。

全书分为两篇，共二十一章。第一篇为机械设计课程设计指导，以齿轮、蜗杆减速器为例，较系统地介绍了机械传动装置的设计内容、设计方法、设计步骤及注意问题，并配有一定数量的不同类型的设计课题；第二篇为机械设计常用资料，提供了有关机械设计常用的标准和规范。

本书可作为高等工科院校机械类及近机械类专业《机械设计》和《机械设计基础》的配套教材使用，也可供从事机械设计工作的工程技术人员参考。

图书在版编目（CIP）数据

机械设计课程设计/王旭，王秀叶，王积森主编 . —3 版 . —北京：机械工业出版社，2014. 8（2023.6 重印）
普通高等教育机电类系列教材
ISBN 978-7-111-47309-1

Ⅰ . ①机… Ⅱ . ①王…②王…③王… Ⅲ . ①机械设计 – 课程设计 – 高等学校 – 教材 Ⅳ . ①TH122-41

中国版本图书馆 CIP 数据核字（2014）第 150484 号

机械工业出版社（北京市百万庄大街22 号 邮政编码100037）
策划编辑：刘小慧 责任编辑：刘小慧 赵亚敏 庞 炜 李 超
版式设计：霍永明 责任校对：李锦莉
封面设计：张 静 责任印制：邓 博
北京盛通商印快线网络科技有限公司印刷
2023 年 6 月第 3 版·第 7 次印刷
184mm×260mm · 21 印张 · 510 千字
标准书号：ISBN 978 – 7 – 111 – 47309 – 1
定价：39. 80 元

电话服务　　　　　　　　网络服务
客服电话：010-88361066　机 工 官 网：www.cmpbook.com
　　　　　010-88379833　机 工 官 博：weibo.com/cmp1952
　　　　　010-68326294　金 书 网：www.golden-book.com
封底无防伪标均为盗版　机工教育服务网：www.cmpedu.com

第 3 版前言

本书是根据教育部有关机械设计课程教学的基本要求，并结合许多高等院校师生的使用意见修订而成的。

本书继续保持集教学指导、参考图册、设计资料于一体，既能满足教学教材和参考资料的需要，又兼顾高等学校机械类和近机械类专业的教学特点和要求，重在培养和训练学生工程实际应用的能力。

在修订过程中，编者做了如下工作。

（1）补充更新标准 对收录在本书中的与机械设计课程设计相关的国家标准、行业标准规范和设计资料进行了更新。例如：极限与配合、几何公差及表面粗糙度的新标准，电动机的技术参数新标准等。

（2）充实完善内容 一是对书中的术语、数据、标注、图例等按最新的国家标准和行业标准进行了规范、订正；二是对书中的部分章节内容进行了补充、删减或改写。如装配图底图绘制部分，对内容进行了充实，对图表进行了更新，并且详细地说明了各阶段的完成步骤和方法。

（3）勘误补漏 更正了第 2 版教材中文字、图表中出现的一些疏漏和错误。

参加本书编写的有山东建筑大学王旭、王秀叶，中国石油大学周先军，烟台大学张春萍、张磊，山东科技大学王积森、李伟华。其中王旭、王秀叶、王积森担任主编。山东大学黄珊秋担任主审。本次修订工作主要由王旭、王秀叶负责完成。

本书修订过程中，机械工业出版社给予了大力支持与帮助，在此，谨对为本书编写做出贡献的编审人员表示衷心的感谢。

限于编者水平，书中若有不当之处敬请广大读者批评指正。

编者电子邮箱：sd_wangxu@163.com。

编 者
2014 年 8 月

第 2 版前言

本书自 2003 年 7 月由机械工业出版社出版发行以来，被许多高等院校采用，受到广大师生的欢迎，短短几年已连续印刷 4 次。随着科学技术的发展和国际技术交流的需要，近年来国家陆续颁布了一些新的国家标准，并在工程实践中贯彻执行。跟上时代的发展，满足高等学校教学改革和工程实践的需要，是本书修订的主要原因。

本次修订时，在保持本书第 1 版兼顾机械类和近机械类专业的教学特点和要求，满足教学教材和参考资料的需要，集教学指导、参考图册、设计资料于一体，突出了工程实践等特色的基础上，做了如下工作。

1. 用最新颁布的国家标准、规范和设计资料替换了旧的国家标准、规范和设计资料。如对圆柱齿轮传动精度、键联接、联轴器及带传动等部分的标准进行了更新。

2. 对个别章节的内容进行了改写，有的进行了内容的补充或删减。如课程设计指导部分从原来的以减速器为主体的设计拓宽为一般机械设计，更详细地说明了课程设计各阶段的完成步骤，补充了装配底图检查的具体内容等。

3. 增加了结构设计方法和计算机辅助零部件设计等方面的内容。

4. 更正了第 1 版文字、图表中的一些疏漏和错误。

本书是在第 1 版的基础上修订而成的。参加本书第 2 版编写的有：山东建筑大学王旭、王秀叶（第一至五章、第十六至十八章及第二十章）；中国石油大学周先军（第六至九章及第十九章）；烟台大学张春萍、张磊（第十至十一章及第十五章）；山东理工大学王积森、李伟华（第十二至十四章）；第二十一章由全体编者共同完成。王旭、王积森担任主编。山东大学黄珊秋担任主审。

本书由王旭负责修改、统稿和定稿。

本书修订过程中，得到了机械工业出版社高文龙编辑的大力支持与帮助，并对本书修订提出了很多宝贵意见和建议。

值此第 2 版出版之际，谨对为本书编写做出贡献的编审人员表示衷心的感谢。

限于编者水平，书中难免有漏误和欠妥之处，恳请读者批评指正。来信请寄山东建筑大学机电学院（邮编 250101），或发电子邮件至 sd_wangxu@163.com。

编　者
2007 年 8 月

第 1 版前言

本书是根据原国家教育委员会批准的高等工科院校"机械设计课程教学基本要求"和"机械设计基础课程教学基本要求"的精神，结合机械工程教学内容和教学体系的改革需要编写的，是山东省新世纪高校机电工程规划教材之一。

本书集教学指导、参考图册、设计资料于一体，既能满足教学教材和参考资料的需要，又兼顾了机械类和近机械类专业的教学特点和要求，同时从培养学生创新能力出发，提供了多样化的设计选题，突出了工程实践。本书还新增了机械设计 CAD，介绍了计算机二维设计和三维设计在机械设计中的应用。

本书第一篇为机械设计课程设计指导（第一～十章），包括绪论、设计题目选例、减速器概述、传动装置的总体设计、传动零件设计计算、减速器装配图底图的设计、装配图的设计、编写设计说明书及准备答辩、计算机绘图简介。第二篇为机械设计常用标准和规范（第十一～二十一章），包括一般标准和常用资料、常用材料、极限与配合及表面粗糙度、齿轮传动和蜗杆传动的精度、机械联接、机械传动、联轴器、滚动轴承、润滑与密封、电动机、课程设计参考图例。本书提供的机械设计常用标准和规范，均为最新的国家和行业标准。

本书第一章至第五章、第十六章至第十八章及第二十章由王旭、王秀叶编写；第六章至第九章及第十九章由周先军编写；第十章至第十一章及第十五章由张春萍、张磊编写；第十二章至第十四章由王积森、李伟华编写；第二十一章由全体编者共同完成。王旭负责统稿。

全书由黄珊秋主审，并提出了许多宝贵意见，在此表示感谢。

由于编者水平有限，书中难免存在错误和缺陷，恳请广大读者批评指正。

编　者
2003 年 1 月

目　录

第一篇　机械设计课程设计指导

第一章　概　　论

一、课程设计的目的

机械设计课程设计是为机械类专业和近机械类专业的学生在学完机械设计及同类课程以后所设置的一个重要的实践教学环节，也是学生第一次较全面、规范地进行设计训练，其主要目的是：

1) 培养学生理论联系实际的设计思想，训练学生综合运用机械设计课程和其他先修课程的基础理论并结合生产实际进行分析和解决工程实际问题的能力，巩固、深化和扩展学生有关机械设计方面的知识。

2) 通过对通用机械零件、常用机械传动或简单机械的设计，使学生掌握一般机械设计的程序和方法，树立正确的工程设计思想，培养独立、全面、科学的工程设计能力。

3) 在课程设计的实践中对学生进行设计基本技能的训练，培养学生查阅和使用标准、规范、手册、图册及相关技术资料的能力，以及计算、绘图、数据处理、计算机辅助设计等方面的能力。

二、课程设计的内容

机械设计课程设计通常选择一般用途的机械传动装置或简单机械作为设计题目。目前采用较广的是以减速器为主体的机械传动装置。这是因为减速器包括了机械设计课程的大部分零部件，具有典型的代表性。现以图1-1所示的带式输送机传动装置为例来说明设计的内容。

课程设计通常包括以下内容：

1) 传动方案的分析和拟订。

2) 电动机的选择。

3) 传动装置的运动和动力参数的计算。

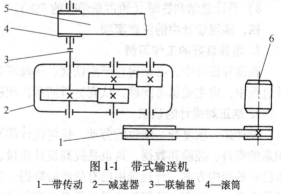

图 1-1　带式输送机
1—带传动　2—减速器　3—联轴器　4—滚筒
5—输送带　6—电动机

4) 传动零件的设计计算。

5) 轴的设计计算。

6) 轴承、联接件、润滑密封及联轴器的选择和验算。

7) 箱体结构及附件的设计。

8) 装配图及零件图的设计与绘制。

9) 设计说明书的整理和编写。

课程设计中，一般要求每个学生完成以下工作：

1）总图或传动装置部件装配图（A1 号或 A0 号图纸）1～2 张。

2）零件工作图若干张（传动零件、轴或箱体）。

3）设计说明书一份（约 6000～8000 字）。

对于不同专业，由于培养目标及学时数不同，选题和设计内容及分量应有所不同。本章选列若干套机械设计课程设计题目，供选题时参考。有条件的学校提倡用计算机辅助设计和绘图来完成课程设计内容。

三、课程设计的一般步骤

以前述常规设计题目为例，课程设计大体可按以下几个阶段进行。

1）设计准备（约占总学时的 5%）。包括研究设计任务书，分析设计题目，明确设计内容、条件和要求；通过减速器装拆实验、观看录像、参观实物或模型、查阅资料及调研等方式了解设计对象；复习有关课程内容，拟订设计计划；准备设计用具等。

2）机械传动装置的总体设计（约占总学时的 5%）。包括分析或拟订机械传动装置的运动简图；选择电动机类型、功率和转速；计算传动装置的总传动比并分配各级传动比；计算各轴的转速、功率和转矩。

3）各级传动零件的设计（约占总学时的 5%）。包括设计计算齿轮传动、蜗杆传动、带传动、链传动等传动零件的主要参数和尺寸。

4）减速器装配底图的设计（约占总学时的 35%）。包括装配底图的设计构思、装配底图的初步绘制、装配底图的检查和修改。

5）减速器装配工作图的绘制（约占总学时的 25%）。绘制正式视图；标注尺寸和配合；编写技术要求、技术特征、明细表、标题栏。

6）零件工作图的绘制（约占总学时的 10%）。

7）设计计算说明书的编写（约占总学时的 10%）。

8）设计总结和答辩（约占总学时的 5%）。

四、课程设计中的注意事项

1. 培养良好的工作习惯

在课程设计中，必须树立严肃认真、一丝不苟、刻苦钻研、精益求精的工作态度。在设计过程中，应主动思考问题，认真分析问题，积极解决问题。

2. 端正对设计的认识

设计是一项复杂、细致的劳动，任何设计都不可能凭空想象出来，它需要借鉴前人长期积累的资料、经验和数据，这也是提高设计质量、加快设计进度的重要保证。善于参考和分析已有的结构方案，合理选用已有的经验数据，掌握和使用各种资料也是需要培养的基本设计能力之一。然而，任何新的设计任务总有其特定的设计要求和工作条件，因此，不能盲目机械地抄袭资料，而必须吸收新的技术成果，注意新的技术动向，创造性地进行设计。同时，鼓励运用现代设计方法，以进一步提高设计质量和水平。

3. 掌握正确的设计方法

注意掌握设计进度，按预定计划完成阶段性的目标。在底图设计阶段，注意设计计算与结构设计画图交替进行，采用计算完了画图或画完了图进行核算的方法都是不可行的。正确的设计方法应该是"边计算，边画图，边修改"。同时，在整个设计过程中要注意对设计资料和计算数据的保存和积累，以保持记录的完整性。

4. 注重标准和规范的采用

为提高设计质量和降低设计成本，必须注意采用各种标准和规范，这也是评价设计质量的一项重要指标。在设计中，应严格遵守和执行国家标准、部颁标准及行业规范。对于非标准数据，也应尽量修整成标准数列或选用优先数列。

第二章 设计题目选例

一、带式输送机传动装置设计

带式输送机（图2-1）主要完成由输送带运送机器零、部件的工作。

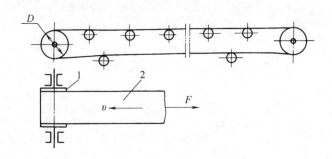

图 2-1 带式输送机工作装置

1—滚筒 2—输送带

1. 原始数据（表 2-1）

表 2-1 带式输送机原始数据

题 号	1	2	3	4	5	6	7	8	9	10	11	12	13	14	15	16
输送带工作拉力 F/kN	2.5	2.8	2.7	2.6	3	2.5	2.8	2.6	8.5	7	6.5	8	7	8	7.5	7.5
输送带速度 $v/\text{m} \cdot \text{s}^{-1}$	1.5	1.4	1.5	1.8	1.5	1.7	1.5	1.4	0.68	0.8	0.9	0.75	0.85	0.75	0.8	0.8
滚筒直径 D/mm	450	450	450	450	400	400	450	450	300	360	400	350	380	340	365	370

2. 工作条件

带式输送机连续单向运转，载荷变化不大，空载起动；输送带速度的允许误差为 ±5%；室内工作，有粉尘；两班制工作（每班按 8h 计算），使用期限为 10 年，大修期为 3 年；在中小型机械厂小批量生产。

3. 参考传动方案（图2-2）

二、卷扬机传动装置设计

卷扬机（图 2-3）主要完成将砖、砂石等物料提升到一定高度的工作。

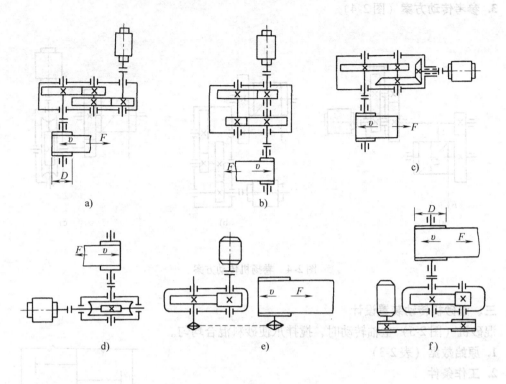

图 2-2 带式输送机传动方案

1. 原始数据（表 2-2）

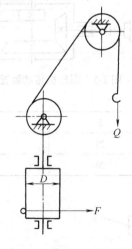

图 2-3 卷扬机工作装置

表 2-2 卷扬机原始数据

题　　号	1	2	3	4	5	6
钢绳工作拉力 F/kN	14	17	19	24	27	29
钢绳速度 v/m·s^{-1}	1.0	1.1	1.1	1.2	1.1	1.0
卷筒直径 D/mm	250	300	350	400	400	450

2. 工作条件

卷扬机单向工作，载荷变动小；钢绳速度的允许误差为 ±5%；室外工作，灰尘较大；单班制工作（每班按 8h 计算），使用期限为 12 年，大修期为 3 年；在专门工厂小批量生产。

3. 参考传动方案（图 2-4）

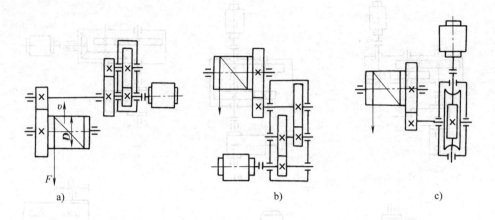

a)　　　　　　　　　　　b)　　　　　　　　　　c)

图 2-4　卷扬机传动方案

三、混砂机传动装置设计

混砂机（图 2-5）主轴转动时，搅拌爪使砂料混合均匀。

1. 原始数据（表 2-3）

2. 工作条件

混砂机工作时载荷变动小，灰尘较大；三班制工作（每班按 8h 计算），使用期限为 15 年，大修期为 3 年；由专门工厂制造，小批量生产。

四、塔式起重机行走部减速装置设计

塔式起重机有较大的工作空间，用于高层建筑施工和安装工程起吊物料用。起重机可在专用钢轨上水平行走。行走部传动装置如图 2-6 所示。

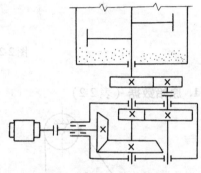

图 2-5　混砂机传动装置

表 2-3　混砂机原始数据

题　号	1	2	3
混砂机主轴转速 $n/\text{r} \cdot \text{min}^{-1}$	25	20	34
混砂机主轴驱动功率 P/kW	11	20	27

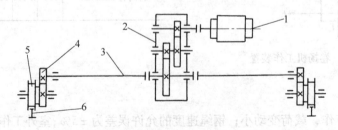

图 2-6　塔式起重机行走部传动装置

1—电动机　2—减速器　3—传动轴　4—齿轮传动　5—车轮　6—轨道

1. 原始数据（表2-4）

表 2-4　塔式起重机行走部原始数据

题　　号	1	2	3	4	5	6	7	8	9	10
运行阻力 F/kN	1.6	1.6	1.6	1.6	1.8	1.8	1.8	1.8	2.0	2.2
运行速度 v/m·s^{-1}	0.58	0.67	0.83	1	0.58	0.67	0.83	1	0.83	0.83
车轮直径 D/mm	350	350	350	350	400	400	400	400	400	400
起动系数 k_d	1.3	1.4	1.5	1.6	1.3	1.4	1.5	1.6	1.5	1.6

注：起动系数 k_d 是考虑起动惯性后电动机功率增大的倍数。

2. 工作条件

减速装置可正反转，载荷平稳；运动速度的允许误差为 ±5%；传动零件工作总时数为 10000h，滚动轴承寿命为 4000h，大修期为 2000h；由中型机械厂制造，小批量生产。

五、热处理装料机传动装置设计

热处理装料机（图2-7）通过减速传动后带动连杆机构实现推杆对货物的不断送进。

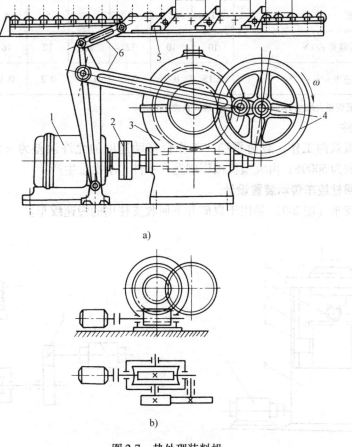

a)

b)

图 2-7　热处理装料机

a）总图　b）传动装置运动简图

1—电动机　2—联轴器　3—蜗杆减速器　4—齿轮传动

5—装料机推杆　6—连杆机构

1. 原始数据（表 2-5）

表 2-5　热处理装料机原始数据

题　号	1	2	3	4	5	6	7	8
曲柄轴的功率 P/kW	2.5	2.75	3.0	3.25	3.5	4.0	5.0	6.0
曲柄轴的角速度 ω/rad·s^{-1}	3.2	3.6	3.8	4.0	4.25	4.3	5.2	5.5

2. 工作条件

热处理装料机单向工作，载荷平稳；三班制工作（每班按 8h 计算），使用期限为 10 年，大修期为 3 年；由专门工厂制造，小批量生产。

六、通用试验机传动装置设计

要求通用试验机（图 2-8）工作台上下移动对试件进行压缩（或拉伸），以测试其性能。

1. 原始数据（表 2-6）

表 2-6　通用试验机原始数据

题　号	1	2	3	4	5	6	7	8
试验载荷 F/kN	10	10	12	12	12	16	16	16
工作台速度 v/m·s^{-1}	0.15	0.2	0.1	0.15	0.2	0.1	0.15	0.2

注：试验对象截面最大尺寸 150mm×150mm，最大长度 300mm。

2. 工作条件

通用试验机双向工作，载荷平稳；工作台移动速度的允许误差为 ±5%；使用寿命为 20000h，大修期为 5000h；由大型机械厂制造，单件、小批量生产。

七、矿用回柱绞车传动装置设计

矿用回柱绞车（图 2-9）是用于煤矿井下回收支柱用的慢速绞车。

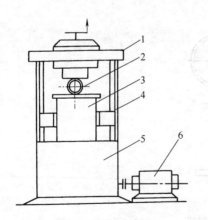
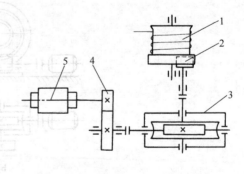

图 2-8　通用试验机　　　　　　　图 2-9　矿用回柱绞车传动装置

1—试验台固定横梁　2—试件　3—升降工作台　　　1—绞车绳筒　2—内齿轮传动　3—蜗杆减速器

4—试验机主柱　5—传动装置　6—电动机　　　　　4—齿轮传动　5—电动机

1. 原始数据（表2-7）

表2-7 矿用回柱绞车原始数据

题 号	1	2	3	4	5	6	7	8
钢绳牵引力 F/kN	45	45	45	50	50	50	56	56
钢绳最大速度 v/m·s^{-1}	0.13	0.15	0.17	0.13	0.15	0.17	0.13	0.15
绳筒直径 D/mm	250	250	250	280	280	280	300	300
钢绳直径 d/mm	15	15	15	16	16	16	16	16
最大缠绕层数	4	5	6	4	5	6	4	5

注：绳筒容绳量为120m。

2. 工作条件

绞车工作平稳，间歇工作（工作与停歇时间比为1:2）；绳筒转向定期变换；绞车绳筒转速的允许误差为±8%；每天工作8h，使用寿命为10年，大修期为5年，要求工作能力有10%的储备余量；中型机械厂制造，小批量生产。

八、螺旋输送机传动装置设计

螺旋输送机（图2-10）主要完成如砂、灰、谷物、煤粉等散状物料的输送。

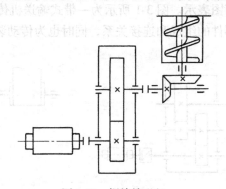

图2-10 螺旋输送机

1. 原始数据（表2-8）

表2-8 螺旋输送机原始数据

题 号	1	2	3	4	5	6	7	8
输送机主轴功率 P/kW	4	4	4	6.5	6.5	6.5	6.5	10
输送机主轴转速 n/r·min^{-1}	100	110	120	90	100	110	120	90

2. 工作条件

螺旋输送机单向转动、连续工作、工作平稳；输送机主轴转速的允许误差为±7%；每天工作8h，使用寿命为5年，大修期为2年；中型机械厂制造，中批生产。

第三章 传动装置的总体设计

传动装置的总体设计，主要包括拟订传动方案、选择电动机、确定总传动比和各级分传动比，以及计算传动装置的运动和动力参数。

第一节 拟订传动方案

机器通常是由原动机、传动装置和工作机三部分组成的。其中传动装置是将原动机的运动和动力传递给工作机的中间装置。它常具备减速（或增速）、改变运动形式或运动方向以及将动力和运动进行传递与分配的作用。传动装置是机器的重要组成部分，它的质量和成本在整部机器中占有很大的比重，整部机器的工作性能、成本费用以及整体尺寸在很大程度上取决于传动装置设计的状况。因此，合理地设计传动装置是机械设计工作的一个重要组成部分。

传动方案通常用运动简图表示。图 3-1 所示为一带式输送机传动方案，它反映了机器运动和动力传递的路线及各部件的组成和连接关系，同时也为传动装置中各零部件的设计提供了依据。

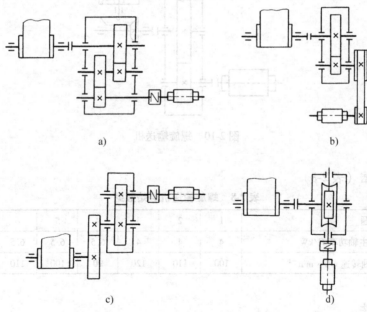

图 3-1 一带式输送机的传动方案

a) 方案 1 b) 方案 2 c) 方案 3 d) 方案 4

合理的传动方案首先应满足工作机的性能（例如传递功率、转速及运动方式）的要求。另外，还要与工作条件（例如工作环境、工作场地、工作时间）相适应。同时还要求工作可靠、结构简单、尺寸紧凑、传动效率高、使用维护方便、工艺性和经济性好。若要同时满足上述各方面要求往往是比较困难的。因此，要分清主次，首先要满足重要要求，同时要分析比较多种传动方案，选择其中既能保证重点又能兼顾其他要求的合理传动方案作为最终确定的传动方案。

图3-1 所示为一带式输送机的四种传动方案。方案1采用二级圆柱齿轮减速器，该方案结构尺寸小，传动效率高，适合在较差的工作环境下长期工作；方案2采用一级带传动和一级闭式齿轮传动，该方案外廓尺寸较大，有减振和过载保护作用，但不适合过高的工作要求和恶劣的工作环境；方案3采用一级闭式齿轮传动和一级开式齿轮传动，该方案成本较低，但使用寿命短且不适用于较差的工作环境；方案4采用一级蜗杆传动，该方案结构紧凑，但传动效率低，长期工作不经济。以上四种方案虽然都能满足带式输送机的功能要求，但结构尺寸、性能指标、经济性等方面均有较大差异，要根据具体的工作要求选择合理的传动方案。

分析和选择传动机构的类型及其组合是拟订传动方案的一个重要环节。图3-2 所示为在传递功率（50kW）、低速轴转速（200r/min）、传动比（$i=5$）都相同时，几种不同类型传动机构的外廓尺寸对比。由图可见，在同样的传动参数要求下，外廓尺寸相差很大。选择传动方案时，应综合考虑各方面要求并结合各种机构的特点和适用范围加以分析。为便于选择机构类型，将常用传动机构的主要性能和应用列于表3-1 和表3-2 中。

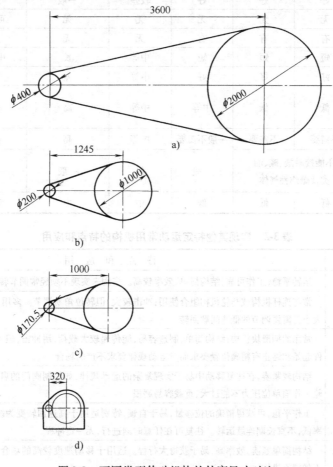

图3-2 不同类型传动机构的外廓尺寸对比

a) 平带传动 b) V带传动 c) 链传动 d) 齿轮传动

表 3-1 传递连续回转运动常用机构的性能

传动机构\选用指标	普通平带传动	普通 V 带传动	摩擦轮传动	链传动	普通齿轮传动		蜗杆传动	行星齿轮传动
常用功率/kW	小 (≤20)	中 (≤100)	小 (≤20)	中 (≤100)	大 (最大达 50000)		小 (≤50)	中 (最大达 3500)
单级传动比 常用值 (最大值)	2~4 (5)	2~4 (7)	2~4 (5)	2~5 (6)	圆柱 3~5 (8)	圆锥 2~3 (5)	7~40 (80)	3~87 (500)
传动效率	中	中	较低	中	高		低	中
许用线速度 /m·s⁻¹	≤25	≤25~30	≤15~25	≤40	6 级精度 直齿≤18 非直齿≤36 5 级精度≤100		≤15~35	基本同 普通圆柱 齿轮传动
外廓尺寸	大	大	大	大	小		小	小
传动精度	低	低	低	中等	高		高	高
工作平稳性	好	好	好	较差	一般		好	一般
自锁能力	无	无	无	无	无		可有	无
过载保护作用	有	有	有	无	无		无	无
使用寿命	短	短	短	中等	长		中等	长
缓冲吸振能力	好	好	好	中等	差		差	差
要求制造及 安装精度	低	低	中等	中等	高		高	高
要求润滑条件	不需要	不需要	一般不需要	中等	高		高	高
环境适应性	不能接触酸、碱、油 类及爆炸性气体	一般	一般	好	一般		一般	一般
成本	低	低	低	中	中		高	高

表 3-2 实现其他特定运动常用机构的特点和应用

运动形式	传动机构	特点和应用
间歇回转	槽轮机构	运转平稳,工作可靠,结构简单,效率较高。多用来实现不须经常调节转角的转位运动
	棘轮机构	常与连杆机构或凸轮机构组合使用;冲击较大,但转位角易调节。多用于转角小于 45°或转角大小常需要调节的低速间歇回转
往复直线运动	连杆机构	常用曲柄滑块机构;结构简单,制造容易,能传递较大载荷,耐冲击,但不宜高速。多用于对构件起始和终止有精确位置要求而对运动规律要求不严的场合
	凸轮机构	结构较紧凑,在往复移动中易于实现复杂的运动规律,如控制阀门的启闭。行程不能过大,凸轮工作面单位压力不能过大,重载容易磨损
	螺旋机构	工作平稳,可获得精确的位移量,易于自锁,特别适用于高速回转变为缓慢移动的场合。但效率低,不宜长期连续运转。往复可在任意时刻进行,无一定冲程
	齿轮齿条机构	结构简单紧凑,效率高,易于获得大行程。适用于移动速度较高的场合,但传动平稳性和精度不如螺旋机构
	绳传动	传递长距离直线运动最轻便。适用于起升重物的上下升降运动

（续）

运动形式	传动机构	特 点 和 应 用
往复摆动	连杆机构	常用曲柄摇杆机构或双摇杆机构,特点与适用场合与往复直线运动的连杆机构相同
	凸轮机构	特点与适用场合与往复直线运动的凸轮机构相同
	齿条齿轮机构	当齿条往复移动时可带动齿轮往复摆动。结构简单、紧凑,效率高。齿条的往复移动可由曲柄滑块机构获得,也可由气缸、液压缸活塞杆的往复移动获得
曲线运动	连杆机构	用实验方法、解析优化设计方法或连杆曲线图谱来获得近似连杆曲线
振动	凸轮机构	适用于中等频率、中等负荷的场合
	连杆机构	适用于频率较低、负荷较大的场合
	旋转偏重惯性机构	适用于频率较高、振幅不大且随负荷增大而减小的场合
	偏心轴强制振动机构	利用偏心轴强制振动。适用于频率较高、振幅不大且固定不变、工作稳定可靠的场合。由于偏心轴固定轴承受往复冲击,因而易损坏

合理安排和布置传动顺序是拟订传动方案中的另一个重要环节。除考虑各级传动机构所适应的速度范围外，还应考虑下述几点：

1）带传动承载能力较低，在传递相同转矩时结构尺寸较啮合传动大；但带传动平稳，能吸振缓冲，应尽量置于传动系统的高速级。

2）滚子链传动运转不平稳，有冲击，宜布置在传动系统的低速级。

3）斜齿轮传动较直齿轮传动平稳性好，相对可用于高速级。

4）因锥齿轮的模数增大后加工更为困难，一般应将其置于传动系统的高速级，且对其传动比加以限制。但需注意，当锥齿轮的速度过高时，其精度也需相应地提高，因此会增加制造精度要求和成本。

5）蜗杆传动的传动比大，承载能力较齿轮传动低，常布置在传动系统的高速级，以获得较小的结构尺寸和较高的齿面滑动速度，易于形成液体动压润滑油膜，可以提高承载能力和传动效率。

6）开式齿轮传动一般工作环境较差，润滑条件不良，对外廓的紧凑性要求低于闭式传动，相对应布置在低速级。

7）改变运动形式的机构（如连杆机构、凸轮机构）一般应布置在传动系统的末端或低速处，以简化传动装置；控制机构一般也应尽量放在传动系统的末端或低速处，以免造成大的累积误差，降低传动精度。

8）传动装置的布局应尽量做到结构紧凑、匀称，强度和刚度好，便于操作、拆装和维修。

本书所选的课程设计题目中，某些给出了若干个可供选用的传动方案，学生应对此进行分析和比较，并做出合理的选择，也可提出改进意见或另行拟订更合理的方案。

第二节　选择电动机

原动机是机器中运动和动力的来源，其种类很多，有电动机、内燃机、蒸汽机、水轮机、汽轮机、液动机等。电动机构造简单、工作可靠、控制简便、维护容易，一般生产机械上大多采用电动机驱动。

电动机已经系列化，设计中只需根据工作机所需要的功率和工作条件，选择电动机的类型和结构形式、容量、转速，并确定电动机的具体型号。

一、选择电动机类型和结构形式

电动机类型和结构形式可以根据电源种类（直流、交流）、工作条件（温度、环境、空间尺寸）和载荷特点（性质、大小、起动性能和过载情况）来选择。

工业上广泛应用 Y 系列三相交流异步电动机。它是我国 20 世纪 80 年代的更新换代产品，具有高效、节能、振动小、噪声小和运行安全可靠的特点，安装尺寸和功率等级符合国际标准，适合于无特殊要求的各种机械设备。对于频繁起动、制动和换向的机械（如起重机械），宜选用转动惯量小、过载能力强、允许有较大振动和冲击的 YZ 型或 YZR 型三相异步电动机。为适应不同的安装需要，同一类型的电动机结构又制成若干种安装形式，供设计时选用。有关电动机的技术数据、外形及安装尺寸可查阅本书第二篇第二十章的相关内容。

二、确定电动机的容量

电动机容量（功率）选得合适与否，对电动机的工作和经济性都有影响。当容量小于工作要求时，电动机不能保证工作机的正常工作，或使电动机因长期过载发热量大而过早损坏；容量过大则电动机价格高，能量不能充分利用，经常处于非满载运行，其效率和功率因数都较低，增加电能消耗，造成很大浪费。

电动机容量主要根据电动机运行时的发热条件来决定。电动机的发热与其运行状态有关。对于长期连续运转、载荷不变或变化很小、在常温下工作的机械，只要所选电动机的额定功率 P_n 等于或略大于所需电动机功率 P_0，即 $P_n \geqslant P_0$，电动机在工作时就不会过热，而不必校验发热和起动力矩。具体计算步骤如下：

1. 计算工作机所需功率 P_W

工作机所需功率 P_W（kW）应由机器的工作阻力和运动参数确定。课程设计中，可由设计任务书中给定的工作机参数（F_W、v_W、T_W、n_W 等）按下式计算

$$P_W = \frac{F_W v_W}{1000 \eta_W}$$

或

$$P_W = \frac{T_W n_W}{9550 \eta_W}$$

式中，F_W 为工作机的阻力（N）；v_W 为工作机的线速度（m/s）；T_W 为工作机的转矩（N·m）；n_W 为工作机的转速（r/min）；η_W 为工作机的效率，对于带式运输机，一般取 $\eta_W = 0.94 \sim 0.96$。

2. 计算电动机所需功率 P_0

电动机所需功率由工作机所需功率和传动装置的总效率按下式计算

$$P_0 = \frac{P_W}{\eta}$$

式中，η 为由电动机至工作机的传动装置总效率。

传动装置总效率 η 应为组成传动装置的各个运动副效率的乘积，即 $\eta = \eta_1 \eta_2 \eta_3 \cdots \eta_n$。$\eta_1$，$\eta_2$，$\eta_3$，$\cdots$，$\eta_n$ 分别为传动装置中每一级传动副（如齿轮传动、蜗杆传动、带传动或

链传动等）、每对轴承或每个联轴器的效率，其值可查阅本书第二篇第十一章相关内容。

在计算传动装置的总效率时，应注意以下几点：

1）在资料中查出的效率数值为一范围时，一般可取中间值。如工作条件差、加工精度低或维护不良，应取低值，反之取高值。

2）轴承的效率通常指一对轴承的效率。

3）同类型的几对传动副、轴承或联轴器，要分别计入各自的效率。

3. 确定电动机的额定功率 P_n

电动机的额定功率通常按下式计算

$$P_n = (1 \sim 1.3)P_0$$

根据 P_n 值从本书第二篇第二十章有关电动机标准中选择相应的电动机型号。

三、确定电动机转速

容量相同的同类型电动机，其同步转速有 3000r/min、1500r/min、1000r/min、750r/min 四种。电动机转速越高，则磁极数越少，尺寸和质量越小，价格也越低。但电动机转速与工作机转速相差过多势必造成传动系统的总传动比加大，致使传动装置的外廓尺寸和质量增加，价格提高。而选用较低转速的电动机时，则情况正好相反，即传动装置的外廓尺寸和质量减小，而电动机的尺寸和质量增大，价格提高。因此，在确定电动机转速时，应进行分析比较，权衡利弊，选择最优方案。

设计中常选用同步转速为 1500r/min 或 1000r/min 的电动机，如无特殊要求，一般不选用 3000r/min 和 750r/min 的电动机。

根据选定的电动机类型、结构、容量和转速，由本书第二篇第二十章查出电动机型号，并将其型号、额定功率、满载转速、外形尺寸、电动机中心高、轴伸尺寸、键联接尺寸等记录备用。

对于专用传动装置，其设计功率按实际需要的电动机功率 P_0 来计算；对于通用传动装置，其设计功率按电动机的额定功率 P_n 来计算。传动装置的输入转速可按电动机额定功率时的转速即满载转速 n_m 来计算。

第三节 确定传动装置的总传动比并分配各级传动比

电动机选定以后，根据电动机满载转速 n_m 及工作机转速 n_W，就可计算出传动装置的总传动比为

$$i = \frac{n_m}{n_W}$$

由传动方案知，传动装置的总传动比等于各级传动比的乘积，即

$$i = i_1 i_2 i_3 \cdots i_n$$

式中，i_1，i_2，i_3，$\cdots$，i_n 分别为各级串联传动副的传动比。

合理地分配各级传动比，是传动装置总体设计中的一个重要问题，它将直接影响到传动装置的外廓尺寸、质量、润滑条件、成本、传动零件的圆周速度及精度等级。同时达到上述各方面要求比较困难，因此，设计时应根据具体条件，首先满足主要要求。具体分配传动比时应考虑以下几点：

1) 各级传动比应在常用的合理范围之内（见第二篇第十一章），以符合各种传动形式的工作特点，并使结构比较紧凑。

2) 应注意使各级传动的尺寸协调，结构匀称，避免相互干涉碰撞。例如，在由带传动和单级圆柱齿轮减速器组成的传动装置中（图 3-1b），一般应使带传动的传动比小于齿轮传动的传动比。否则，就有可能使大带轮半径大于减速器中心高（图 3-3），使带轮与底架相碰，造成安装不便。又如图 3-4 所示的二级圆柱齿轮减速器中，由于高速级传动比过大，致使高速级大齿轮与低速轴相碰。

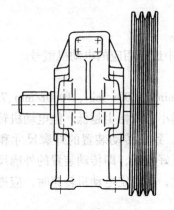

图 3-3　大带轮尺寸过
大的安装情况

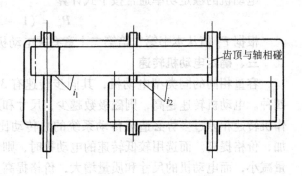

图 3-4　二级齿轮减速器中高速级大齿
轮与低速轴相碰的情况

3) 尽量使传动装置外廓尺寸紧凑或质量较小。如图 3-5 所示的二级圆柱齿轮减速器，在中心距和总传动比相同时，由于传动比分配不同，使其外廓尺寸不同。图中上方所示方案（高速级 $i_1 = 5.51$，低速级 $i_2 = 3.63$）有较小的外廓尺寸。

4) 尽量使各级大齿轮浸油深度合理。一般在卧式齿轮减速器中，常设计成各级大齿轮直径相近（因低速级齿轮的圆周速度较低，为保证其润滑效果，可使其大齿轮直径稍大），以便于齿轮浸油润滑。

对于各类减速器，考虑上述要求，可参考下列数据分配传动比：

二级展开式圆柱齿轮减速器

$$i_1 = (1.3 \sim 1.5)i_2$$

式中，i_1、i_2 分别为高速级和低速级的传动比。

二级同轴式圆柱齿轮减速器

$$i_1 = i_2 \approx \sqrt{i}$$

式中，i_1、i_2 分别为高速级和低速级的传动比；i 为减速器的总传动比。

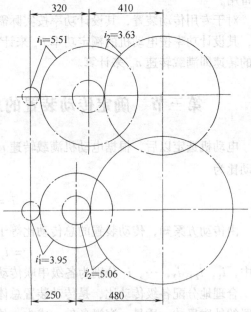

图 3-5　二级齿轮减速器两种传
动比分配方案外廓尺寸对照

锥齿轮-圆柱齿轮减速器

$$i_1 \approx 0.25i \text{ 且 } i_1 \leqslant 3$$

式中，i_1 为锥齿轮传动的传动比；i 为减速器总传动比。

蜗杆-齿轮减速器

$$i_2 \approx (0.03 \sim 0.06)i$$

式中，i_2 为齿轮传动的传动比；i 为减速器总传动比。

齿轮-蜗杆减速器

$$i_1 = 2 \sim 2.5$$

式中，i_1 为齿轮传动的传动比。

二级蜗杆减速器

$$i_1 \approx i_2$$

式中，i_1、i_2 分别为高速级和低速级蜗杆传动的传动比。

分配的各级传动比只是初步选定的数值，实际传动比要由传动件最终确定的参数（如齿轮齿数、带轮直径等）准确计算。因此，工作机的实际转速，要在传动件设计计算完成后进行核算，如不在允许误差范围内，则应重新调整传动件参数，甚至重新分配传动比。设计要求未规定转速（或速度）的允许误差时，传动比一般允许在 $\pm(3 \sim 5)\%$ 范围内变化。

第四节　传动装置的运动和动力参数计算

为进行传动件的设计计算，需要求出各轴的转速、转矩或功率。若将传动装置各轴由高速至低速依次定为Ⅰ轴、Ⅱ轴、……（电动机轴为0轴），并设：

n_{I}、n_{II}、n_{III}、……——各轴的转速（r/min）；

P_{I}、P_{II}、P_{III}、……——各轴的输入功率（kW）；

T_{I}、T_{II}、T_{III}、……——各轴的转矩（N·m）；

$\eta_{0\text{I}}$、$\eta_{\text{I}\text{II}}$、$\eta_{\text{II}\text{III}}$、……——相邻两轴间的传动效率；

i_0、i_1、i_2、……——相邻两轴间的传动比。

则可按电动机轴至工作机轴的运动传递路线推算出各轴的运动参数和动力参数。

1. 各轴转速

$$n_{\text{I}} = \frac{n_{\text{m}}}{i_0}$$

$$n_{\text{II}} = \frac{n_{\text{I}}}{i_1} = \frac{n_{\text{m}}}{i_0 i_1}$$

$$n_{\text{III}} = \frac{n_{\text{II}}}{i_2} = \frac{n_{\text{m}}}{i_0 i_1 i_2}$$

其余类推。

式中，n_{m} 为电动机满载转速（r/min）；i_0 为电动机至Ⅰ轴的传动比。

2. 各轴功率

$$P_{\text{I}} = P_0 \eta_{0\text{I}}$$

$$P_{\text{II}} = P_{\text{I}} \eta_{\text{I}\text{II}} = P_0 \eta_{0\text{I}} \eta_{\text{I}\text{II}}$$

$$P_{\text{III}} = P_{\text{II}} \eta_{\text{II III}} = P_0 \eta_{0\text{I}} \eta_{\text{I II}} \eta_{\text{II III}}$$

其余类推。

式中，P_0 为电动机所需要的输出功率（kW）。

3. 各轴转矩

$$T_{\text{I}} = 9550 \frac{P_{\text{I}}}{n_{\text{I}}}$$

$$T_{\text{II}} = 9550 \frac{P_{\text{II}}}{n_{\text{II}}}$$

$$T_{\text{III}} = 9550 \frac{P_{\text{III}}}{n_{\text{III}}}$$

其余类推。

由计算得到的各轴运动参数和动力参数，可以列表整理备用（参见下述例题表格）。

例 3-1　图 3-6 所示为带式输送机传动方案。已知卷筒直径 $D = 500\text{mm}$，输送带的有效拉力 $F_{\text{w}} = 10000\text{N}$，滚筒效率（不包括轴承）$\eta_{\text{w}} = 0.96$，输送带速度 $v_{\text{w}} = 0.4\text{m/s}$，长期连续工作。试完成下列要求：

选择合适的电动机；

计算传动装置的总传动比，并分配各级传动比；

计算传动装置中各轴的运动参数和动力参数。

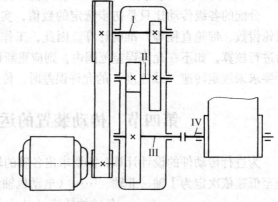

图 3-6　带式输送机传动方案

解　（1）选择电动机

1）选择电动机的类型和结构形式。按工作条件和要求，选用一般用途的 Y 系列三相异步电动机，为卧式封闭结构。

2）选择电动机的容量。工作机所需的功率 P_{w} 为

$$P_{\text{w}} = \frac{F_{\text{w}} v_{\text{w}}}{1000 \eta_{\text{w}}}$$

其中，$F_{\text{w}} = 10000\text{N}$，$v_{\text{w}} = 0.4\text{m/s}$，$\eta_{\text{w}} = 0.96$，代入上式得

$$P_{\text{w}} = \frac{10000 \times 0.4}{1000 \times 0.96}\text{kW} = 4.167\text{kW}$$

电动机所需功率 P_0 为

$$P_0 = \frac{P_{\text{w}}}{\eta}$$

从电动机至滚筒主动轴之间的传动装置的总效率 η 为

$$\eta = \eta_{\text{带}} \eta_{\text{轴承}}^4 \eta_{\text{齿轮}}^2 \eta_{\text{联轴器}}$$

由第二篇第十一章查得 $\eta_{\text{带}} = 0.95$、$\eta_{\text{轴承}} = 0.99$、$\eta_{\text{齿轮}} = 0.98$、$\eta_{\text{联轴器}} = 0.99$，则

$$\eta = 0.95 \times 0.99^4 \times 0.98^2 \times 0.99 = 0.868$$

$$P_0 = \frac{P_{\text{w}}}{\eta} = \frac{4.167}{0.868}\text{kW} = 4.8\text{kW}$$

选取电动机额定功率 P_n，使 $P_n = (1 \sim 1.3) P_0$，查本书第二篇第二十章，取 $P_n = 5.5kW$。

3）确定电动机转速。工作机卷筒轴的转速 n_W 为

$$n_W = \frac{60 \times 1000v}{\pi D}\text{r/min} = \frac{60 \times 1000 \times 0.4}{\pi \times 500}\text{r/min} = 15.29\text{r/min}$$

按第二篇第十一章推荐的传动比合理范围，取 V 带传动的传动比 $i_带 = 2 \sim 4$，单级圆柱齿轮传动比 $i_齿 = 3 \sim 6$，总传动比的合理范围 $i' = 18 \sim 144$，故电动机转速的可选范围为

$$n_m = i'n_W = (18 \sim 144) \times 15.29\text{r/min} = 275 \sim 2202\text{r/min}$$

符合这一转速范围的同步转速有 750r/min、1000r/min、1500r/min 三种，由标准查出三种适用的电动机型号，因此有三种传动比方案，见表3-3。

表3-3　传动比方案对照

方案	电动机型号	额定功率 P_n/kW	电动机转速/r·min^{-1} 同步	满载	电动机质量/kg	传动装置的传动比 总传动比	V 带传动	减速器
1	Y132S-4	5.5	1500	1440	68	94.18	3	31.39
2	Y132M2-6	5.5	1000	960	85	62.79	2.8	22.42
3	Y160M2-8	5.5	750	720	125	47.09	2	23.55

综合考虑电动机和传动装置的尺寸、结构和带传动及减速器的传动比，表3-3 中方案 2 比较合适，所以选定电动机的型号为 Y132M2-6。

由第二篇第二十章查出电动机的主要性能及中心高、外形尺寸、轴伸尺寸、安装尺寸等并分别列于表3-4、表3-5。

表3-4　Y132M2-6 电动机主要性能

电动机型号	额定功率/kW	同步转速/r·min^{-1}	满载转速/r·min^{-1}	净重/kg
Y132M2-6	5.5	1000	960	85

表3-5　Y132M2-6 电动机安装尺寸及外形尺寸　　　　（单位：mm）

机座号	中心高 H	安装尺寸 $A \times B$	外形尺寸 $L \times (AC/2 + AD) \times HD$	轴伸尺寸 $D \times E$	键槽尺寸 $F \times G$
132M	132	216×178	515×347.5×315	38×80	10×33

（2）计算传动装置的总传动比并分配各级传动比

1）传动装置的总传动比为

$$i = \frac{n_m}{n_W} = \frac{960}{15.29} = 62.79$$

2）分配各级传动比

因 $i = i_带 i_{1齿} i_{2齿}$，初取 $i_带 = 2.8$，则齿轮减速器的传动比为

$$i_减 = \frac{i}{i_带} = \frac{62.79}{2.8} = 22.43$$

按展开式布置，取 $i_{1齿} = 1.3i_{2齿}$，可算出

$$i_{2齿} = \sqrt{\frac{i_{减}}{1.3}} = 4.15$$

则

$$i_{1齿} = \frac{22.43}{4.15} = 5.4$$

（3）计算传动装置的运动参数和动力参数

1）各轴转速

Ⅰ轴 $\quad n_{I} = \dfrac{n_{m}}{i_{带}} = \dfrac{960}{2.8} \text{r/min} = 342.9 \text{r/min}$

Ⅱ轴 $\quad n_{II} = \dfrac{n_{I}}{i_{1齿}} = \dfrac{342.9}{5.4} \text{r/min} = 63.5 \text{r/min}$

Ⅲ轴 $\quad n_{III} = \dfrac{n_{II}}{i_{2齿}} = \dfrac{63.5}{4.15} \text{r/min} = 15.3 \text{r/min}$

卷筒轴 $\quad n_{IV} = n_{III} = 15.3 \text{r/min}$

2）各轴功率

Ⅰ轴 $\quad P_{I} = P_0 \eta_{0I} = P_0 \eta_{带} = 4.8 \times 0.95 \text{kW} = 4.56 \text{kW}$

Ⅱ轴 $\quad P_{II} = P_{I} \eta_{III} = P_{I} \eta_{轴承} \eta_{1齿轮} = 4.56 \times 0.99 \times 0.98 \text{kW} = 4.42 \text{kW}$

Ⅲ轴 $\quad P_{III} = P_{III} \eta_{IIII} = P_{II} \eta_{轴承} \eta_{2齿轮} = 4.42 \times 0.99 \times 0.98 \text{kW} = 4.29 \text{kW}$

卷筒轴 $\quad P_{IV} = P_{III} \eta_{IIIIV} = P_{III} \eta_{轴承} \eta_{联轴器} = 4.29 \times 0.99 \times 0.99 \text{kW} = 4.2 \text{kW}$

3）各轴转矩

Ⅰ轴 $\quad T_{I} = 9550 \dfrac{P_{I}}{n_{I}} = 9550 \times \dfrac{4.56}{342.9} \text{N} \cdot \text{m} = 127 \text{N} \cdot \text{m}$

Ⅱ轴 $\quad T_{II} = 9550 \dfrac{P_{II}}{n_{II}} = 9550 \times \dfrac{4.42}{63.5} \text{N} \cdot \text{m} = 664.74 \text{N} \cdot \text{m}$

Ⅲ轴 $\quad T_{III} = 9550 \dfrac{P_{III}}{n_{III}} = 9550 \times \dfrac{4.29}{15.3} \text{N} \cdot \text{m} = 2677.75 \text{N} \cdot \text{m}$

卷筒轴 $\quad T_{IV} = 9550 \dfrac{P_{IV}}{n_{IV}} = 9550 \times \dfrac{4.2}{15.3} \text{N} \cdot \text{m} = 2621.57 \text{N} \cdot \text{m}$

将运动参数和动力参数计算结果进行整理并列于表3-6。

表3-6 带式输送机传动装置运动参数和动力参数计算结果

参 数	轴 名				
	电动机轴	Ⅰ轴	Ⅱ轴	Ⅲ轴	卷筒轴
转速 $n/\text{r} \cdot \text{min}^{-1}$	960	342.9	63.5	15.3	15.3
功率 P/kW	4.8	4.56	4.42	4.29	4.2
转矩 $T/\text{N} \cdot \text{m}$	47.25	127	664.74	2677.75	2621.57
传动比 i	2.8		5.4	4.15	1
效率 η	0.95	0.97		0.97	0.98

第四章 传动零件的设计计算

传动装置是由传动零件、支承零件及联接零件等不同类型的零、部件组成的，其中关系到传动装置工作性能、结构布置和尺寸大小的主要零件是传动零件。而支承零件和联接零件通常也要根据传动零件来设计或选取。因此，传动系统设计时一般应先设计计算传动零件，确定其材料、参数、尺寸和主要结构，然后进行其他零、部件的设计计算。需要注意，在装配底图设计之前，传动零件的设计计算着重于主要尺寸参数（如齿轮的模数、齿数、分度圆直径、齿宽、中心距）的计算确定，传动零件详细的结构尺寸和技术要求（如齿轮的轮毂、轮辐、圆角、斜度等）的确定应结合装配底图设计或零件图设计进行。

传动系统中如有减速器、变速器等闭式传动，为使其设计时原始条件比较准确，通常应先进行闭式传动外的传动零件（如带传动、链传动、开式齿轮传动等）的设计计算。

各类传动零件的设计计算方法均按有关教材所述，本书不再重复。下面仅就课程设计中传动零件设计时应注意的问题作简要提示。

第一节 闭式传动外传动零件的设计计算

减速器或变速器等闭式传动外常用的传动零件有 V 带传动、链传动和开式齿轮传动等。

一、V 带传动

设计 V 带传动所需要的已知条件为：原动机种类和所需传递的功率（或转矩）；主动轮和从动轮的转速（或传动比）；工作条件及对外廓尺寸、传动位置的要求等。

设计计算的主要内容是：确定 V 带的类型和型号、长度和根数；确定中心距、初拉力及张紧装置；选择大、小带轮直径、材料、结构尺寸和加工要求等。

设计计算时需注意以下问题：

1) 注意检查带轮尺寸与传动装置外廓尺寸的相互关系。例如小带轮外圆半径与电动机的中心高是否相称、小带轮轴孔直径和长度与电动机轴径和长度是否对应、大带轮外圆是否过大而与箱体底座干涉等。

2) 设计参数应保证带传动良好的工作性能。例如满足带速 $5\text{m/s} \leqslant v \leqslant 25\text{m/s}$、小带轮包角 $\alpha_1 \geqslant 120°$、一般带根数 $Z \leqslant 4 \sim 5$ 等方面的要求。

3) 带轮参数确定后，由带轮直径和滑动率计算实际传动比和从动轮的转速，并以此修正减速器等闭式传动所要求的传动比和输入转矩。

二、链传动

设计链传动所需要的已知条件为：传递功率、载荷特性和工作情况；主动链轮和从动链轮的转速（或传动比）；外廓尺寸、传动布置方式的要求及润滑条件等。

设计计算的主要内容是：选择传动链类型及链条的型号（链节距）、排数和链节数；确定传动中心距、链轮齿数、链轮材料和结构尺寸；考虑润滑方式、张紧装置和维护要求等。

链传动设计计算时需注意与带传动设计计算类似的问题：

1）注意检查链轮尺寸与传动装置外廓尺寸的相互关系。例如链轮轴孔直径和长度与减速器或工作机轴径和长度是否协调等。

2）设计参数应尽量保证链传动有较好的工作性能。例如采用单排链传动而计算出的链节距较大时，应改选双排链或多排链；大、小链轮的齿数最好选择奇数；链节数最好取偶数等。

3）链轮齿数确定后，应计算实际传动比和从动轮的转速，并考虑是否修正减速器等闭式传动所要求的传动比和输入转矩。

三、开式齿轮传动

设计开式齿轮传动的已知条件为：所需传递的功率（或转矩）、主动轮转速和传动比、工作条件和尺寸限制等。

设计计算的主要内容是：选择齿轮材料及热处理方式；确定齿轮传动的参数（中心距、齿数、模数、齿宽等）；设计齿轮的结构及其他几何尺寸。

设计计算时需注意以下几点：

1）开式齿轮传动主要失效形式是磨损，一般只需进行轮齿弯曲强度计算。应将强度计算求得的模数加大 10% ~ 20%，用以补偿磨损的存在。不必进行接触疲劳强度计算。

2）开式齿轮传动一般用于低速，为使支承结构简单，常采用直齿。由于暴露在空间，灰尘大，润滑条件差，选用材料时要注意耐磨性能和大小齿轮材料的配对。大齿轮材料应考虑其毛坯尺寸和制造方法。

3）开式齿轮一般都在轴的悬臂端，支承刚度小，故齿宽系数应取得小些，以减轻轮齿载荷集中。选取小齿轮齿数时，应尽量取得少一些，使模数适当加大，以提高抗弯曲和磨损能力。

4）检查齿轮尺寸与传动装置和工作机是否相称；按大、小齿轮的齿数计算实际传动比和从动轮的转速，并考虑是否修正减速器所要求的传动比和输入转矩。

第二节　闭式传动内传动零件的设计计算

常用作减速器、变速器等闭式传动内部的传动零件主要有圆柱齿轮传动、锥齿轮传动和蜗杆传动。

一、圆柱齿轮传动

设计圆柱齿轮传动时的已知条件和设计内容与开式齿轮传动相同。

设计计算时应注意的主要问题有以下几点：

1）齿轮材料及热处理方法的选择，要考虑齿轮毛坯的制造方法。当齿轮的顶圆直径 d_a ≤400 ~ 500mm 时，一般采用锻造毛坯；当 d_a >400 ~ 500mm 时，因受锻造设备能力的限制，多采用铸造毛坯；当小齿轮根圆直径与轴的直径相差不大时，应将齿轮和轴做成一体，选择材料时要兼顾齿轮及轴的一致性要求；同一减速器内各级大小齿轮的材料最好对应相同，以减少材料牌号和简化工艺要求。

2）齿轮传动的几何参数和尺寸有严格的要求，应分别进行标准化、圆整或计算其精确值。例如模数必须标准化，中心距和齿宽尽量圆整，啮合尺寸（节圆、分度圆、齿顶圆及齿根圆直径、螺旋角、变位系数等）必须计算精确值。计算时要求长度尺寸（单位为 mm）

精确到小数点后 2 ~ 3 位，角度精确到秒（"）。中心距应尽量圆整成尾数为 0 或 5，对于直齿轮传动可以通过调整模数 m 和齿数 z，或采用角变位来实现；对于斜齿轮传动可通过调整螺旋角 β 来实现。

3）齿轮的结构尺寸最好为整数，以便于制造和测量。如轮毂直径和长度、轮辐厚度和孔径、轮缘长度和内径等，按设计资料给定的经验公式计算后，都应尽量进行圆整。

二、锥齿轮传动

除了参看圆柱齿轮传动设计注意问题之外，还应注意：

1）直齿锥齿轮传动的锥距 R、分度圆直径 d（大端）等几何尺寸，均应以大端模数来计算，且算至小数点后 3 位，不得圆整。

2）两轴交角为 90°时，分度圆锥角 δ_1 和 δ_2 可以由齿数比 $u = z_2/z_1$ 算出，其中小锥齿轮的齿数 z_1 可取 17 ~ 25。u 值的计算应达到小数点后第四位，δ 值的计算应精确到秒（"）。

3）大、小锥齿轮的齿宽应相等，按齿宽系数 $\varphi_R = b/R$ 计算出的数值应圆整。

三、蜗杆传动

设计蜗杆传动时的已知设计条件与圆柱齿轮传动相同。

设计计算的主要内容为：选择蜗杆和蜗轮的材料及热处理方式，确定蜗杆传动的参数（蜗杆分度圆直径、中心距、模数、蜗杆头数及导程角、蜗轮螺旋角、蜗轮齿数和齿宽等），设计蜗杆和蜗轮的结构及其他几何尺寸。

设计计算时应注意的问题

1）蜗杆副的材料选择与滑动速度有关，一般是在初估滑动速度的基础上选择材料。蜗杆副的滑动速度 v_s 可由下式估计

$$v_s = 5.2 \times 10^{-4} n_1 \sqrt[3]{T_2}$$

式中，v_s 为滑动速度（m/s）；n_1 为蜗杆转速（r/min）；T_2 为蜗轮轴转矩（N·m）。

待蜗杆传动尺寸确定后，校核滑动速度和传动效率，若与初估值有较大出入，则应重新修正计算，其中包括检查材料选择是否恰当。

2）为便于加工，蜗杆和蜗轮的螺旋线方向应尽量取为右旋。

3）模数 m 和蜗杆分度圆直径 d_1 要符合标准规定。在确定 m、d_1、z_2 后，计算中心距应尽量圆整成尾数为 0 或 5（mm），为此，常需要将蜗杆传动做成变位传动（只对蜗轮进行变位，蜗杆不变）。

4）蜗杆分度圆圆周速度 v≤4 ~ 5m/s 时，一般将蜗杆下置；v > 4 ~ 5m/s 时，则蜗杆上置。

5）蜗杆强度和刚度验算、蜗杆传动热平衡计算，应在画出装配底图、确定蜗杆支点距离和箱体轮廓尺寸后进行。

第五章　机械结构设计

机械结构设计是在总体方案设计的基础上，根据所确定的主要参数和尺寸决定机械结构中所有零部件的几何形状、尺寸、配合要求、加工方法、制造精度、表面状况的过程。机构结构设计中需要结合工程实践充分考虑诸如加工、装配等方面的实际问题，因而具有较强的实践性；结构设计中牵扯的问题比较具体和琐碎，而这些结构细节的设计不仅对零件的质量、功能起着重要作用，而且会影响整个机械的工作质量和制造成本，因而需注意其细节性；满足同一设计要求的机械结构常常不是唯一的，结构设计中需要开拓思路，设想尽可能多的可行方案并从中选择和比较，寻求较好的方案，充分利用其多解性。

机械结构设计涉及面广且较为灵活，无一定规律可寻。本章以减速器为例，通过其结构分析，了解机械结构设计的一些共性问题，掌握机械结构设计的一般方法。

第一节　减速器的类型

减速器类型很多，按传动件类型的不同可分为圆柱齿轮减速器、锥齿轮减速器、蜗杆减速器、齿轮蜗杆减速器和行星齿轮减速器；按传动级数的不同可分为一级减速器、二级减速器和多级减速器；按传动布置方式不同可分为展开式减速器、同轴式减速器和分流式减速器；按传递功率的大小不同可分为小型减速器、中型减速器和大型减速器等。常用减速器的传动形式、推荐传动比范围、特点及应用见表5-1。

表 5-1　常用减速器的传动形式、推荐传动比范围、特点及应用

名称		形　式	推荐传动比范围	特点及应用
一级减速器	圆柱齿轮		直齿：$i \leqslant 5$ 斜齿、人字齿： $i \leqslant 10$	轮齿可为直齿、斜齿或人字齿。传递功率较大，效率较高，工艺简单，精度易于保证，一般工厂均能制造，应用广泛
	锥齿轮		直齿：$i \leqslant 3$ 斜齿：$i \leqslant 6$	用于输入轴和输出轴垂直相交的传动
	下置式蜗杆		$i = 10 \sim 70$	蜗杆在蜗轮的下面，润滑方便，效果较好，但蜗杆搅油损失较大，一般用于蜗杆圆周速度 $v < 4 \sim 5m/s$ 的场合

（续）

名称		形　式	推荐传动比范围	特点及应用
一级减速器	上置式蜗杆		$i = 10 \sim 70$	蜗杆在蜗轮的上面，装拆方便，适用于蜗杆圆周速度较高的场合
二级减速器	圆柱齿轮展开式		$i = i_1 i_2 = 8 \sim 40$	是二级减速器中最简单的一种。由于齿轮相对于支承不对称布置，轴应具有较大的刚度。用于载荷平稳的场合。高速级常用斜齿
	圆柱齿轮分流式		$i = i_1 i_2 = 8 \sim 40$	高速级用斜齿，低速级用直齿或人字齿。由于低速级齿轮相对于支承对称布置，轮齿沿齿宽受载均匀，两端轴承受载也均匀，故常用于大功率、变载荷的场合
	圆柱齿轮同轴式		$i = i_1 i_2 = 8 \sim 40$	两级大齿轮直径接近，利于浸油润滑。减速器长度方向尺寸小，但轴向尺寸大，中间轴较长，刚度较差，容易使载荷沿齿宽分布不均，高速轴的承载能力难以充分利用
	锥齿轮圆柱齿轮		$i = i_1 i_2 = 8 \sim 15$	锥齿轮放在高速级可使其直径不致过大，否则加工困难。锥齿轮可用直齿或圆弧齿，圆柱齿轮可用直齿或斜齿

（续）

名称		形　式	推荐传动比范围	特点及应用
二级减速器	二级蜗杆		$i = i_1 i_2 = 70 \sim 2500$	传动比大，结构紧凑，但效率低
	齿轮蜗杆		$i = i_1 i_2 = 15 \sim 480$	将齿轮传动放在高速级时，结构较紧凑
	蜗杆齿轮		$i = i_1 i_2 = 15 \sim 480$	将蜗杆传动放在高速级时，传动效率高
	行星齿轮	一级　　二级 1—太阳轮　2—行星轮　3—内齿轮　H—转臂	$i = i_1 i_2 = 10 \sim 60$	比圆柱齿轮减速器体积小，质量小，但制造精度要求高，传动效率低，结构复杂

第二节　减速器的典型结构

减速器类型不同，其结构形式也不同。

图 5-1 所示为一普通二级展开式圆柱齿轮减速器。

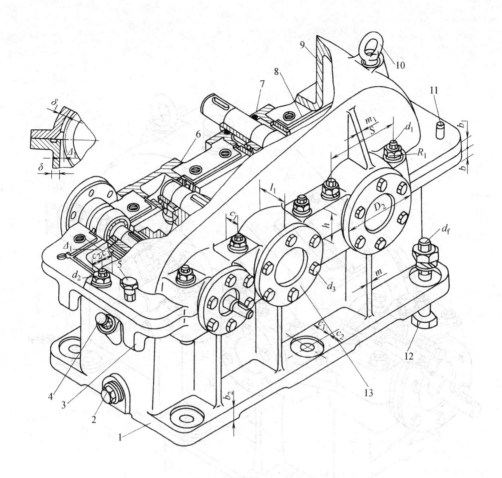

图 5-1　普通二级展开式圆柱齿轮减速器

1—箱座　2—油塞　3—吊钩　4—油标尺　5—启盖螺钉　6—调整垫片　7—密封装置　8—油沟

9—箱盖　10—吊环螺钉　11—定位销　12—地脚螺栓　13—轴承盖

　　图中，箱体为剖分式结构，其剖分面通过齿轮传动的轴线，齿轮、轴、轴承等可在箱体外装配成轴系部件后再装入箱体，使装拆较为方便。箱盖和箱座由两个圆锥销精确定位，并用一定数量的螺栓联成一体。启盖螺钉是为了便于由箱座上揭开箱盖。吊环螺钉用于提升箱盖，而整台减速器的提升则应使用与箱座铸成一体的吊钩。减速器用地脚螺栓固定在机架或地基上。轴承盖用来封闭轴承室并且固定轴承相对于箱体的位置。减速器中齿轮传动采用油池润滑，滚动轴承的润滑利用了齿轮旋转溅起的油雾以及飞溅到箱盖内壁上的油液，汇集后流入箱体接合面上的油沟中，经油沟导入轴承室。箱盖顶部所开的检查孔用于检查齿轮啮合情况以及向箱内注油，平时用盖板封住。箱底下部设有排油孔，平时用油塞封住。油标尺用来检查箱内油面高低。为防止润滑油渗漏和箱外杂质侵入，减速器在轴的伸出处、箱体结合面处以及检查孔盖、油塞与箱体的接合面处均采取密封措施。轴承盖与箱体接合处装有调整垫片，用于轴承间隙的调整。通气器用来及时排放箱体内因发热温升而膨胀的气体。

　　图 5-2 所示为锥齿轮-圆柱齿轮减速器。

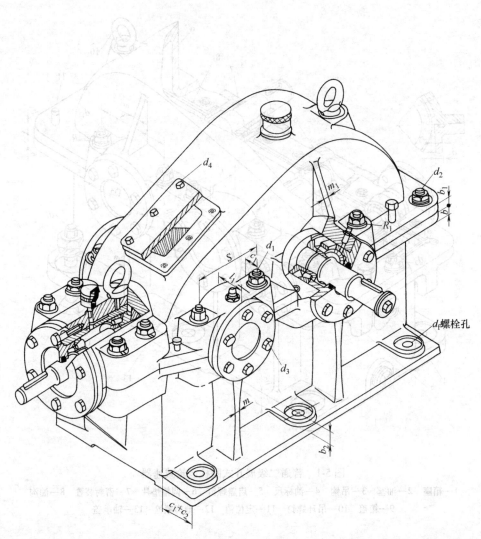

图 5-2 锥齿轮-圆柱齿轮减速器

图 5-3 所示为蜗杆减速器。

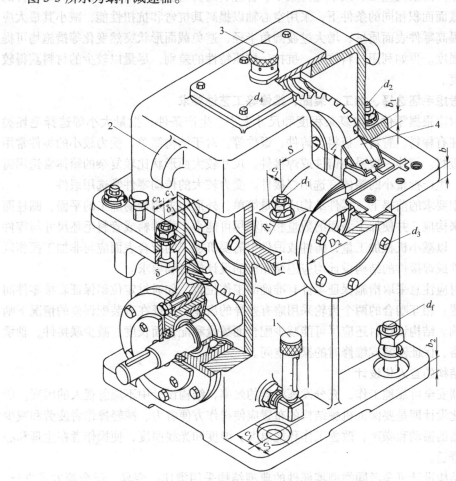

图 5-3　蜗杆减速器
1—管状油标　2—吊耳　3—通气器　4—刮油板

由以上几种典型的减速器可以看出，减速器一般由传动零件（齿轮或蜗杆、蜗轮）、轴系零部件（轴、轴承）、减速器箱体和附件、润滑密封装置等组成。

第三节　结构设计方法

机械结构设计围绕着实现产品预定功能，提高产品质量和寿命，降低产品成本的目标进行，设计过程中应注意满足以下要求。

一、有利于强度和刚度的提高

结构设计时通过载荷分担、载荷抵消、载荷分布等措施可以改善单个零件的受力大小和受力状况。如用深沟球轴承和推力轴承构成的滚动轴承组合结构，分别用两种轴承承受径向载荷和轴向载荷，从而发挥各自轴承的承载优势。又如安装两个斜齿轮的轴系，通过合理选择齿轮螺旋角的旋向和大小，可使轴向力部分抵消。再如渐开线齿轮的齿面修缘可以使载荷沿齿宽均匀分布。

通过降低零件的最大应力、减小应力集中、合理利用材料性能等措施可以提高零部件的承载能力。如截面面积相同的条件下，采用空心轴以提高其抗弯和抗扭性能，减小其最大应力。又如采取提高零件表面质量、增大过渡圆角半径、避免截面形状突然变化等措施均可提高零件的疲劳强度。再如利用材料抗弯、抗拉、抗压特性的差别，尽量以较少的材料获得较大的强度和刚度。

二、充分考虑毛坯选择、加工、装配、维修等工艺性要求

结构设计时应根据零件结构复杂程度和尺寸大小、生产条件、批量大小等选择毛坯类型。常用的毛坯有棒料、管料、板料、铸件、锻件等。对于结构简单、受力较小的零件常用棒料、管料或板料。箱体一般采用铸件或焊接件。尺寸较大而形状比较复杂的箱体常选用铸件；形状简单、生产批量小的箱体宜选用焊接件。受力较大的传动零件常选用锻件。

在满足使用要求的前提下，零件结构应尽量简单，外形力求用最易加工的平面、圆柱面或其组合表面来构成，并使加工表面的数量和面积尽可能小。如棒料或管料毛坯尺寸与零件尺寸尽量相近，以减小机械加工量；铸件或锻件中需要机加工的配合表面应与非加工面相区分。铸件、锻件或焊接件的结构设计均应遵循相应的设计规范和要求。

结构设计时应注意采取措施保证零件有准确的工作位置。如通过定位销保证联接零件间正确的安装位置；相互啮合的两个齿轮采用略有差异的齿宽，保证在有装配误差的情况下啮合齿宽不受影响。结构设计时还应尽可能减少配合面数量和配合面长度，减少联接件、轴承等标准件的规格，保证安装或维修时的操作空间。

三、重视结构的宜人化设计

为保证机器安全可靠地工作，充分发挥机器的效率，结构设计中不应忽视人的因素。所谓结构的宜人化设计即是要保证机械结构的布置应使操作方便省力、减轻操作者疲劳和减少错误；减小机器的振动和噪声；改善工作环境温度、湿度和光线照度，使操作者在生理和心理上感到安全舒适。

通常机械结构设计可参考同类型零部件的典型结构采用类比、变异、组合等方式进行。有关传动装置及箱体各类零件详细的结构设计方法将结合第六章装配图底图设计进行。

第六章　装配底图的设计与绘制

装配图是表达各机械零件结构、形状、尺寸及相互关系的图样，也是机器进行组装、调试、维护和使用的技术依据。由于装配图的设计及绘制过程比较复杂，为此必须先进行装配底图的设计，经过修改完善后再绘制装配工作图。装配底图的设计过程即为装配图的初步设计。

装配底图的设计内容包括确定机器总体结构及所有零件间的相互位置、确定所有零件的结构尺寸及校核主要零件的强度（刚度）。在装配底图设计过程中，绘图和计算常交叉进行，结构设计所占的比重很大。装配底图的设计是全部设计过程中最重要的阶段，机器结构基本在此阶段确定。为保证设计过程的顺利进行，需注意装配底图设计绘图的顺序，一般是先绘制主要零件，再绘制次要零件；先确定零件中心线和轮廓线，再设计其结构细节；先绘制箱内零件，再逐步扩展到箱外零件；先绘制俯视图，再兼顾其他视图。

初步完成装配底图的设计后，要认真、细致地进行检查，对错误或不合理的设计要做进一步的改进。在校核计算完成并经过指导教师审核后才能绘制装配工作图。设计装配底图是培养学生实际技能的重要环节，也是考核评定课程设计成绩的主要依据之一。只有做好底图设计，才能设计出满足要求、方便实用、结构合理、安全可靠的机器。

本章以减速器为例说明装配图底图绘制的一般方法和步骤。

第一节　底图绘制前的准备工作

在绘制减速器装配底图之前，应进行减速器拆装实验或观看有关减速器录像，认真读懂一张减速器装配图（单级或双级），以便加深对减速器各零、部件的功能、结构和相互关系的认识，为正确绘制减速器底图做好准备。此外，在开始绘制减速器装配底图之前，还应完成以下工作。

一、确定各级传动零件的主要尺寸和参数

传动零件（如齿轮）是减速器的中心零件，轴系部件、箱体结构及其他附件都是围绕着如何固定传动零件、支撑传动零件或保障其正常工作进行的。在绘制减速器装配底图之前，首先要确定传动零件的主要尺寸，如齿轮传动的中心距、分度圆直径、齿顶圆直径、齿轮宽度等。

二、初步考虑减速器箱体结构、轴承组合结构

减速器箱体结构和尺寸对箱内、箱外零件的大小都有着重要的影响。在绘制减速器底图之前，应对箱体的结构形式、主要结构尺寸予以考虑。还应根据载荷的性质、转速及工作要求，对轴承类型、轴承的固定定位方式、轴承间隙调整、轴承的装拆、轴承配合、支承的刚度与同轴度及润滑和密封等问题予以考虑。

三、考虑减速器装配图的布图

为了加强绘图真实感，培养在工程图样上判断结构尺寸的能力，应优先选用1:1的比例

尺，用 A0 号或 A1 号图纸绘制减速器。

减速器装配图一般多用三个视图（必要时另加剖视图或局部视图）来表达。在开始绘图之前，可根据减速器内传动零件的特征尺寸（如齿轮中心距 a），参考类似结构，估计减速器的外廓尺寸，并考虑标题栏、零件明细表、零件序号、标注尺寸及技术条件等所需的空间，做好图面的合理布局。

第二节　底图绘制第一阶段——传动零件的布置及轴系部件的设计

这一阶段的设计任务主要是通过绘图布置传动零件并确定其相互位置，设计轴的结构尺寸，确定轴承的位置、型号，设计轴系组合结构，进行轴、轴承及键的强度校核。

减速器装配底图的绘制一般是遵循先主后次、先里后外、先粗后细、先俯后它等原则。一般从传动零件画起，由箱内零件逐步延至箱外，先画出中心线和轮廓线再过渡到结构细节，以俯视图为主兼顾主视图和左视图。

下面重点结合二级展开式圆柱齿轮减速器的设计，说明装配底图设计第一阶段的大致步骤和方法。

一、箱内传动零件中心线及外形轮廓的确定

如图 6-1 所示，根据传动零件设计计算所得的箱内传动零件的主要尺寸，在俯视图上先画出传动零件的中心线，再画齿顶圆、分度圆、齿宽和轮毂宽等轮廓尺寸，其他细部结构暂不画出。为保证全齿宽啮合并降低安装要求，通常取小齿轮宽比大齿轮宽大 5 ~ 10mm。相邻两齿轮端面间的距离 c，可参见表 6-1。同时，在主视图中画出节圆和齿顶圆。

二、箱体内壁位置的确定

如图 6-2 所示，大齿轮齿顶圆及小齿轮端面与箱体内壁之间要保留一定的距离 Δ 及 a，

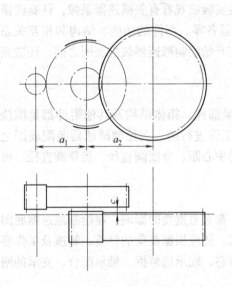

图 6-1　二级圆柱齿轮减速器传动
零件的布置

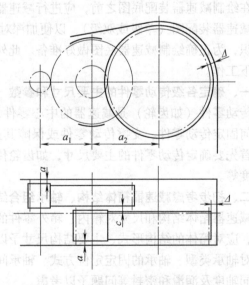

图 6-2　二级圆柱齿轮减速器箱体
内壁的确定

以免因箱体铸造误差造成间隙过小，齿轮与箱体相碰。Δ 和 a 的值按表 6-1 确定。根据 a 值大小，在俯视图上先画出箱体宽度方向的两条内壁线，再由 Δ 的大小画出箱体长度方向低速级大齿轮一侧的内壁线。高速级小齿轮齿顶圆与内壁线间的距离，待装配底图设计后，由主视图上箱体结构的投影关系确定。同时，在主视图上画出箱体内壁高度方向和一侧宽度方向的轮廓线。

对于含锥齿轮的减速器，在确定箱体内壁位置时，应先估计大锥齿轮的轮毂宽度，待轴径确定后再作必要的调整和修改。具体尺寸参考表 6-1。

表 6-1　齿轮减速器底图设计参考尺寸　　　　　（单位：mm）

名　称	代号	参考尺寸
传动零件的端面至箱体内壁的距离	a	$a \approx 10 \sim 15$，对于重型减速器应取大些
小齿轮的宽度	b、b_1	由齿轮结构设计确定
轴承宽度	B、B_1	按轴颈直径初选轴承后确定
齿轮端面之间的距离	c	$c \approx 10 \sim 15$
大齿轮齿顶圆与减速器箱体内壁之间的距离	Δ	$\Delta \geqslant 1.2\delta$，$\delta$ 为箱座壁厚
锥齿轮减速器及锥齿轮-圆柱齿轮减速器高速轴轴承支点距离	l'	$l' \approx (2.5 \sim 3)\, d$，$d$ 为轴直径
轴承支点计算距离	l	由所绘制的装配底图确定
箱外旋转零件的中面到轴承支点的计算距离	l_1	$l_1 \approx \dfrac{l_5}{2} + l_4 + l_3 + \dfrac{B}{2}$
轴承端面至箱体内壁的距离	l_2	轴承用箱体内的油润滑时，$l_2 \approx 3 \sim 5$ 轴承用脂润滑时，初步可取 $l_2 \approx 8 \sim 12$
轴承盖内端面至外端面（或端盖螺钉头顶面）的距离	l_3	按轴承盖的结构尺寸确定
箱体外旋转零件至轴承盖外端面（或螺钉头顶面）的距离	l_4	$l_4 \approx 15 \sim 20$
装联轴器或带轮等零件的轴段长度	l_5	由配合零件和轴的强度要求确定
齿轮齿顶圆或端面与轴之间的距离	l_6	$l_6 \geqslant 20$
箱体内壁至轴承座孔外端面距离	L	$L = \delta + c_1 + c_2 + 5 \sim 8$，$c_1$、$c_2$ 为螺栓扳手空间
箱体内壁至凸缘外缘的距离	L'	$L' = \delta + c_1 + c_2$，c_1、c_2 为螺栓扳手空间

对于蜗杆减速器，应尽量缩小蜗杆轴的支点距离，以提高其刚度。为此，蜗杆轴承座常伸到箱体内侧，为保证间隙 Δ_2，常将轴承座内端面做成斜面，具体尺寸参考表 6-2。

表 6-2　蜗杆减速器底图设计参考尺寸（参考图 6-8）　　　　　（单位：mm）

名　称	代号	参考尺寸
蜗轮外圆直径	D_0	由蜗轮结构设计确定

（续）

名　称	代号	参考尺寸
蜗轮外圆或端面与减速器内壁之间的最小距离	Δ_1	$\Delta_1 = 15 \sim 30$
蜗轮外圆或端面与轴承座的最小距离	Δ_2	$\Delta_2 \geqslant 10 \sim 12$
轴承宽度	B	按轴颈直径初选轴承后确定
轴承支点计算距离	L_1	由计算确定
箱外旋转零件的中面到轴承支点的计算距离	l_1	$l_1 \approx \dfrac{l_5}{2} + l_4 + l_3 + \dfrac{B}{2}$
轴承端面至箱体内壁的距离	l_2	轴承用箱体内的油润滑时，$l_2 \approx 3 \sim 5$ 轴承用脂润滑时，$l_2 \approx 8 \sim 12$
轴承盖内端面至端盖螺钉头顶面的距离	l_3	按轴承盖的结构尺寸确定
箱体外的旋转零件至轴承盖外端面（或螺钉头顶面）的距离	l_4	$l_4 \approx 15 \sim 20$
装联轴器等零件的轴段长度	l_5	由配合零件和轴的强度要求确定
轴承座凸缘外径	D_2	由轴承尺寸及轴承盖结构尺寸确定
箱体内壁宽度	b	$b = D_2 + (10 \sim 20)$
轴承套杯外径	D_3	由轴承套杯结构尺寸确定
箱体内壁至轴承座孔外端面距离	L	$L = \delta + c_1 + c_2 + 5 \sim 8$，$c_1$、$c_2$ 为螺栓扳手空间

三、箱体凸缘外缘线的确定

如图 6-3 所示，对于剖分式减速器，箱体凸缘外缘线应由箱体壁厚 δ、联接螺栓所需要的扳手空间 c_1、c_2 等尺寸确定。需要注意的是，箱体凸缘在宽度方向的尺寸正是轴承座孔的宽度，因此确定其宽度尺寸 L 时，应按轴承旁联接螺栓直径 d_1（图 6-27）考虑扳手空间的尺寸 c_1、c_2，同时还要考虑轴承座外端面加工表面与毛坯面相区分，留出 $5 \sim 8$mm 的加工余量。而确定箱体凸缘在长度方向的尺寸 L' 时，应按箱盖与箱座联接螺栓直径 d_2（图 6-27）考虑扳手空间 c_1、c_2 的尺寸。

几种减速器底图的俯视图粗线条轮廓如图 6-4 ~ 图 6-8 所示，包括图 6-4 单级圆柱齿轮减速器、图 6-5 二级展开式圆柱齿轮减速器（嵌入式轴承端盖）、图 6-6 单级锥齿轮减速器、图 6-7 二级锥齿轮-圆柱齿轮减速器及图 6-8 单级蜗杆减速器，供设计时参考。

四、轴的结构尺寸设计

轴的结构尺寸设计一般先从高速轴开始，然后再进行中间轴和低速轴的设计。根据轴上零件的安装、定位以及轴的制造工艺性要求，首先确定轴的结构形状，然后确定各轴段的直径和长度。图 6-9 所示为阶梯轴的结构形状及各轴段尺寸。其中图 6-9a 所示为端部装联轴器、轴承为脂润滑时的结构；图 6-9b 所示为端部装 V 带轮、轴承为油润滑时的结构。

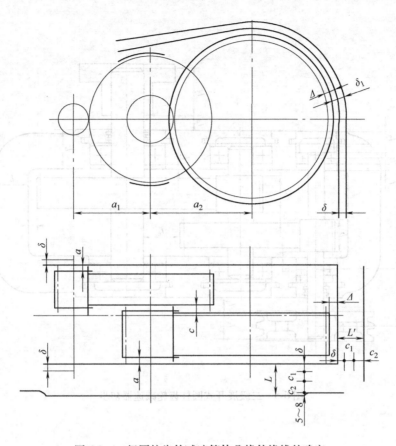

图 6-3　二级圆柱齿轮减速箱体凸缘外缘线的确定

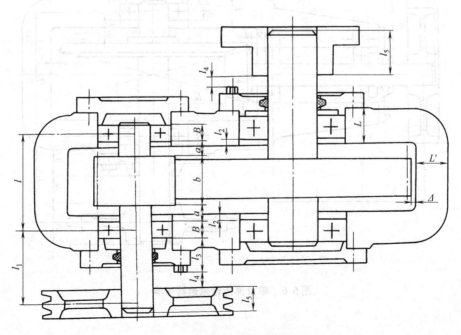

图 6-4　单级圆柱齿轮减速器初步

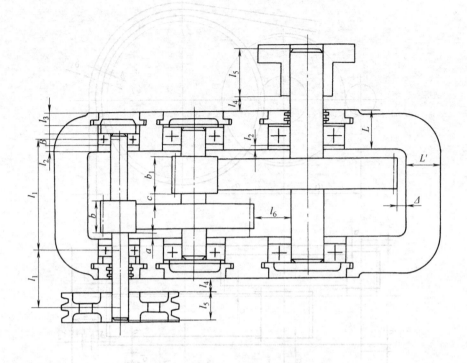

图 6-5 二级展开式圆柱齿轮减速器初步

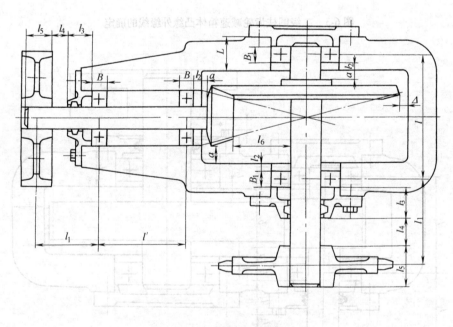

图 6-6 单级锥齿轮减速器初步

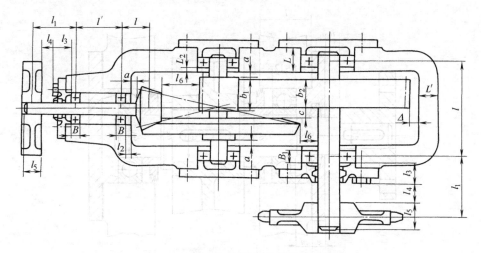

图6-7 二级锥齿轮-圆柱齿轮减速器初步

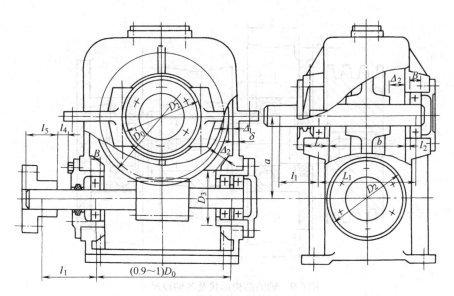

图6-8 单级蜗杆减速器初步

1. 轴的径向尺寸的确定

轴的径向尺寸确定是在初算轴径的基础上进行的。轴径的初步估算方法是按纯扭矩并降低许用扭转切应力的方法进行的。计算公式为

$$d \geq A \sqrt[3]{\frac{P}{n}}$$

式中，P 是轴所传递的功率（kW）；n 是轴的转速（r/min）；A 是由轴的许用切应力所确定的系数；d 是轴径（mm）。

当该轴段有键槽时，需要将 d 适当增大，具体要求可查机械设计教材。

阶梯轴径向结构尺寸的变化主要取决于轴上零件的安装、定位、受力状况及对轴表面粗糙度、加工精度的要求。

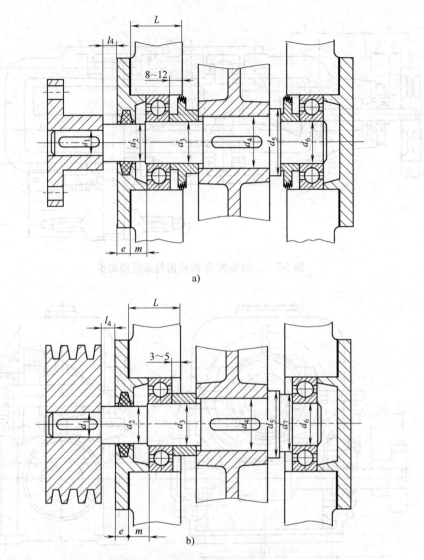

图 6-9 轴的结构形状及各轴段尺寸

如图 6-9 所示，当相邻两轴段的直径变化形成的轴肩是用于零件定位且要承受轴向力时，轴径 d_1 与 d_2、d_4 与 d_5 形成的轴肩，其高度需大一些。一般定位轴肩的尺寸可参考表 6-3。用于滚动轴承的定位轴肩，如轴径 d_6 与 d_7 形成的轴肩需按滚动轴承安装尺寸的要求确定。

表 6-3 定位轴肩的尺寸 （单位：mm）

图　例	d	r	c_1	d_1
	>18 ~ 30	1.0	1.6	
	>30 ~ 50	1.6	2.0	$d_1 = d + (3 ~ 4) c_1$ 计算
	>50 ~ 80	2.0	2.5	值应按标准直径圆整
	>80 ~ 120	2.5	3.0	

　　当相邻两轴段直径变化仅仅是为了轴上零件装拆方便或区别加工表面时，其直径变化值应较小，如图 6-9 中 d_2 与 d_3、d_3 与 d_4 形成的轴肩，此类轴肩高度可取 1 ~ 3mm，也可以采用同一公称直径而取不同的偏差值。

　　与滚动轴承内圈配合的轴径，如 d_3、d_6 应符合滚动轴承的标准，具体尺寸参见第二篇第十八章。对于安装有密封毡圈、橡胶圈、油封的轴径，如 d_2 应符合密封件的标准，具体尺寸参见第二篇第十九章。对于安装联轴器的轴径，如 d_1 应符合联轴器的标准，具体尺寸参见第二篇第十七章。

　　当轴表面需要磨削加工或切削螺纹时，轴径变化处应留有砂轮越程槽或退刀槽，具体尺寸参见第二篇第十一章和第十五章。

2. 轴的轴向尺寸的确定

　　各轴段的轴向尺寸取决于轴上零件的轮毂宽度，而轮毂宽度一般与轴的直径有关，确定了轴的直径，就可根据不同零件的结构要求确定其轮毂宽度。除此之外，还要考虑相邻零件之间必要的间距以及轴上零件定位和固定可靠的需要。

　　1）为保证轴向定位和固定可靠，与齿轮、联轴器或带轮等零件相配合的轴段长度一般应比与其相配合的轮毂长度稍短一点。如图 6-10 所示，一般应在轴肩端面与轮毂端面之间留有一定距离 δ_1（图 6-10a）；当配合零件在轴端时，应在轴的末端面与轮毂端面之间留有一定距离 δ_1（图 6-10b），一般取 $\delta_1 = 2 ~ 4$mm。

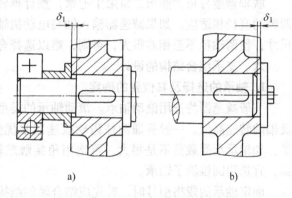

图 6-10　轴上零件的轴向固定
a）配合零件不在轴端时　b）配合零件在轴端时

　　2）为了保证安装零件时轮毂上的键槽与轴上的键容易对准，应使轴上键槽靠近轮毂装入轴端一侧（图 6-10a 所示轴段的左端，图 6-10b 所示轴段的右端）。键一般比轮毂短 5 ~ 10mm，键长的具体尺寸可参考第二篇第十五章。

　　3）轴的外伸长度取决于轴承盖结构和轴伸出端安装的零件。如轴端装有联轴器，则必须留有足够的装配尺寸。例如，当装有弹性套柱销联轴器（图 6-11a）时，就要求有装配尺寸 A（A 可由联轴器型号确定）。采用不同的轴承端盖结构，轴外伸的长度也不同。当采用凸缘式端盖（图 6-11b）时，确定轴外伸端长度时必须考虑拆卸端盖螺钉所需要的长度 L_B（L_B 可参考端盖螺钉长度确定），以便不拆联轴器就可打开减速器箱盖。当外接零件的轮毂不影响螺钉的拆卸（图 6-11c）或采用嵌入式端盖时，箱体外旋转零件至轴承盖外端面或轴承盖螺钉头顶面距离 l_4 一般不小于 15 ~ 20mm（图 6-4 ~ 图 6-8）。

　　4）轴穿越箱体段的长度需与已经确定的箱体轴承孔处凸缘的宽度 L 及有待确定的轴承盖尺寸 e 和 m、轴外伸端所安装的零件的位置和尺寸 l_4 相适应（图 6-9）。

五、联轴器的选择

　　当减速器输入轴与电动机轴相联时，因转速高、转矩小，可选用弹性套柱销联轴器。当减速器输出轴与工作机轴联接时，由于转速较低、转矩较大，且两轴间往往有较大的轴线偏移，常选用无弹性元件的挠性联轴器。

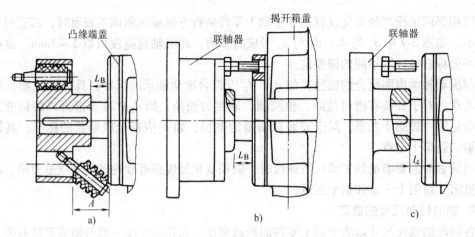

图 6-11　轴外伸端长度的确定

联轴器型号可参照第二篇第十七章，按计算转矩进行选取，其轴孔直径的范围应与被联两轴的直径相适应。如果减速器输入轴与电动机轴相联，应注意调整减速器输入轴外伸端的尺寸，使两轴径不至相差很大，否则，难以选择合适的联轴器。

六、支承组合结构的设计

1. 轴承的选择及其位置的确定

一般减速器均选用滚动轴承。滚动轴承的类型取决于轴承承受载荷的大小、方向、性质及轴的转速高低。一般普通圆柱齿轮减速器常优先选用深沟球轴承；对于斜齿圆柱齿轮传动，如轴承承受载荷不是很大，可选用角接触球轴承；对于载荷不平稳或载荷较大的减速器，宜选用圆锥滚子轴承。

确定轴承的规格型号时，首先应结合轴的结构尺寸确定轴承的内径代号，然后试选一尺寸系列代号，并查出该轴承型号所对应的轴承外廓尺寸。一根轴上尽量选用同一规格的轴承，以便轴承座孔一次镗出，保证座孔有较高的加工精度。

轴承在箱体座孔中的轴向位置主要与轴承的润滑方式有关，轴承内端面离开箱体内壁的距离 l_2 如图 6-4 ~ 图 6-8 及表 6-1、表 6-2 所示。

2. 轴承的支承形式及调整方式的确定

一般齿轮减速器首选两端单向固定的轴系固定方式（图 6-12），并利用凸缘式轴承端盖与箱体外端面之间的一组垫片调整轴承间隙。

锥齿轮减速器的高速轴常做成悬臂结构，图 6-13 所示为小锥齿轮与轴做成一体，而图 6-14 所示为小锥齿轮与轴分开制造，两种结构形式中轴承均为正装布置，这种支点结构虽然支点跨距较小，刚度较差，但调整较为方便。

为保证锥齿轮传动的啮合精度，装配时需要调整小锥齿轮的轴向位置，使两轮

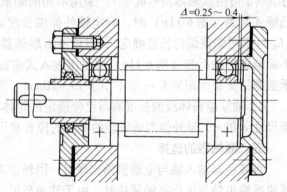

图 6-12　两端单向固定方式

锥顶重合。因此，小锥齿轮轴与轴承通常放在套杯内，用套杯凸缘内端面与轴承座外端面之
间的一组垫片调整小锥齿轮的轴
向位置。轴承端盖与套杯凸缘外
端面之间的一组垫片用以调整轴
承间隙。套杯右端的凸肩用于固
定轴承外圈，其凸肩高度需根据
轴承型号从标准中查取。

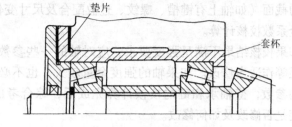

图6-13　小锥齿轮轴系结构之一

　　当小锥齿轮大端齿顶圆直径
小于轴承套杯凸肩孔径时，应采
用图6-13所示的结构，而当小
锥齿轮大端齿顶圆直径大于轴承
套杯凸肩孔径时，应采用图6-14
所示的结构，否则，安装很不方
便。轴承套杯结构尺寸可参考第
十九章表19-20。

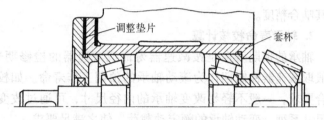

图6-14　小锥齿轮轴系结构之二

　　蜗杆减速器中，当蜗杆轴
支点跨距小于300mm时，可采
用两端单向固定的结构；当蜗
杆轴支点跨距较大时，可采用
一端固定、一端游动的支承结
构（图6-15）。固定端一般选在
非外伸端并常采用套杯结构，
以便固定轴承。为了便于加工，
游动端也常采用套杯或选用外
径与座孔尺寸相同的轴承。设
计套杯时，应注意使其外径大
于蜗杆的外径，否则无法装配
蜗杆。

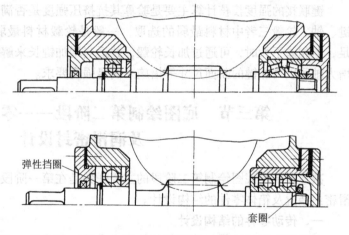

图6-15　蜗杆轴系结构

七、轴、轴承、键的校核计算

　　在轴的结构设计完成后，由轴上传动零件和轴承的位置可以确定轴上受力的作用点和轴
的支承点之间的距离。轴上力的作用点取在传动零件宽度中点。支承点位置是由轴承类型确
定的，向心轴承的支承点可取在轴承宽度的中点，角接触轴承的支承点取在离轴承外圈端面
为 a 处（图6-16），a 值可查轴承标准确定。

　　确定出传动零件的力作用点及轴的支承点距离后，便可以进行轴、轴承和键的校核
计算。

1. 轴的校核计算

　　根据装配底图确定出的轴的结构、轴承支点及轴上零件力的作用点位置，可画出轴的受
力图，进行轴的受力分析并绘制弯矩图、扭矩图和当量弯矩图，然后判定轴的危险截面，进
行强度校核计算。

减速器各轴是转轴，一般按弯扭合成条件进行计算，对于载荷较大、轴径小、应力集中严重的截面（如轴上有键槽、螺纹、过盈配合及尺寸变化处），再按疲劳强度对危险截面进行安全系数校核计算。

如果校核结果不满足强度要求，应对轴的一些参数和轴径、圆角半径等作适当修改。如果轴的强度余量较大，也不必立即改变轴的结构参数，待轴承和键的校核计算完成后，综合考虑整体结构，再决定是否修改及如何修改。

对于蜗杆减速器中的蜗杆轴，一般应对其进行刚度计算，以保证其啮合精度。

2. 轴承寿命校核计算

轴承的预期寿命是按减速器寿命或减速器的检修期来确定的，一般取减速器检修期作为滚动轴承的预期工作寿命。如校核计算不符合要求，一般不轻易改变轴承的内径尺寸，可通过改变轴承类型或尺寸系列，变动轴承的额定动载荷，使之满足要求。

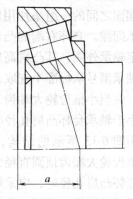

图 6-16　角接触轴承的
支点位置

3. 键联接的强度校核计算

键联接的强度校核计算主要是验算其抗挤压强度是否满足要求。许用挤压应力应按联接键、轴、轮毂三者中材料最弱的选取，一般是轮毂材料最弱。经校核计算，如发现强度不足，但相差不大时，可通过加长轮毂，并适当增加键长来解决；否则，应采用双键、花键或增大轴径以增加键的断面尺寸等措施来满足强度要求。

第三节　底图绘制第二阶段——零部件结构设计
及润滑密封设计

减速器装配底图绘制第二阶段的主要任务是在第一阶段的设计基础上进行传动零件、润滑密封装置及箱体零件的结构设计。

一、传动零件的结构设计

在装配底图设计前，传动零件的基本参数已经确定，并且在底图设计的第一阶段画出了传动零件轮廓。完成了轴的结构设计以后，还需设计传动零件的具体结构，即进行传动零件的结构设计。减速器外的传动零件主要是带轮和链轮，其结构设计要求可参考第十六章第一节和第二节，减速器内的传动零件包括齿轮、蜗杆和蜗轮，其结构设计要求分述如下。

1. 齿轮的结构设计

齿轮的结构形式与齿轮的几何尺寸、毛坯类型、材料、加工方法、生产批量、使用要求及经济性等因素有关。设计时，应综合考虑上述因素，首先根据齿轮直径大小选定合适的结构形式，然后用推荐的经验公式与数据进行齿轮结构设计。常用的圆柱齿轮结构形式有齿轮轴、实心式、腹板式和轮辐式四种类型，具体结构尺寸可参考第十六章表 16-14。锥齿轮结构尺寸可参考第十六章表16-15。

2. 蜗杆的结构设计

蜗杆螺旋部分的直径一般与轴径相差不大，常与轴做成一体，具体结构尺寸可参考第十六章表 16-16。当蜗杆齿根圆直径大到允许与轴分开时，也可做成装配式的。

3. 蜗轮结构设计

蜗轮结构根据尺寸和用途不同可分为整体式和装配式两种形式。当蜗轮直径较大时，为节省有色金属材料，可采用装配式蜗轮结构，具体结构尺寸可参考第十六章表16-16。

二、轴承的润滑和密封设计

1. 轴承的润滑

当滚动轴承的速度因数 $dn \leqslant 2 \times 10^5 \mathrm{mm \cdot r/min}$ 时 [d 是轴承内径（mm）；n 是轴承转速（r/min）]，一般采用脂润滑。润滑脂通常在装配时填入轴承室，其填装量一般不超过轴承室空间的 $1/3 \sim 1/2$，以后每年添加 $1 \sim 2$ 次。常用润滑脂的牌号、性能和用途见第十九章表19-2。为防止箱内润滑油进入轴承，使润滑脂稀释而流出，通常在箱体轴承座内侧一端安装挡油环（图6-17）。挡油环的结构尺寸可参考第十九章表19-16。

当滚动轴承的速度因数 $dn > 2 \times 10^5 \mathrm{mm \cdot r/min}$ 时，采用油润滑，油的粘度可根据轴承速度因数 dn 值和工作温度 t（℃）值由图6-18确定，粘度确定后可参考第十九章表19-1确定润滑油牌号。减速器中传动件与轴通常采用同种润滑油润滑，润滑油的选择应优先考虑传动件的需要。

当轴承采用油润滑时，为使飞溅到箱盖内壁上的润滑油能够通畅地流进轴承，应在箱盖分箱面处制出坡面，并在箱座分箱面上制出油沟，在轴承盖上制出缺口和环形通路，如图6-19所示。

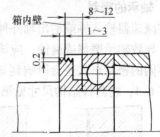

图6-17 脂润滑时挡油环和轴承位置

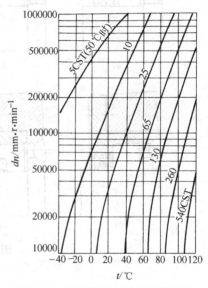

图6-18 滚动轴承润滑油粘度选择

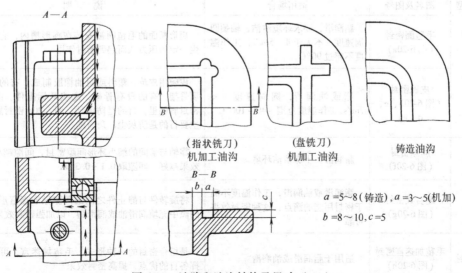

图6-19 油路和油沟结构及尺寸（mm）

　　下置式蜗杆轴的轴承，由于位置较低，可以利用箱内油池中的润滑油油浴润滑，但油面不应高于轴承最下面滚动体的中心，以免搅油功率损耗太大。

2. 轴承的密封

　　在减速器输入轴或输出轴外伸处，为防止润滑剂向外泄漏及外界灰尘、水分和其他杂质渗入，导致轴承磨损或腐蚀，应该设置密封装置。常用密封类型很多，密封效果也不相同，同时不同的密封形式还会影响到该轴的长度尺寸。常见密封形式如图 6-20 所示，其性能说明见表 6-4，密封件结构尺寸见第十九章第四节。

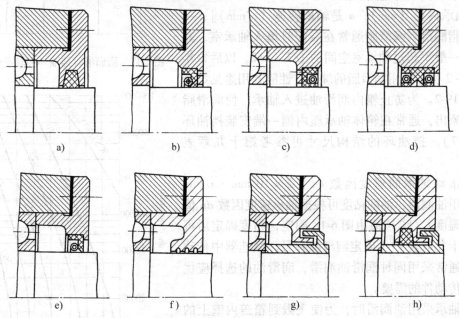

图 6-20　轴承的密封形式

表 6-4　轴承密封

密封类型	图名及图号	适用场合	说　　明
接触式密封	毛毡圈密封 （图 6-20a）	脂润滑，要求环境清洁，轴颈圆周速度 v 不大于 4～5m/s，工作温度不超过 90°C	矩形断面的毛毡圈被安装在梯形槽内，它对轴产生一定的压力从而起到密封作用
	皮碗密封 （图 6-20b、c、d、e）	脂或油润滑，圆周速度 $v<$ 7m/s，工作温度范围 −40～100°C	皮碗用皮革、塑料或耐油橡胶制成，有的具有金属骨架，有的没有骨架，皮碗是标准件。图 6-20b 密封唇朝里，目的是防漏油；图 6-20c 密封唇朝外，主要目的是防灰尘、杂质进入
非接触式密封	间隙密封 （图 6-20f）	脂润滑，干燥清洁环境	靠轴与盖间的细小环形间隙密封，间隙越小越长，效果越好，间隙取 0.1～0.3mm
	迷宫式密封 （图 6-20g）	脂润滑或油润滑，工作温度不高于密封用脂的滴点，这种密封效果可靠	将旋转件与静止件之间的间隙做成迷宫形式，在间隙中充填润滑油或润滑脂，以加强密封效果
组合密封	毛毡加迷宫密封 （图 6-20h）	适用于脂润滑或油润滑	是组合密封的一种形式，毛毡加迷宫，可充分发挥各自的优点，提高密封效果

3. 轴承端盖结构

轴承端盖多用铸铁制造。结构形式分为凸缘式（表 19-18）和嵌入式（表 19-19）两种，每种形式中按是否有通孔又分为透盖和闷盖。嵌入式端盖有装 O 形橡胶密封圈和无密封圈两种，前者密封效果好，用于油润滑；后者用于脂润滑。凸缘式端盖调整轴承间隙方便，密封性能好，应用广泛。嵌入式端盖不用螺钉联接，结构简单，但箱体加工麻烦，调整轴承间隙不便，一般少用。轴承端盖的具体结构尺寸见表 19-18 和表 19-19。

三、箱体的结构设计

减速器箱体是用来支承和固定轴承的组合结构，保证传动零件正常啮合、良好润滑和密封的基础零件，其结构和受力都比较复杂。箱体结构设计是在保证刚度、强度要求的前提下，同时考虑密封可靠、结构紧凑、有良好的加工和装配工艺性、维修及使用方便等方面的要求作经验设计。

减速器箱体一般用铸铁（HT150 或 HT200）铸造而成。在重型减速器中，为了提高强度和刚度，也可用铸钢（ZG 200-400 或 ZG 230-450）铸造。铸造箱体质量较大，但由于刚性好，易切削，并可得到复杂的外形，所以应用广泛。在某些单件生产的大型减速器中，箱体还可以用钢板（Q215 或 Q235）焊接而成。焊接箱体质量小、结构紧凑、生产周期短，但焊接时易产生热变形，故要求较高的焊接技术，并在焊接后进行退火处理。

箱体的设计和轴系组合结构的设计应相互协调、配合、交叉进行。箱体的结构设计是按先箱体、后附件，先主体、后局部，先轮廓、后细节的原则进行的，并注意视图的选择、表达及视图关系。

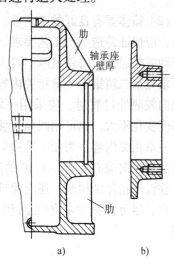

图 6-21　轴承座的厚度

1. 箱体结构设计的要点

为便于轴承组合结构的装拆，减速器箱体一般采用剖分式结构，剖分式箱体由箱盖和箱座组成。剖分面一般取传动件轴心线所在的平面。箱盖和箱座多采用圆锥销定位、普通螺栓联接。减速器箱体结构设计需注意以下几方面问题：

（1）箱体要有足够的刚度　为保证轴承座的支承刚度，轴承座孔应有一定的壁厚。当轴承座孔采用凸缘式轴承盖时，根据安装轴承盖螺钉的需要确定的轴承座厚度就可以满足刚度的要求。使用嵌入式轴承盖的轴承座（图 6-21a），一般也采用与用凸缘式轴承盖时相同的轴承座厚度（图 6-21b）。为了提高轴承座的刚度，还应设置加强肋，如图 6-21、图 6-22 所示。

为保证剖分式箱体轴承座的联接刚度，轴承座孔两侧联接螺栓要适当靠近一些，并在两侧设置凸台。两侧联接螺栓的间距可近似取为轴承盖外径，但要注意不能与轴承盖螺孔及油沟干涉，如图 6-23 所示。凸台高度 h 由联接螺栓直径所确定的扳手空间尺寸 c_1 和 c_2 确定，具体确定方法如图 6-24 所示。为加工方便，各轴承座凸台高度应尽量一致，可按最大轴承盖的需要确定轴承座凸台高度。D_2 为凸缘式轴承盖的外圆直径，c_1、c_2 由联接螺栓的直径确定。

为了保证箱盖与箱座的联接刚度，箱盖与箱座联接处凸缘的厚度要比箱壁略厚，一般取

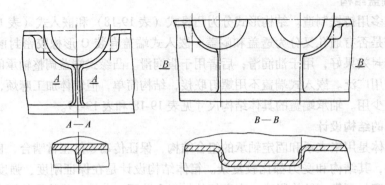

图 6-22　轴承座的加强肋

1.5 倍。为了保证箱体支承的刚度，箱座底板的厚度也应大于箱座壁厚，一般取为 2.5 倍，如图 6-25 所示。其中图 6-25c 中因底座凸缘过窄，为不正确设计；图 6-25a 中取 $b_1 = 1.5\delta_1$，$b = 1.5\delta$；图 6-25b 中取 $b_2 = 2.5\delta$，$l_4 = c_1 + c_2 + 2\delta$。

（2）箱体要有良好的工艺性　在设计铸造箱体时，应保证铸造生产工艺要求。考虑到液态金属流动的畅通性，铸件壁厚不可太薄，其最小壁厚要求见第二篇第十一章相关内容。当液体由较厚处向较薄处过渡时，应采用平缓的过渡结构，若厚度变化不大，也可用圆角过渡，具体要求见第十一章相关内容。为便于造型时取模，铸件表面沿起模方向应有 $1:20 \sim 1:10$ 的起模斜度。

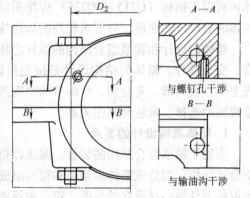

图 6-23　轴承座凸台结构

在设计箱体结构时，还应保证机械加工的工艺要求。尽可能减少机加工面积和更换刀具的次数，从而提高劳动生产率，并减小刀具磨损。

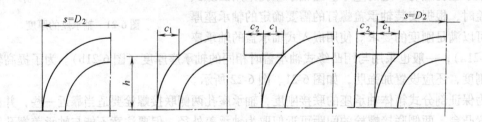

图 6-24　轴承座凸台尺寸

在图 6-26 中，图 6-26a 所示结构加工面积太大，精度难以保证；图 6-26b、c 所示结构较好，其中图 6-26c 所示结构适用于大型箱体。

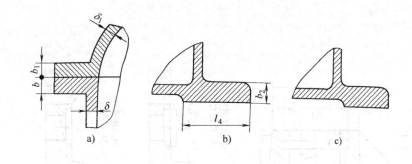

图 6-25 箱体联接凸缘及底座凸缘

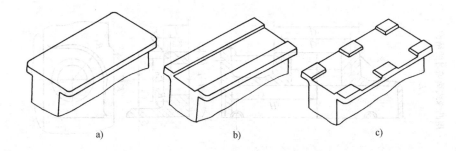

图 6-26 减速器箱体的底面结构

在设计轴承座孔时，位于同一轴线上的两轴承孔直径应尽量取同一尺寸，以便于一次镗出。相邻轴承座孔端面应在同一平面上，这样可一次铣出。

箱体任何一处加工面与非加工面必须严格分开。箱体与其他零件结合处（如箱体轴承座端面与轴承盖、视孔与视孔盖、螺塞孔与螺塞及吊环螺钉孔与吊环螺钉等）的支承面应做出凸台，突起高度为 5~8mm。螺栓头及螺母的支承面需要设计沉头座，并铣平或锪平，一般取下凹深度为 2~3mm。

减速器箱体的整体结构如图 5-1~图 5-3 所示。

2. 箱体结构尺寸的确定

由于箱体的结构和受力情况比较复杂，故其结构尺寸通常根据经验设计确定。图 6-27 和图 6-28 所示分别为常见的齿轮减速器和蜗杆减速器铸造箱体的结构尺寸，其确定方法见表 6-5。

3. 附件设计

为保证减速器正常工作，设计箱体时还常对减速器附件做出合理的选择与设计，包括视孔及视孔盖、通气装置、油标装置、放油孔油塞、定位销、启盖螺钉及起吊装置等。有关附件的具体结构，设计时请参看第二篇第十九章相关内容。

（1）视孔及视孔盖 视孔位置设在箱盖上部以便观察传动零件啮合情况及润滑状况。视孔尺寸大小应便于观察与窥视。视孔盖一般多用钢板或铸铁制造，视孔盖下应加密封垫片，视孔盖连接结构如图 6-29 所示，联接尺寸参看第二篇第十九章表 19-24。

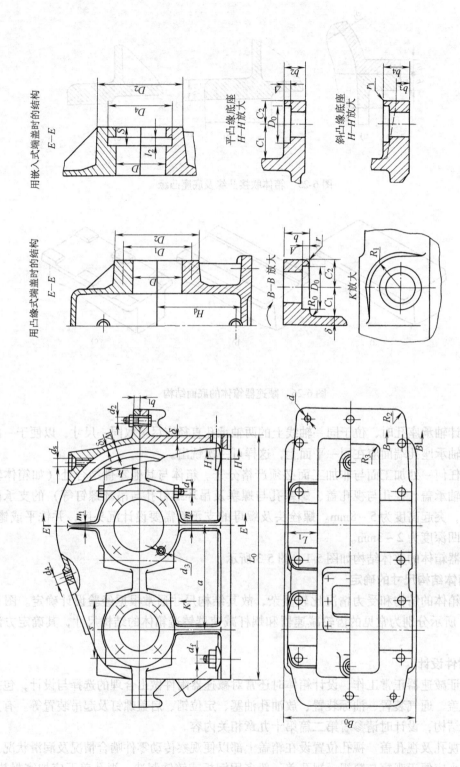

图6-27　齿轮减速器箱体结构尺寸

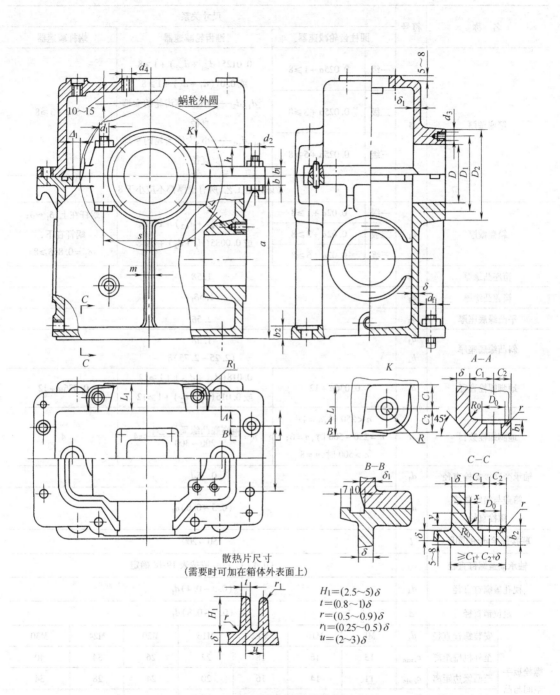

$H_1=(2.5\sim5)\delta$
$t=(0.8\sim1)\delta$
$r=(0.5\sim0.9)\delta$
$r_1=(0.25\sim0.5)\delta$
$u=(2\sim3)\delta$

散热片尺寸
（需要时可加在箱体外表面上）

图6-28　蜗杆减速器箱体结构尺寸

表6-5　减速器铸铁箱体各部分结构尺寸　　　　　　　　（单位：mm）

名　称	符号	尺寸关系		
		圆柱齿轮减速器	锥齿轮减速器	蜗杆减速器
箱座壁厚	δ	一级　$0.025a+1\geqslant8$ 二级　$0.025a+3\geqslant8$ 三级　$0.025a+5\geqslant8$	$0.0125(d_{m1}+d_{m2})+1\geqslant8$ 或$0.01(d_1+d_2)+1\geqslant8$ $d_1、d_2$——小、大锥齿轮的大端直径 $d_{m1}、d_{m2}$——小、大锥齿轮的平均直径	$0.04a+3\geqslant8$
		考虑铸造工艺，所有壁厚都不应小于8		
箱盖壁厚	δ_1	一级　$0.02a+1\geqslant8$ 二级　$0.02a+3\geqslant8$ 三级　$0.02a+5\geqslant8$	$0.01(d_{m1}+d_{m2})+1\geqslant8$ 或$0.0085(d_1+d_2)+1\geqslant8$	蜗杆在上，$\delta_1\approx\delta$; 蜗杆在下， $\delta_1=0.85\delta\geqslant8$
箱座凸缘厚	b	1.5δ		
箱盖凸缘厚	b_1	$1.5\delta_1$		
平凸缘底座厚	b_2	2.5δ		
斜凸缘底座厚	b_3 b_4	1.5δ $(2.25\sim2.75)\delta$		
地脚螺栓直径	d_f	$0.036a+12$	$0.018(d_{m1}+d_{m2})+1\geqslant12$ 或$0.015(d_1+d_2)+1\geqslant12$	$0.036a+12$
地脚螺栓数目	n	$a<250$时，$n=4$; $a=250\sim500$时，$n=6$; $a>500$时，$n=8$	$n=\dfrac{箱座底凸缘周长之半}{200\sim300}\geqslant4$	4
轴承旁联接螺栓直径	d_1	$0.75d_f$		
箱盖与箱座联接螺栓直径	d_2	$(0.5\sim0.6)d_f$		
联接螺栓d_2的间距	l	$150\sim200$		
轴承端盖螺钉直径	d_3	$(0.4\sim0.5)d_f$ 或按表19-18确定		
视孔盖螺钉直径	d_4	$(0.3\sim0.4)d_f$		
定位销直径	d	$(0.7\sim0.8)d_1$		

螺栓扳手空间与凸缘宽度	安装螺栓直径	d_x	M8	M10	M12	M16	M20	M24	M30
	至外机壁距离	c_{1min}	13	16	18	22	26	34	40
	至凸缘边距离	c_{2min}	11	14	16	20	24	28	34
	沉头座直径	D_{0min}	20	24	26	32	40	48	60
	沉头座锪平深度	Δ	以底面光洁平整为准，一般取 $\Delta=2\sim3$						

轴承旁凸台半径	R_1	$\approx C_2$
凸台高度	h	根据低速级轴承座外径确定，以便于扳手操作为准

（续）

名　称	符号	尺寸关系
轴承旁联接螺栓距离	s	尽量靠近，以 d_1 和 d_3 互不干涉为准，一般取 $s \approx D_2$
外箱壁至轴承座端面距离	L_1	$= C_1 + C_2 + (5 \sim 8)$
大齿轮齿顶圆(蜗轮外圆)与内箱壁距离	Δ_1	$\geqslant 1.2\delta$
齿轮(锥齿轮或蜗轮轮毂)端面与内箱壁距离	Δ_2	$\geqslant \delta$
箱盖肋厚箱座肋厚	m_1 m	$\approx 0.85\delta_1$ $\approx 0.85\delta$
轴承端盖外径	D_2	对于凸缘式端盖，$D_2 = D + (5 \sim 5.5)\ d_3$；对于嵌入式端盖，$D_2 = 1.25D + 10$ D——轴承外圈直径
箱体深度	H_{d}	$\geqslant r_{\mathrm{a}} + 30$，$r_{\mathrm{a}}$——浸入油池最大旋转零件的外圆半径
箱体分箱面凸缘圆角半径	R_2	$= 0.7\ (\delta + c_1 + c_2)$
箱体内壁圆角半径	R_3	$\approx \delta$
铸造斜度、过渡尺寸、铸造内、外圆角	x、y、R_0、r	参见第十一章第二节铸件一般规范

注：a 为齿轮或蜗杆传动的中心距。

（2）通气装置　通气装置用于排泄由于传动零件运转产生的压缩气体，使箱体内外压力平衡。通气装置多安置在箱体顶部的视孔盖上，常用的有通气螺塞和网式通气器两种结构形式。通气螺塞结构简单，用在环境清洁的场合。在多尘环境中，应选用有过滤灰尘作用的网式通气器。通气装置的结构形式与尺寸可参看第二篇第十九章。

（3）放油孔油塞　为将箱内的废油排净，在箱座的最低处应设置一放油孔，箱

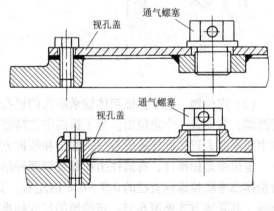

图 6-29　视孔盖联接结构

座底面也常做成向放油孔方向倾斜的平面。平时，放油孔用油塞加封油垫封住。在图 6-30 所示的放油孔油塞结构中，图 6-30a 为不合理，图 6-30b 为合理，图 6-30c 为可用。油塞标准请参见第二篇第十九章表 19-17。

（4）油标装置　油标用于显示箱体内油面高度。常用油标有杆式油标又称油标尺、圆形油标、长形油标等。有关标准参见第二篇第十九章第三节。圆形油标和长形油标观察方便、直观，但由于需在箱体侧面开孔，对箱体的强度和刚度有一定影响。杆式油标结构简单，应

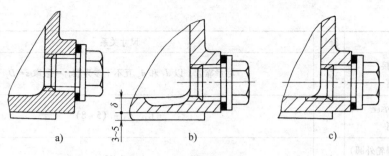

图 6-30　放油孔油塞结构

用较多。在检查油面高度时，拔出杆式油标，以杆上的油痕判断油面高度。杆式油标上两条刻线的位置分别表示极限油面的允许值，如图 6-31 所示，具体尺寸要求详见表 6-7。标式油标一般安装在箱体侧面，设计时应合理确定油标尺插座的位置及倾斜角度，以免油从箱中溢出，同时要考虑标式油标插取和加工的方便以及与其他结构是否有干涉、碰撞等，确定时可参看图 6-32。杆式油标的有关尺寸标准参见第二篇第十九章表 19-9。

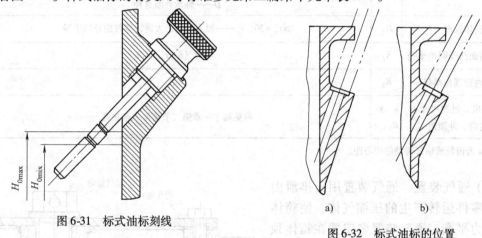

图 6-31　标式油标刻线

图 6-32　标式油标的位置

（5）定位销　为了保证箱体轴承座孔的镗孔精度和装配精度，在箱体联接凸缘长度方向的两端，各安置一个定位销。为了提高定位精度，两定位销应布置在箱体对角线方向，距箱体中线不要太近，此外还要考虑到加工和装拆方便，并且不与其他零件干涉。

定位销是标准件，有圆柱销和圆锥销两种结构。通常采用圆锥销，一般取定位销的直径为箱体凸缘联接螺栓直径的 0.7~0.8 倍左右，其长度应大于箱体联接凸缘总厚度，以便于装拆，其联接方式见图 6-33。定位销的尺寸标准见第二篇第十九章。

（6）启盖螺钉　启盖螺钉用以开启箱盖，设置在箱盖外侧的凸缘上，其直径约与箱体凸缘联接螺栓直径相同，螺纹有效长度应大于箱盖凸缘厚度，启盖螺钉结构如图 6-34a 所示；也可设置于箱座上，由下向上顶开箱盖，如图 6-34b 所示。

（7）起吊装置　吊环螺钉、吊耳、吊耳环、吊钩设置在箱盖上，用于起吊箱盖，也可用于起吊轻型减速器。吊环螺钉是标准件，其公称直径按起吊质量参考第二篇第十五章选取。

吊钩在箱座两端凸缘下部直接铸出，其宽度一般与箱壁外凸缘宽度相等。吊钩用以起吊整台减速器。吊耳、吊耳环和吊钩的结构尺寸见表 6-6。

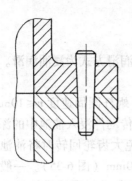

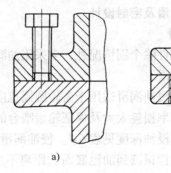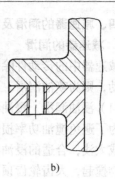

a)　　　　　　　　　b)

图 6-33 定位销　　　　　　　图 6-34 启盖螺钉和启盖螺孔

表 6-6 吊耳、吊耳环和吊钩的结构尺寸　　　　　　(单位：mm)

名　称	结构图	尺　寸
吊耳 (铸在箱盖上)		$c_3 = (4 \sim 5)\delta_1$ $c_4 = (1.3 \sim 1.5)c_3$ $b = (1.8 \sim 2.5)\delta_1$ $R = c_4$ $r_1 \approx 0.2c_3$ $r \approx 0.25c_3$ δ_1——箱盖壁厚
吊耳环 (铸在箱盖上)		$d = b \approx (1.8 \sim 2.5)\delta_1$ $R \approx (1 \sim 1.2)d$ $e \approx (0.8 \sim 1)d$ δ_1——箱盖壁厚
吊钩 (铸在箱座上)		$K = c_1 + c_2$ K——箱座接合面凸缘宽 c_1、c_2——螺栓扳手空间 $H \approx 0.8K$ $h \approx 0.5H$ $r \approx 0.25K$ $b = (1.8 \sim 2.5)\delta$ δ——箱座壁厚
		$K = c_1 + c_2$ K——箱座接合面凸缘宽 c_1、c_2——螺栓扳手空间 $H \approx 0.8K$ $h \approx 0.5H$ $r \approx K/6$ $b = (1.8 \sim 2.5)\delta$ δ——箱座壁厚 H_1 按结构确定

四、减速器的润滑及密封设计

1. 减速器的润滑

减速器中的传动件除个别情况外，多采用油润滑，其主要润滑方式为浸油润滑。对于高速传动，则为喷油润滑。

（1）浸油润滑　浸油润滑适用于齿轮圆周速度 $v \leqslant 12 \mathrm{m/s}$，蜗杆圆周速度 $v \leqslant 10 \mathrm{m/s}$ 的场合。为了避免搅油功率损耗太大及保证轮齿啮合的充分润滑，传动件浸入油池中的深度不宜太深或太浅，合适的浸油深度见表6-7。浸油润滑时，为了避免大齿轮回转时将油池底部的沉积物搅起，大齿轮齿顶圆到油池底面的距离不应小于 $30 \sim 50 \mathrm{mm}$（图6-35）。一般对于单级传动，每传递1kW功率需油量 $V_0 = 0.35 \sim 0.7 \mathrm{L}$；对于多级传动，需油量按级数成比例增加。

两级或多级齿轮减速器，如果低速级大齿轮浸油过深，可采用带油轮润滑（图6-36）或将减速器箱座和箱盖的剖分面做成倾斜式的（图6-37）。

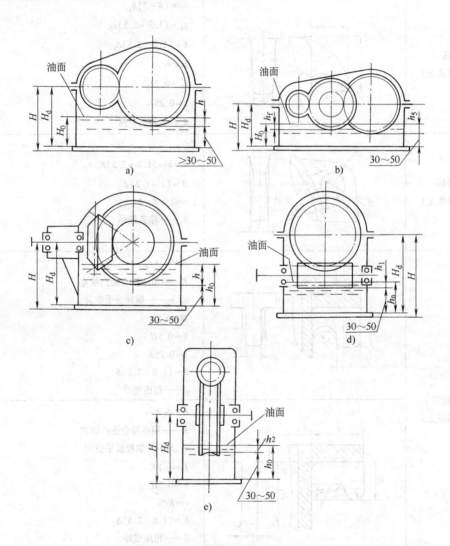

图6-35　浸油润滑及浸油深度

表 6-7 浸油润滑时的浸油深度

减速器类型		传动件浸油深度
单级圆柱齿轮减速器 （图 6-35a）		$m < 20mm$ 时，h 约为 1 个齿高但不小于 10mm
		$m \geqslant 20mm$ 时，h 约为 0.5 个齿高
两级或多级圆柱齿轮减速器 （图 6-35b）		高速级：h_f 约为 0.7 个齿高但不小于 10mm
		低速级：h_s 按圆周速度而定，速度大者取小值
		当 $v_s = 0.8 \sim 12m/s$ 时，h_s 约 1 个齿高（不小于 10mm）～1/6 齿轮半径
		当 $v_s \leqslant 0.5 \sim 0.8m/s$ 时，$h_s \leqslant (1/6 \sim 1/3)$ 齿轮半径
锥齿轮减速器（图 6-35c）		整个齿宽浸入油中（至少半个齿宽）
蜗杆 减速器	蜗杆下置（图 6-35d）	$h_1 \geqslant 1$ 个螺牙高，但油面不应高于蜗杆轴承最低一个滚动体中心
	蜗杆上置（图 6-35e）	h_2 同低速级圆柱大齿轮的浸油深度 h_s

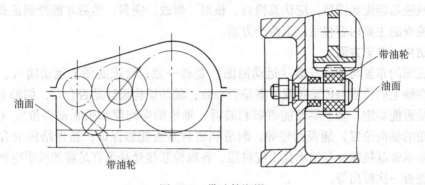

图 6-36 带油轮润滑

下置式蜗杆，如果油面已浸到轴承最下面的滚动体中心，而蜗杆仍未浸入油中（或浸油深度不够），可在蜗杆轴两侧分别装上溅油轮，将油溅到蜗轮端面上，而后流入啮合区进行润滑（图 6-38）。

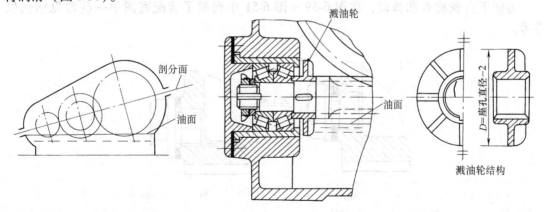

图 6-37 倾斜剖面减速器　　　　　　图 6-38 溅油轮润滑

（2）喷油润滑　当齿轮圆周速度 $v > 12m/s$，蜗杆圆周速度 $v > 10m/s$ 时，因粘在轮齿上的油会被离心力甩掉，而且搅油使油温升高、起泡或氧化等，此时宜用喷油润滑，即利用液压泵将油通过油嘴喷到啮合区，对传动进行润滑。喷油润滑也常用于速度并不高但工作繁重的重型减速器，或需要利用润滑油进行冷却的重要减速器。

2. 减速器的密封

减速器中需要密封的部位除了轴承部件之外，一般还有箱体接合面和视孔或放油孔接合面处等。

箱盖与箱座接合面的密封常用涂密封胶的方法实现。因此，对接合面的几何精度和表面粗糙度都有一定要求，为了提高接合面的密封性，可在接合面上开油沟，使渗入接合面之间的油重新流回箱体内部，油沟尺寸参考图6-19。视孔或放油孔接合面处一般要加封油圈以加强密封效果。

第四节　装配底图的检查

完成减速器装配底图后，应认真检查、核对、修改、完善，然后才能绘制正式的减速器装配图。检查的主要内容包括以下两个方面。

一、结构、工艺方面

装配底图的布置与传动方案（运动简图）是否一致；装配底图上运动输入、输出端及传动零件在轴上的位置与传动布置方案是否一致；轴的结构设计是否合理，如轴上零件沿轴向及周向是否能固定、轴上零件能否顺利装拆、轴承轴向间隙和轴系部件位置（主要指锥齿轮、蜗轮的轴向位置）能否调整等；润滑和密封是否能够保证；箱体结构的合理性及工艺性，如轴承旁联接螺栓与轴承孔不应贯通、各螺栓联接处是否有足够的扳手空间、箱体上的轴承孔能否一次镗出等。

二、制图方面

减速器中所有零件的基本外形及相互位置关系是否表达清楚；投影关系是否正确，应特别注意零件配合处的投影关系；啮合齿轮、螺纹联接、轴承及其他标准件、常用件画法是否符合制图标准。

为便于自我检查和修改，在图6-39～图6-51中列举了装配底图中一些常见错误供参考。

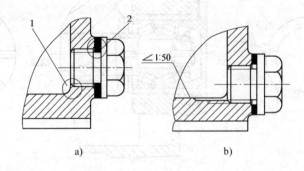

a)　　　　　　　　　　b)

图 6-39　放油孔油塞

a）错误　b）正确

1—放油孔位置太高，底层油流不出去，且底部应有一
定斜度　2—垫圈内径小于螺纹大径，油塞无法拧入

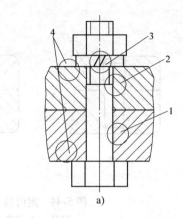
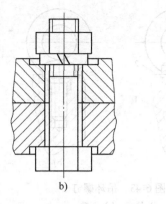

图 6-40 螺栓联接

a) 错误 b) 正确

1—螺栓杆与孔之间应有间隙 2—螺纹小径应该用细
实线绘制 3—弹簧垫圈开口方向不对 4—应有沉孔

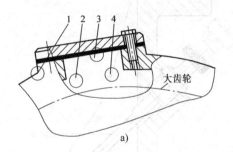
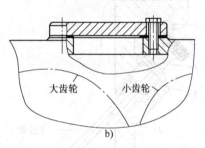

图 6-41 视孔及视孔盖

a) 错误 b) 正确

1—缺少视孔外轮廓线 2—缺少视孔内投影线 3—垫片没有剖的部分不应涂黑
4—视孔位置应开在两齿轮啮合处上方

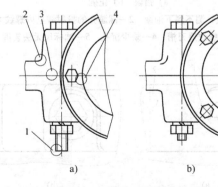

图 6-42 轴承盖及箱体联接

a) 错误 b) 正确

1—螺栓出头太长 2—漏画凸台过渡线 3—漏画箱体接合面轮廓线
4—螺钉不应拧在箱体剖分面上

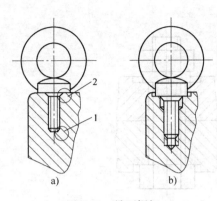
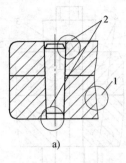
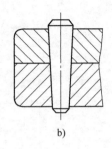

图 6-43　吊环螺钉

a）错误　b）正确

1—螺纹孔深缺少余量　2—缺少螺钉沉头座孔

图 6-44　定位销

a）错误　b）正确

1—相邻零件剖面线方向应相反

2—销钉上下均没出头，不便于装拆

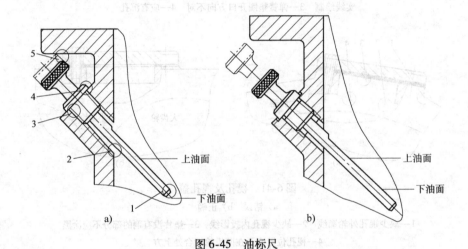

图 6-45　油标尺

a）错误　b）正确

1—标尺太短，测不到下油面　2—漏画孔的投射线且内螺纹太长

3—缺少螺纹退刀槽　4—缺少沉孔　5—油标尺无法装拆

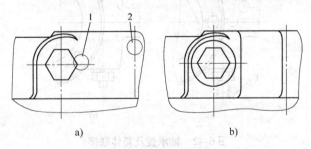

图 6-46　俯视图上的凸台

a）错误　b）正确

1—漏画沉孔投射线　2—漏画机体上的投射线

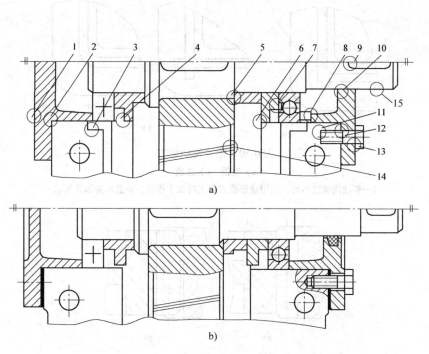

图 6-47　轴系组合结构

a) 错误　b) 正确

1—轴承盖外表面加工面积过大　2—两零件配合折角处不应都做成尖角或相同的圆角
3—采用脂润滑，输油沟无必要　4—漏画轴承座孔的投射线　5—套筒应顶住齿轮，
不能既顶齿轮又顶轴，且套筒厚度不够　6—挡油环与轴承座孔间应留有间隙，环的
外端面应伸出箱内壁 $1\sim3\mathrm{mm}$　7—挡油环与轴承接触部分太高，不利于轴承转动
8—采用脂润滑，轴承盖上缺口无必要　9—键不应伸到轴承盖里面　10—轴与轴
承盖之间应有间隙，且应装密封件　11—螺纹孔深没有余量　12—漏画局部剖视
13—螺钉与螺钉孔应有间隙　14—斜齿轮上斜线不应出头　15—少定位轴肩

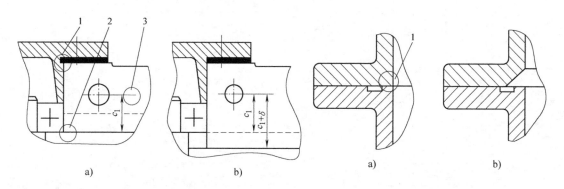

图 6-48　轴承及螺栓的位置

a) 错误　b) 正确

1—垫片内径过小，无法安装　2—轴承安装位置不合适，
端面不应与箱体内壁平齐　3—联接螺栓中心线位置
不对，应与箱体外壁间保持 c_1 的距离

图 6-49　油沟

a) 错误　b) 正确

1—当箱座上有油沟时，箱盖上应
做成坡面，使油流入输油沟

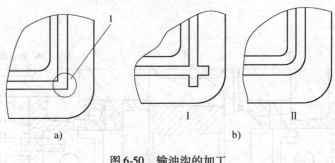

图 6-50　输油沟的加工

a) 错误　b) 正确

1—输油沟画法不对，当用盘形铣刀加工时如 I 所示，铸造油沟如 II 所示

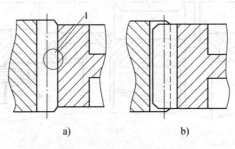

图 6-51　圆柱齿轮啮合

a) 错误　b) 正确

1—圆柱齿轮啮合处画法不对

第七章　装配图的设计与绘制

一张完整的装配图应包括下列基本内容：表达机器（或部件）的装配关系、工作原理和零件主要结构的一组视图；尺寸和配合代号；技术要求；技术特性；零件编号、明细表及标题栏。经前面几个阶段的设计，减速器内外主要零件结构已经确定，但还需要完成装配图的其他内容。

第一节　完成装配图的全部视图

在减速器装配底图设计阶段，装配图的几个主要视图已经完成。在将底图绘制在正式装配图上时，应注意以下几点：

1）在完整、准确地表达减速器零、部件结构形状、尺寸和各部分相互关系的前提下，视图数量应尽量少。必须表达的内部结构可采用局部剖视图或局部视图。

2）在画剖视图时，同一零件在不同视图中的剖面线方向和间隔应一致，相邻零件的剖面线方向或间隔应取不同，装配图中的薄件（≤2mm）可用涂黑画法。

3）装配图上某些结构可以采用机械制图标准中规定的简化画法，如滚动轴承、螺纹联接件等。

4）同一视图中的多个配套零件，如螺栓、螺母等，允许只详细地画出一个，其余用中心线表示。

5）在绘制装配图时，视图底线画出后先不要加深，待尺寸、编号、明细表等全部内容完成并详细检查后，再加深完成装配图。

第二节　标　注　尺　寸

在减速器装配图中，主要标注下列几项尺寸：

（1）特性尺寸　表明减速器的性能和规格的尺寸，如传动零件的中心距及其偏差。

（2）配合尺寸　表明减速器内零件之间装配要求的尺寸，一般应标注出基本尺寸及配合代号。主要零件的配合处都应标出配合尺寸、配合性质和配合精度。如轴与传动零件、轴与联轴器、轴与轴承、轴承与轴承座孔等配合处。配合性质与精度的选择对减速器的工作性能、加工工艺及制造成本影响很大，应根据有关资料认真选定。表7-1给出了减速器主要零件的荐用配合，供设计时参考。

（3）外形尺寸　表明减速器大小的尺寸，供包装、运输和布置安装场所时参考。如减速器的总长、总宽和总高。

（4）安装尺寸　与减速器相联接的各有关尺寸，如减速器箱体底面长、宽、厚尺寸，地脚螺栓的孔径、间距及定位尺寸，伸出轴端的直径及配合长度，减速器中心高等。

表 7-1 减速器主要零件的荐用配合

配合	适用特性	应用举例	装拆方法
$\frac{H7}{s6}$, $\frac{H7}{r6}$	受重载、冲击载荷及大的轴向力或转速 $n \geqslant 200 \text{r/min}$ 时，使用期间必须保持配合零件的相对位置	大、中型减速器的低速级齿轮（蜗轮）与轴的配合，并附加键联接；轮缘与轮毂的配合	压力机或温差法装配
$\frac{H7}{p6}$	所受转矩及冲击、振动不大，大多数情况不需要承受轴向载荷的附加装置	常用于减速器齿轮（蜗轮）与轴的配合，并附加键联接；减速器轴与联轴器的配合；轮缘与轮毂的配合	用压力机装配（零件不加热）
$\frac{H7}{n6}$	受冲击及振动时能保证精确地对中，很少装拆相配的零件	很少装拆的齿轮（蜗轮）、联轴器与轴的配合，并附加键联接	用压力机装配
$\frac{H7}{m6}$	较常拆卸相配的零件	小锥齿轮与轴的配合，并附加键联接	用木锤打入
$\frac{H7}{k6}$	较常拆卸相配的零件，且工具难以达到，不便拆卸	载荷平稳的齿轮（蜗轮）与轴的配合，并附加键联接	用压力机或木锤装配
$\frac{H7}{js6}$	可保证相配零件的对中性	滚动轴承内圈与轴的配合（内圈旋转）	用压力机或木锤装配

第三节 编写技术特性

减速器的技术特性可以表格的形式给出，一般放在明细表的附近，所列项目及格式见表7-2。

表 7-2 减速器技术特性

输入功率 P/kW	输入转速 $n/\text{r} \cdot \text{min}^{-1}$	效率 η	总传动比 i	传动特性							
				第一级				第二级			
				m_n	z_2/z_1	β	精度等级	m_n	z_2/z_1	β	精度等级

第四节 制订技术要求

一些在视图上无法表示的有关装配、调整、维护等方面的内容，需要在技术要求中加以说明，以保证减速器的工作性能。技术要求通常包括如下几方面的内容：

一、对零件的要求

装配前所有零件均要用煤油或汽油清洗，并在配合表面涂上润滑油。在箱体内表面涂防侵蚀涂料，箱体内不允许有任何杂物存在。

二、对安装和调整的要求

1. 滚动轴承的安装与调整

为保证滚动轴承的正常工作，应保证轴承的轴向有一定的游隙。游隙大小对轴承的正常工作有很大影响，游隙过大，会使轴系固定不可靠；游隙过小，会妨碍轴系因发热而伸长。当轴承支点跨度较大、温升较高时应取较大的游隙。对游隙不可调整的轴承（如深沟球轴承），可取游隙 $\Delta = 0.25 \sim 0.4 \mathrm{mm}$，或参考相关手册。

滚动轴承轴向游隙的调整方法如图 7-1 所示。图 7-1a 所示为用垫片调整轴向游隙，即先用轴承盖将轴承顶紧，测量轴承盖凸缘与轴承座之间的间隙 δ，再用一组厚度为 $\delta + \Delta$ 的调整垫片置于轴承盖凸缘与轴承座端面之间，拧紧螺钉，即可得到所需的间隙。图 7-1b 所示为用螺纹零件调整轴承游隙，可将螺钉或螺母拧紧，使轴向间隙为零，然后再退转螺母直到所需要的轴向游隙为止。

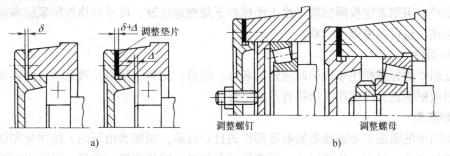

图 7-1　滚动轴承轴向游隙的调整方法
a）用垫片调整　b）用螺纹零件调整

2. 传动侧隙和齿面接触斑点

为保证减速器正常地啮合传动，安装时必须保证齿轮或蜗杆副所需要的侧隙及齿面接触斑点。齿轮的传动侧隙和齿面接触斑点可根据传动精度及 GB/T 10095—2008《圆柱齿轮精度制》的规定或参考第十四章的计算确定。

传动侧隙的检查可用塞尺或把铅丝放入相互啮合的两齿面间，然后测量塞尺或铅丝变形后的厚度。

齿面接触斑点的检查是指在主动轮的啮合齿面上涂色，将其转动 $2 \sim 3$ 周后，观察从动轮齿上的着色情况，从而分析接触区的位置和接触面积的大小。

若齿轮传动侧隙或齿面接触斑点不符合设计要求，可调整传动件的啮合位置或对齿面进行刮研、跑合。

对多级传动，当各级传动的侧隙和齿面接触斑点要求不同时，应分别在技术要求中注明。

三、对润滑与密封的要求

减速器润滑油、润滑脂的选择及箱体内油面的高度等问题详见第六章和第十九章。

减速器剖分面、各接触面及密封处均不允许漏油、渗油。剖分面上允许涂密封胶或水玻璃，但决不允许使用垫片。

四、对试验的要求

减速器装配完毕后，在出厂前一般要进行空载试验和整机性能试验，根据工作和产品规范，可选择抽样和全部产品试验。空载试验时要求在额定转速下正反转各1h。负载试验时要求在额定转速和额定功率下，油池温升不超过35℃，轴承温升不超过40℃。

在空载及负载试验的全部过程中，要求运转平稳、噪声在要求分贝内、连接固定处不松动、密封处不渗油，更不许漏油。

五、对包装、运输和外观的要求

轴的外伸端及各附件应涂油包装。运输用的减速器包装箱应牢固可靠，装卸时不可倒置，安装搬运时不得使用箱盖上的吊钩、吊耳、吊环。

应根据要求在减速器箱体表面涂上相应的颜色。

第五节　填写标题栏和明细表

标题栏、明细表应按国标规定绘于图样右下角指定位置，尺寸规格按国家标准或行业企业标准标注，也可参考第十一章。

1. 标题栏

装配图中的标题栏用来说明减速器的名称、图号、比例、质量及数量等，内容需逐项填写，图号应根据设计内容用汉语拼音及数字编写。

2. 明细表

装配图中的明细表是减速器所有零部件的目录清单，明细表由下向上按序号完整地给出零、部件的名称、材料、规格尺寸、标准代号及数量。零件应逐一编号，引线之间不允许相交，不应与尺寸线、尺寸界线平行，编号位置应整齐，按顺时针或逆时针顺序编写；成组使用的零件可共用同一引线，按线端顺序标注其中各零件；整体购置的组件、标准件可共用同一标号，如轴承、通气器等。明细表的填写应根据图中零件标注顺序按项进行，不能遗漏，必要时可在备注栏中加注。

第八章 零件工作图的设计与绘制

第一节 零件工作图的要求

机器的装配图设计完成之后，必须设计和绘制各非标准件的零件工作图。零件工作图是零件制造、检验和制订工艺规程的基本技术文件，它既反映设计意图，又考虑到制造、使用的可能性和合理性。因此，必须保证图形、尺寸、技术要求和标题栏等部分的基本内容完整、无误、合理。

每个零件图应单独绘制在一个标准图幅中，其基本结构和主要尺寸应与装配图一致。对于装配图中未曾注明的一些细小结构，如圆角、倒角、斜度等在零件图上也应完整给出。视图比例优先选用1:1。应合理安排视图，用各种视图清楚地表达结构形状及尺寸数值，特殊的细部结构可以另行放大绘制。

尺寸标注要选择好基准面，标注在最能反映形体特征的视图上。尺寸标注要做到尺寸完整，便于加工测量，避免尺寸重复、遗漏、封闭及数值差错。

零件中所有表面均应注明表面粗糙度值。对于重要表面单独标注。当较多表面具有同一表面粗糙度值时，可在图样右下角统一标注，并加"(√)"，具体数值按表面作用及制造经济原则选取。对于要求精确的小尺寸及配合尺寸，应注明尺寸极限偏差，并根据不同要求，标注零件的表面形状、方向、跳动和位置公差。尺寸公差和几何公差都应按表面作用及必要的制造经济精度确定，对于不便用符号及数值表明的技术要求，可用文字说明。

对于传动零件（如齿轮、蜗轮等），应列出啮合特性表，以反映特性参数、精度等级和误差检验要求。

图样右下角应画出标题栏，格式与尺寸可按相应国标绘制，也可参考第十一章。

第二节 典型零件的工作图

一、轴类零件工作图

1. 视图

轴类零件为回转体，一般按轴线水平位置布置主视图，在有键槽和孔的地方增加必要的剖视图或断面图。对于不易表达清楚的局部，如退刀槽、中心孔等，必要时应加局部放大图。

2. 尺寸标注

轴类零件的尺寸标注主要是径向、轴向及键槽等细部结构尺寸的标注。径向尺寸以轴线为基准，所有配合处的直径尺寸都应标出尺寸极限偏差；轴向尺寸的基准面通常有轴孔配合端面基准面及轴端基准面。

功能尺寸及尺寸精度要求较高的轴段尺寸应直接标出。其余尺寸的标注应反映加工工艺要求，即按加工顺序标出，以便于加工、测量。尺寸标注应完整，不可因尺寸数值相同而省略，但不允许出现封闭尺寸链。所有细部结构（如倒角、圆角等）的尺寸等，都应标注或在技术要求中说明。

3. 技术要求

凡有精度要求的配合尺寸都应标出尺寸公差，加工表面应标注表面粗糙度值。为了保证轴的加工及装配精度，还应标注必要的几何公差。

图中无法标注或比较统一的一些技术要求，需要用文字在技术要求中说明，这主要包括以下几方面：

1) 对材料的力学性能及化学成分的要求。

2) 对材料表面力学性能的要求，如热处理、表面硬度等。

3) 对加工的要求，如中心孔、与其他零件配合加工等。

4) 对图中未标注的圆角、倒角及表面粗糙度值的说明及其他特殊要求。

有关轴的表面粗糙度值及几何公差等级，见表8-1及表8-2。轴的零件工作图示例如图8-1所示。

表8-1　轴的工作表面粗糙度值　　　　　　　　　（单位：μm）

加工表面	Ra	加工表面	Ra
与传动件及联轴器轮毂相配合表面	3.2~0.8	与传动件及联轴器轮毂配合轴肩端面	6.3~3.2
与普通级滚动轴承配合的表面	1.6~0.8	与普通级滚动轴承配合的轴肩	3.2
平键键槽的工作面	3.2~1.6	平键键槽的非工作面	6.3

表8-2　轴的几何公差等级

类别	项　目	等级	作　用
形状公差	轴承配合表面的圆度或圆柱度	6~7	影响轴与配合的松紧和对中性
	传动件配合表面的圆度或圆柱度	7~8	影响传动件与轴配合的松紧和对中性
跳动公差	轴承配合表面对轴线的径向圆跳动	6~8	影响传动件及轴承的运转偏心
	轴承定位端面对轴线的径向圆跳动	6~8	影响轴承定位及受载均匀性
	传动件轴孔配合表面对轴线的径向圆跳动	6~8	影响齿轮等传动件的正常运转
	传动件定位端面对轴线的轴向圆跳动	6~8	影响齿轮等传动件的定位及受载均匀性
位置公差	键槽对轴线的对称度	7~9	影响键受载的均匀性及装拆难易程度

二、齿轮类零件工作图

1. 视图

齿轮类零件常采用两个基本视图表示。主视图轴线水平放置，左视图反映轮辐、辐板及键槽等结构。它也可采用一个视图，并附加轴孔和键槽局部剖视图来表示。

对于组合式的蜗轮结构，应先画出组件，再分别画出各组件的零件图。齿轮轴与蜗杆轴的视图与轴类零件图相似。有时为了表达齿形的有关特征及参数，应画出局部剖视图。

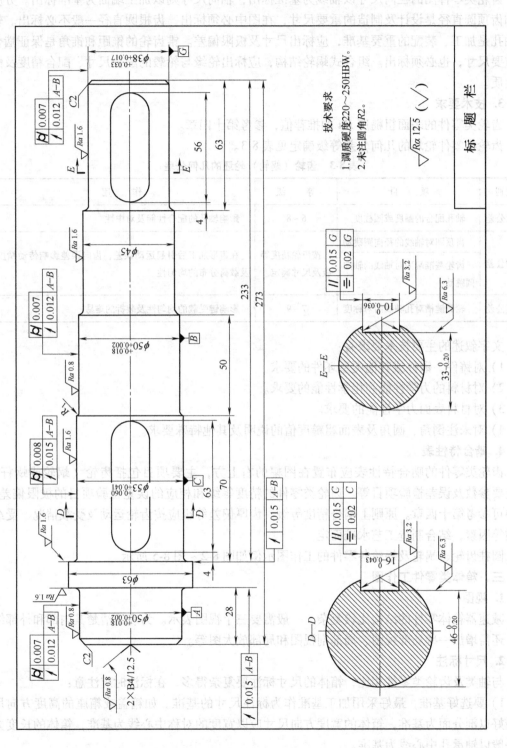

图8-1　轴零件工作图

2. 尺寸标注

齿轮类零件图的径向尺寸以轴线为基准标出，轴向尺寸则以加工端面为基准标出。分度圆和齿顶圆直径是设计及制造的重要尺寸，在图中必须标出，齿根圆直径一般不必标出。轮毂轴孔是加工、装配的重要基准，应标出尺寸及极限偏差。锥齿轮的锥距和锥角是保证啮合的重要尺寸，也必须标出。组合式蜗轮结构，应标出轮缘与轮毂的配合尺寸、配合精度及配合性质。

3. 技术要求

齿轮类零件的表面粗糙度 Ra 的推荐值，参考第十四章。

齿轮类零件轮坯的几何公差等级确定见表8-3。

表8-3　齿轮（蜗轮）轮坯的几何公差

类别	项目	等级	作用
形状公差	轴孔配合的圆度或圆柱度	6~8	影响轴孔的配合性能及对中性
跳动公差	齿顶圆对轴线的径向圆跳动	按齿轮精度等级及尺寸确定	在齿形加工后引起运动误差，齿向误差影响传动精度及载荷分布的均匀性
	齿轮基准端面对轴线的轴向圆跳动		
位置公差	轮毂键槽对孔轴线的对称度	7~9	影响键受载的均匀性及装拆的难易

文字叙述的主要技术要求有：

1）对铸件、锻件或其他类型坯件的要求。

2）对材料的力学性能和化学性能的要求。

3）对材料表面力学性能的要求。

4）对未注倒角、圆角及表面粗糙度值的说明及其他特殊要求。

4. 啮合特性表

齿轮类零件的啮合特性表应布置在图幅的右上方，主要项目包括齿轮（蜗轮或蜗杆）的主要参数及误差检验项目等。齿轮类零件的精度等级和相应的误差检验项目的极限偏差、公差可参考第十四章。原则上啮合精度等级、齿厚偏差等级应按齿轮运动及受载情况、受载性质等因素，结合制造工艺水准而定。

圆柱齿轮、蜗轮及蜗轮各零件的工作图示例如图8-2~图8-5所示。

三、箱体类零件工作图

1. 视图

减速器箱体零件的结构比较复杂，一般需要三个视图表示。为表达清楚其内部和外部结构，还需增加一些局部视图、局部剖视图和局部放大图等。

2. 尺寸标注

与轴类及齿轮类零件相比，箱体的尺寸标注要复杂得多，在标注时应注意：

1）要选好基准，最好采用加工基准作为标注尺寸的基准。如箱盖或箱座的高度方向尺寸最好以剖分面为基准，箱体的宽度方向尺寸应以宽度的对称中心线为基准，箱体的长度方向一般以轴承孔中心线为基准。

2）功能尺寸应直接标出，如轴承孔中心距、减速器中心高等。

法向模数	m_n		3
齿数	z		79
法向压力角	α_n		20°
齿顶高系数	h^*_{an}		1
顶隙系数	c^*_{an}		0.25
螺旋角	β		8°6′34″
旋向			右旋
变位系数	x		0
精度等级		$8(F_P)$、$7(f_{Pt}$、F_α、$F_\beta)$	
		GB/T 10095.1—2008	
公法线长度及其极限偏差	$W\ {}^{E_{bns}}_{E_{bni}}$		$87.55^{-0.077}_{-0.161}$
跨齿数	k		10
中心距及其极限偏差	$a\pm f_a$		150±0.0315
单个齿距极限偏差	$\pm f_{Pt}$		±0.013
齿距累积总公差	F_P		0.070
齿廓总公差	F_α		0.018
螺旋线总公差	F_β		0.021
配对齿轮	图号		
	齿数		20

技术要求

1. 正火处理，齿面硬度为180~210HBW。
2. 未注倒角C2。
3. 未注圆角R5。

$\sqrt{}\ (\sqrt{})$

标　题　栏

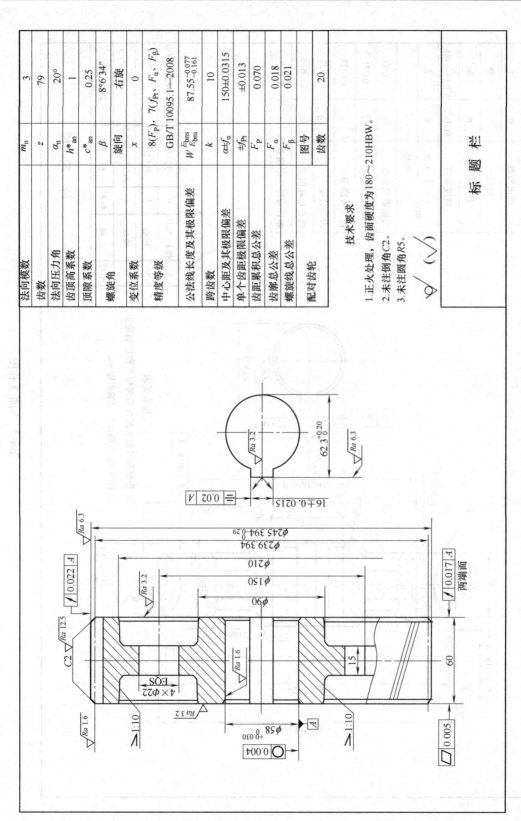

图8-2　圆柱齿轮零件工作图

端面模数		m	5
齿数		z_2	38
压力角		α	20°
精度等级		8GB/T 10089—1988	
蜗杆	头数	z	2
	件号		
齿距累积公差		F_P	0.090
齿圈径向跳动		F_r	0.071
齿距极限偏差		f_{Pt}	±0.028
齿形公差		f_{f2}	0.022
轴交角极限偏差		$f_{\Sigma 0}$	±0.019
蜗轮齿厚极限偏差			$7.85^{\ 0}_{-0.140}$

3	螺栓 M10	6	Q235A	GB/T 5782—2000	
2	轮缘	1	HT200		
1	轮缘	1	ZCuSn10Pb1		
序号	名称	数量	材　料	备　注	

标　题　栏

$\sqrt{\ }\ (\sqrt{\ })$

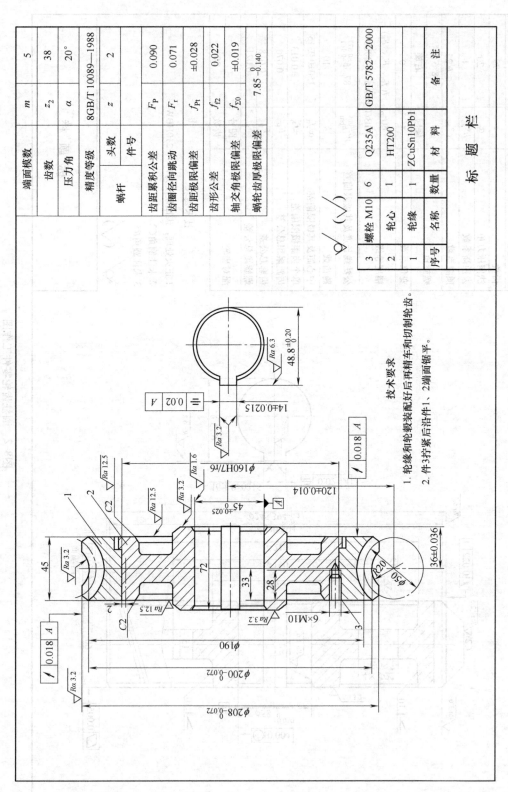

技术要求

1. 轮缘和轮毂装配好后再精车和切制轮齿。
2. 件3拧紧后沿件1、2端面锯平。

图8-3　蜗轮工作图

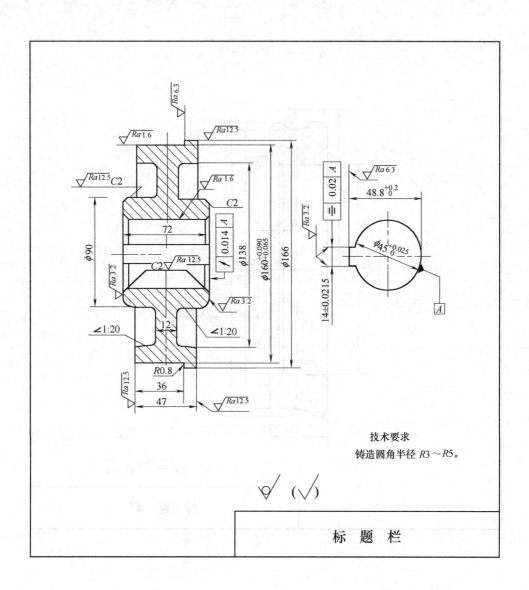

技术要求

铸造圆角半径 $R3 \sim R5$。

图 8-4　蜗轮轮心零件工作图

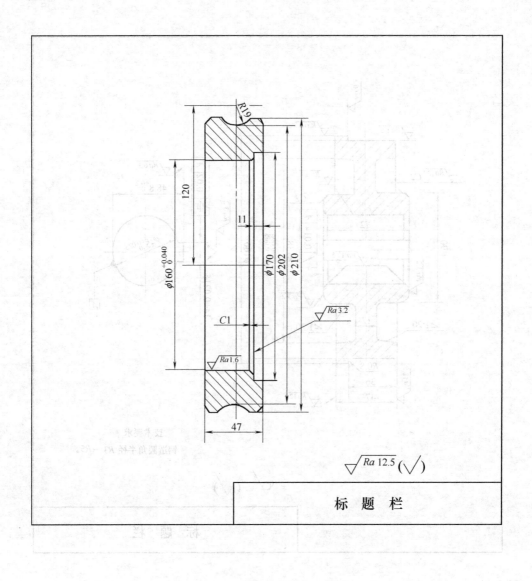

图 8-5　蜗轮轮缘零件工作图

3）标全箱体形状和定位尺寸，形状尺寸是箱体各部位形状大小的尺寸，应直接标出；定位尺寸是确定箱体各部分相对位置的尺寸，应从基准直接标出。

4）箱体多为铸件，应按形体标注尺寸，以便于制作木模。

5）箱体尺寸繁多，应避免尺寸遗漏、重复，同时要检查尺寸链是否封闭等，倒角、圆角、起模斜度等必须在图中标注或在技术要求中说明。

3. 技术要求

重要的配合尺寸应标注极限偏差，加工表面应标注表面粗糙度值，其数值见表8-4。为了保证加工及装配精度，还应标注几何公差，其公差等级如表8-5所示。

表8-4 箱体零件的工作表面粗糙度值 （单位：μm）

加工表面	Ra	加工表面	Ra
减速器剖分面	3.2~1.6	减速器底面	12.5~6.3
轴承座孔面	3.2~1.6	轴承座孔外端面	6.3~3.2
圆锥销孔面	3.2~1.6	螺栓孔座面	12.5~6.3
嵌入盖凸缘槽面	6.3~3.2	油塞孔座面	12.5~6.3
视孔盖接合面	12.5	其他表面	>12.5

表8-5 箱体的几何公差

类别	项 目	等 级	作 用
形状公差	轴承座孔的圆度或圆柱度	6~7	影响箱体与轴承配合性能及对中性
	剖分面的平面度	7~8	
方向公差	轴承座孔轴线间的平行度	6~7	影响传动件的传动平稳性及载荷分布的均匀性
	轴承座孔轴线与端面的垂直度	7~8	影响轴承固定及轴向载荷受载的均匀性
位置公差	两轴承座孔轴线的同轴度	6~8	影响轴系安装及齿面载荷分布的均匀性
	轴承座孔轴线对剖分面的位置度	<0.3mm	影响孔系精度及轴系装配

零件图中未能表达的技术要求，可用文字说明，包括以下几个方面：

1）铸件的清砂、去毛刺和时效处理要求。

2）剖分面上的定位销孔应将箱座和箱盖固定后配钻、配铰。

3）箱座和箱盖轴承孔的加工，应在箱座和箱盖用螺栓联接，并装入定位销后进行。

4）箱体内表面需用煤油清洗后涂防锈漆。

5）图中未注的铸造斜度及圆角半径。

6）其他需要文字说明的特殊要求。

箱盖及箱座的零件工作图示例如图8-6和图8-7所示。

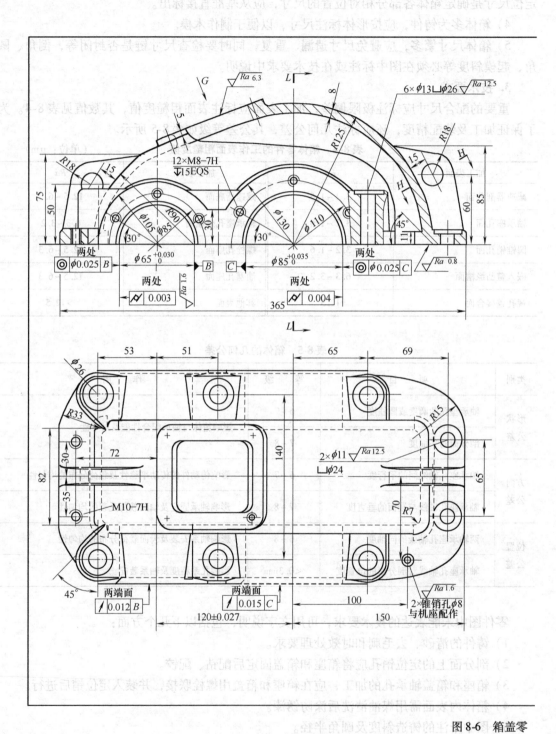

图 8-6　箱盖零

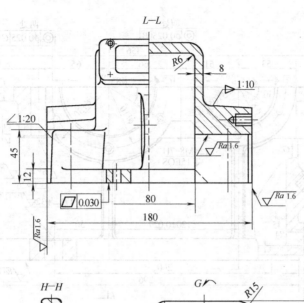

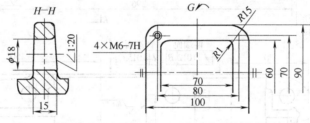

技术要求

1. 箱盖铸成后，应清理并进行时效处理。
2. 箱盖和箱座合箱后，边缘应平齐，相互错位不大于2。
3. 应检查与箱座接合面的密封性，用 0.05 塞尺塞入深度不得大于接合面宽度的 1/3。用涂色法检查接触面积达每平方厘米一个斑点。
4. 与箱座连接后，打上定位销进行镗孔，镗孔时接合面处禁放任何衬垫。
5. 轴承孔轴线与剖分面的位置度为0.5。
6. 两轴承孔轴线在水平面内的轴线平行度公差为0.025; 两轴承孔轴线在垂直面内轴线平行度公差为0.012。
7. 未注公差按GB/TB104-f。
8. 未注铸造圆角尺寸R3～R5。
9. 加工后应清除污垢，内表面涂漆，不得漏油。

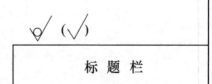

| 标 题 栏 |

件工作图

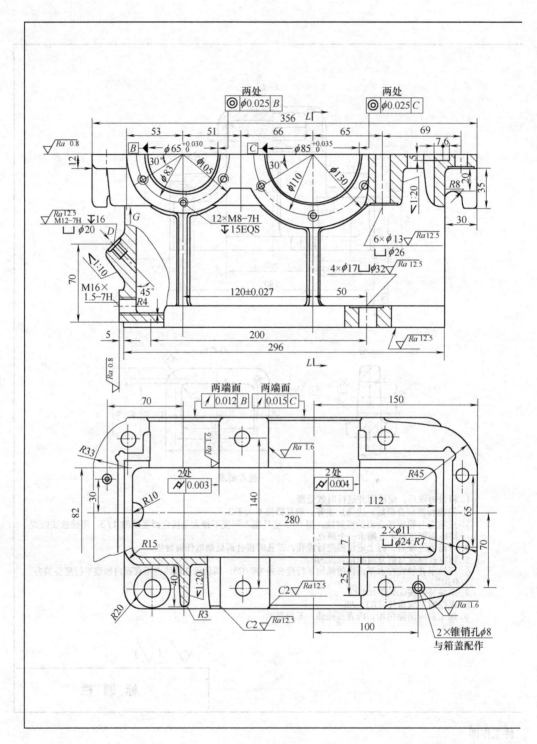

图 8-7 箱座零

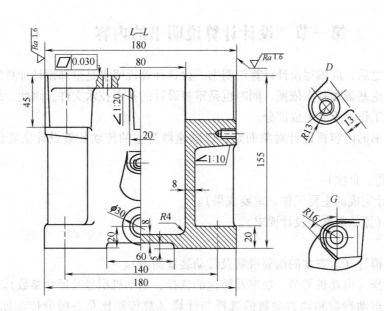

技术要求

1. 箱盖铸成后，应清理并进行时效处理。
2. 箱盖和箱座合箱后，边缘应平齐，相互错位不大于2。
3. 应检查与箱座结合面的密封性，用0.05塞尺塞入深度不得大于结合面宽度的1/3。用涂色法检查接触面积达每平方厘米一个斑点。
4. 与箱座连接后，打上定位销进行镗孔。镗孔时结合面处禁放任何衬垫。
5. 轴承孔轴线与剖分面的位置度公差为0.05。
6. 两轴承孔轴线在水平面内的轴线平行度公差为0.025。两轴承孔轴线在垂直面内的轴线平行度公差为0.012。
7. 未注尺寸公差按GB/TB1804f。
8. 未注尺寸的铸造圆角R3～R5。
9. 加工后应清除污垢，内表面涂漆，不得漏油。

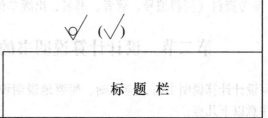

标 题 栏

件工作图

第九章　编写设计计算说明书及准备答辩

第一节　设计计算说明书的内容

图样设计完成之后，应编写设计计算说明书。设计计算说明书是全部设计计算的整理和总结，是设计的理论基础和基本依据，同时也是审核设计的基本技术文件。因此，编写设计计算说明书是设计工作的重要组成部分。

设计计算说明书的内容视设计对象而定，以减速器为主的传动装置设计主要包括如下内容：

1）目录（标题、页次）。

2）摘要（设计完成的主要工作、重要成果）。

3）设计题目（原始数据、设计要求）。

4）设计步骤。

①传动方案的拟订（对方案的简要说明及传动装置简图）。

②电动机的选择（电动机类型、功率及转速的选择、电动机型号及尺寸参数）。

③传动系统的运动参数和动力参数的选择与计算（总传动比及各级分传动比的确定、各轴的转速、功率和转矩的计算）。

④传动零件的设计计算（确定传动件的主要参数和尺寸）。

⑤轴的设计计算（初估轴径、结构设计及强度校核）。

⑥键联接的选择和计算。

⑦滚动轴承的选择和计算（轴承类型、代号的选择及寿命计算、轴承组合装置的设计）。

⑧联轴器的选择。

⑨箱体设计（主要结构尺寸的设计与计算）。

⑩润滑、密封的选择（润滑方式、润滑剂牌号及装油量）。

5）设计小结（设计体会，设计的优、缺点及改进意见）。

6）参考资料（资料编号、著者、书名、出版单位和出版年月）。

第二节　设计计算说明书的要求和注意事项

编写设计计算说明书时，应准确、简要地说明设计中所考虑的主要问题和全部计算项目，并注意以下几点：

1）计算部分只列出计算公式，代入有关数据，略去计算过程，直接得出计算结果。最后，应有对计算结果的简单结论。

2）为了清楚地说明计算内容，应附必要的简图（如传动方案简图，轴的结构、受力、弯矩和转矩图等）。

3）全部计算过程中所采用的符号、角标等应前后一致，且单位要统一。

4）计算说明书用 A4 纸编写，应标出页次，编写目录，最后加封面装订成册。

第三节　设计计算说明书的格式示例

设计计算说明书编写格式见表9-1。

设计计算说明书封面如图9-1 所示。

表9-1　设计计算说明书编写格式

计算项目及内容	主要结果
…… ……	←——30mm——→
三、……	
…………	
四、V 带传动的设计计算	
$P = 4.0\text{kW}$，$n = 1440\text{r/min}$	
1. 确定 V 带型号和带轮直径	
工作情况系数　查表得 $K_A = 1.2$	
选带型号　查图得	
……	A 型
大带轮直径	选 $D_2 = 250\text{mm}$
$D_2 = (1-\varepsilon)\, D_1 i = (1-0.01) \times 100 \times 2.5\text{mm} = 247.5\text{mm}$	
2. 计算带长	
$D_\mathrm{m} = \dfrac{D_1 + D_2}{2} = \dfrac{100\text{mm} + 250\text{mm}}{2} = 175\text{mm}$	
$\Delta = \dfrac{D_2 - D_1}{2} = \dfrac{250\text{mm} - 100\text{mm}}{2} = 75\text{mm}$	
初取中心距　　$a = 600\text{mm}$	
带长	
$L = \pi D_\mathrm{m} + 2a + \dfrac{\Delta^2}{a}$	$L = 1759\text{mm}$
$= \pi \times 175\text{mm} + 2 \times 600\text{mm} + \dfrac{75^2}{600}\text{mm} = 1759\text{mm}$	$L_\mathrm{d} = 1800\text{mm}$
查图得	
……	
五、高速级齿轮传动设计	
$P_1 = 3.84\text{kW}$，$n_1 = 576\text{r/min}$，$T_1 = 63.7\text{N·m}$	
大小齿轮均采用 45 钢，小齿轮调质处理，硬度为 260HBW，大齿轮正火处理，平均硬度 200HBW	
1. 齿面接触疲劳强度计算	
（1）初步计算	
……	
（2）校核计算	

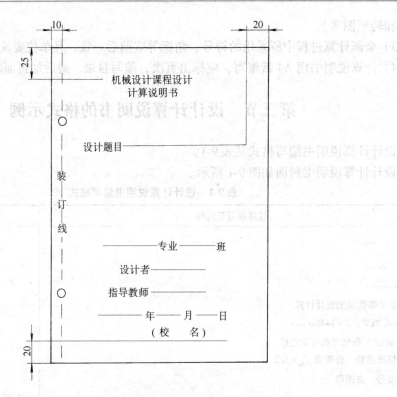

图 9-1　设计计算说明书封面

第四节　答辩前的准备

答辩是课程设计的最后一个环节，是对整个设计过程的总结和必要的检查。通过答辩准备和答辩，可以对所做设计的优缺点作较全面的分析，发现今后设计工作中应注意的问题，总结初步掌握的设计方法，巩固分析和解决工程实际问题的能力。

答辩前，应做好以下工作：

1）总结、巩固所学知识，系统回顾和总结整个设计过程。通过总结和回顾，进一步把设计过程中的问题理清楚、搞明白。

2）将装订好的说明书和叠好的图样一起装入图样袋内。

答辩是一种手段，通过答辩达到系统地总结设计方法、巩固和提高解决工程实际问题的能力才是真正的目的。

第十章　计算机辅助课程设计简介

随着信息技术的迅速发展，计算机辅助设计技术得到了广泛的应用。在机械设计领域，利用 CAD 技术，可以完成设计计算、资料处理、数据管理及自动绘图等多种设计任务。本章结合课程设计任务，重点就课程设计中机械零部件的计算机辅助设计和计算机辅助绘图两方面问题作一简介。

第一节　机械零部件的计算机辅助设计

在机械设计课程设计中围绕着传动零件（如带传动、齿轮传动等）、轴系零部件设计需要进行大量的设计计算工作，除了传统的人工计算方法之外，开发或利用计算机辅助设计软件可以帮助人们快速、准确地完成设计计算任务，并且为诸多设计方案的比较和优化提供可能。

在开发此类设计软件时主要应考虑以下几方面问题。

一、选择合适的开发平台

选择开发平台时需要考虑具体的设计内容。由于课程设计中传动零件及轴系零部件设计计算内容较为复杂，计算量大、查询的数表及线图多，因此，选择的开发语言应具有较强大的计算及数据管理功能。同时，还应考虑开发人员对于各种开发软件掌握的熟练程度再做决定，因为在有限的课程设计时间内，所要解决的主要是机械设计问题而不是编程问题。也可以采用几种语言分模块分别开发，然后再进行组合，以开发出适合课程设计需要的应用软件。常用作课程设计中零部件设计计算的开发语言有 VB、VF、FC 等，其中，VB 语言由于其计算功能强大、简单易学，因而得到广泛的应用。

二、明确系统的输入输出参数

机械零部件设计计算中原始数据和有关参数通常不是全部已知的，有些需要指定、有些需要选择、有些需要假设。因此，首先应结合机械零部件设计计算过程，进一步明确需要输入的原始数据是什么，而需要输出的设计结果又是什么，从而确定计算机程序的输入、输出参数。

三、正确设计软件结构

软件结构一般指软件的各功能模块及相互间的调用关系。开发机械设计软件时，为了便于处理问题，通常把处理某一个数表或某一个图形的语句或函数序列放在一个模块中。设计软件结构时，首先应仔细分析设计过程，然后才能正确地划分程序的功能模块并确定相互之间的调用关系。

例如，普通 V 带传动设计程序可设置以下功能模块：

1. 原始参数输入模块

原始参数输入模块主要包括接收输入功率、转速、传动比及工作情况等原始数据参数。

2. 中间数据处理模块

中间数据处理模块主要包括选择或试选 V 带型号、小带轮基准直径、中心距等中间数据参数。

3. 基本数据处理模块

基本数据处理模块主要包括处理图表，如单根 V 带基本额定功率、额定功率增量、包角系数、长度系数、V 带选型图等。

4. 设计结果处理模块

主要包括处理设计结果的保存、打印、显示等。

四、妥善处理数表和图线

机械零部件设计计算中，经常要查询大量的数表和图线。在人工设计过程中，查询工作完全由人工完成；而在计算机辅助设计中，则要由计算机程序自动完成，因而开发设计程序时需要妥善处理这些数表和图线。

处理数表时，一般按数表中数据之间的关系分为两大类，即存在连续函数关系的函数表和不存在连续函数关系的非函数表。函数表可以使用插值法或拟合公式获得表中未列出的数据，而非函数表则要借助于数组及循环语句和判断语句，获取相应的查询结果。

处理图线时，一般按图线形状分为两种类型，即直线和曲线。对于直线的处理，通常是将其公式化，而对于曲线的处理通常是将其数表化，有时也可进一步拟合成数学公式。

详细的数表及图线的处理方法可查阅相应的软件编程资料。

第二节　计算机辅助绘图

机械设计课程设计中的装配图及零件工作图，除了应用传统手工绘图的方法完成之外，目前更为普遍的是应用计算机绘图软件来完成。与手工绘图相比，计算机辅助绘图在图样质量、图样修改、绘图效率等方面均具有较大的优势。尤其是所生成的三维图形，真实形象地展现了设计结果，便于观察和检验设计中的缺陷和错误，并为进一步的分析计算奠定了基础。

一、计算机绘图软件系统

目前在教学、科研院所及工矿企业中使用的各类国内外计算机绘图软件有几十种之多。如美国 Autodesk 公司的 AutoCAD、德国西门子公司的 Sigrah-Design 和国内自主版权的北京华正软件工程研究所的 CAXA、华中科技大学的 KMCAD 及中科院凯恩集团的 PICAD 等二维绘图软件，以及美国 SolidWorks 公司的 SolidWorks、以色列的 cimatron、美国 PTC 公司的 Pro/Engineer、美国 EDS 公司的 UG 等包含三维造型功能的大型集成化设计软件。

课程设计中可以选择其中应用方便并较为熟悉的绘图软件，完成平面绘图及三维造型任务。

二、计算机绘图中注意问题

本节以应用广泛的 AutoCAD 绘图软件为例，简介课程设计中应用 CAD 技术绘制装配图或零件图时需注意的问题。

1. 设置良好的绘图环境

课程设计中应用 CAD 进行装配图及零件图绘制之前，首先需要进行的是绘图环境的设置，以提高设计绘图的效率。其中包括绘图系统（如绘图界限、线型、线宽、单位等）的设置、图层设置（如建立新图层、设置图层线宽和线型及颜色）、文字样式与标准的设置、绘图辅助工具（如精确定位工具、显示工具）的设置，最终形成包括标题栏、图框线等内容适合自己的样板图。

2. 确定合理的装配图生成方法

由于装配图所包含的信息量大、结构复杂，给图形的绘制带来一定难度。应用 CAD 生成装配图通常有以下几种方法，课程设计中可根据自己的实际情况进行选择。

（1）由图形信息生成装配图 从装配底图所确定的各组成零件的尺寸数据及相互尺寸关系中读取绘制装配图的尺寸数据，然后根据这些尺寸和定位点，画出各零件，再经过修剪等技术处理，生成装配图。一般这种方法生成装配图较为快捷，但是，生成零件图时需要重新绘制，并且不容易发现绘图过程中零件尺寸方面的错误。

（2）由零件图拼装装配图 首先将组成装配图的各零件分别绘制出零件图并存放在图库中。然后通过调用图库中各个子图形并进行定位、旋转变换、镜像、修剪等处理，生成装配图。此种方法生成的装配图，各零件尺寸关系准确，一旦零件尺寸绘制有误，在装配时就能发现，同时也方便零件图的生成。

（3）由三维装配图转化为二维装配图 在三维装配图绘制完成后，通过视图位置的变换以及剖切等操作，投影出相应的二维装配图。通过三维装配图转化为二维装配图具有很多优点，它已成为绘制装配图的一个重要方向。

3. 注意装配图绘制的技术细节

装配图的绘制是课程设计中用时较多的一项工作，其中许多细节问题值得关注，以便减少绘图过程中的返工。

1）在确定了装配图图纸大小之后（一般为 A1 号图或 A0 号图），应首先绘制几条基准线，以便确定几个视图的位置，以免出现视图排列不均甚至画不开的现象。

2）由零件图拼装装配图时，零件被插入装配图之前是以块的形式保存的一个实体，插入后为进行修剪，需要炸开，因而成为多个对象。但由于某些图层颜色的原因，炸开后从外观上可能观察不出其变化。

3）由零件图拼装装配图时，零件被插入后会出现线条的重复或重叠，为避免文件过大和操作混乱，需要将其删除。

4）零件图插入装配图时，一般只将其轮廓线所表示的图形插入，待装配图所有轮廓线绘制完成之后，再统一进行剖面线填充，以免出现剖面线间隔太小或填充错误。

5）在进行尺寸标注时，可能会遇到尺寸文字与图形线段重合的现象，此时应将尺寸文字移开或将线段打断。

第二篇　机械设计常用资料

第十一章　一般标准和常用资料

第一节　常用资料

一、国内标准代号（表 11-1）

表 11-1　国内标准代号

国内标准代号	标准名称	国内标准代号	标准名称
GB	强制性国家标准	JB/ZQ	原机械部重型矿山标准
GB/T	推荐性国家标准	JB/DQ	原机械部电工标准
GBn	国家内部标准	JB/Z	机械工业指导性技术文件
GBJ	国家工程建设标准	JC	建材行业标准
GB5	国家工程建设标准	JG	建筑工业行业标准
GJB	国家军用标准	JJ	原国家建委、城建部标准
TJ	国家工程标准	JT	交通行业标准
ZB	原国家专业标准	JY	教育行业标准
BB	包装行业标准	LD	劳动和劳动安全行业标准
CB	船舶行业标准	LY	林业行业标准
CH	测绘行业标准	MH	民用航空行业标准
CJ	城市建设行业标准	MT	煤炭行业标准
DA	档案工作行业标准	MZ	民政工业行业标准
DL	电力行业标准	NJ	原机械部农机行业标准
DZ	地质矿业行业标准	NY	农业行业标准
EJ	核工业行业标准	QB	原轻工业标准
FJ	原纺织工业标准	QC	汽车行业标准
FZ	纺织行业标准	QJ	航天工业行业标准
GA	社会公共安全行业标准	SB	国内贸易行业标准
GD	原一机部锻压、机械标准	SD	原水利电力标准
GY	广播电影电视行业标准	SH	石油化工行业标准
GZ	原一机部铸造机械标准	SJ	电子行业标准
HB	航空工业行业标准	SL	水利行业标准
HG	化工行业标准	SY	石油天然气行业标准
HJ	环境保护行业标准	SC	水产行业标准
HS	海关行业标准	TB	铁道行业标准
HY	海洋行业标准	WB	物资行业标准
JB	机械行业标准	WJ	兵工民品行业标准
JB/TQ	原机械部石化通用标准	WM	对外经济贸易行业标准
JB/GQ	原机械部机床工具标准	WS	原卫生部标准

（续）

国内标准代号	标 准 名 称	国内标准代号	标 准 名 称
XB	稀土行业标准	YS	有色冶金行业标准
YB	黑色冶金行业标准	YY	医药行业标准
YD	通信行业标准	YZ	邮政局行业标准

二、常用金属材料的熔点、热导率及比热容（表11-2）

表11-2　常用金属材料的熔点、热导率及比热容

名称	熔点 /°C	热导率 /[W/(m·K)]	比热容 /[J/(kg·K)]	名称	熔点 /°C	热导率 /[W/(m·K)]	比热容 /[J/(kg·K)]
灰铸铁	1200	39.2	480	铝	658	238	902
碳素钢	1400~1500	48	480	铅	327	35	128
不锈钢		15.2	460	锡	232	67	228
黄铜	1083	109	377	锌	419	121	388
青铜	995	64	343	镍	1452	91.4	444
纯铜	1083	407	418	钛	1668	22.4	520

注：表中热导率和比热容为20°C时的数据。

三、常用材料的密度（表11-3）

表11-3　常用材料的密度

材料名称	密度 /g·cm⁻³ (t·m⁻³)	材料名称	密度 /g·cm⁻³ (t·m⁻³)	材料名称	密度 /g·cm⁻³ (t·m⁻³)
碳钢	7.8~7.85	轧制磷青铜	8.8	有机玻璃	1.18~1.19
铸钢	7.8	可铸铝合金	2.7	尼龙6	1.13~1.14
合金钢	7.9	锡基轴承合金	7.34~7.75	尼龙66	1.14~1.15
镍铬钢	7.9	铅基轴承合金	9.33~10.67	尼龙1010	1.04~1.06
灰铸铁	7.0	硅钢片	7.55~7.8	橡胶夹布传动带	0.8~1.2
铸造黄铜	8.62	纯橡胶	0.93	酚醛层压板	1.3~1.45
锡青铜	8.7~8.9	皮革	0.4~1.2	木材	0.4~0.75
无锡青铜	7.5~8.2	聚氯乙烯	1.35~1.40	混凝土	1.8~2.45

四、常用材料的弹性模量和泊松比（表11-4）

表11-4　常用材料的弹性模量和泊松比

名　　称	弹性模量 E /×10³N·mm⁻²	切变模量 G /×10³N·mm⁻²	泊松比 μ
灰铸铁	118~126	44.3	0.3
球墨铸铁	173		0.3
碳钢、镍铬钢、合金钢	206	79.4	0.3
铸钢	202		0.3
铸铝青铜	103	41.1	0.3
铸锡青铜	103		0.3
轧制磷锡青铜	113	41.2	0.32~0.35
轧制锰青铜	108	39.2	0.35
轧制铝	68	25.5~26.5	0.32~0.36

（续）

名　称	弹性模量 E /$\times 10^3$N·mm^{-2}	切变模量 G /$\times 10^3$N·mm^{-2}	泊松比 μ
硬铝合金	70	26.5	0.3
有机玻璃	2.35~29.42		
电木	1.96~2.94	0.69~2.06	0.35~0.38
夹布酚醛塑料	3.92~8.82		
尼龙1010	1.068		
聚四氟乙烯	1.137~1.42		
混凝土	13.73~39.2	4.9~15.69	0.1~0.18

五、黑色金属的硬度（表 11-5）

表 11-5　黑色金属硬度值对照（摘自 GB/T 1172—1999）

硬　度						
洛　氏		表面洛氏			维氏	布氏($F/D^2=30$)
HRC	HRA	HR15N	HR30N	HR45N	HV	HBW
20.0	60.2	68.8	40.7	19.2	226	225
20.5	60.4	69.0	41.2	19.8	228	227
21.0	60.7	69.3	41.7	20.4	230	229
21.5	61.0	69.5	42.2	21.0	233	232
22.0	61.2	69.8	42.6	21.5	235	234
22.5	61.5	70.0	43.1	22.1	238	237
23.0	61.7	70.3	43.6	22.7	241	240
23.5	62.0	70.6	44.0	23.3	244	242
24.0	62.2	70.8	44.5	23.9	247	245
24.5	62.5	71.1	45.0	24.5	250	248
25.0	62.8	71.4	45.5	25.1	253	251
25.5	63.0	71.6	45.9	25.7	256	254
26.0	63.3	71.9	46.4	26.3	259	257
26.5	63.5	72.2	46.9	26.9	262	260
27.0	63.8	72.4	47.3	27.5	266	263
27.5	64.0	72.7	47.8	28.1	269	266
28.0	64.3	73.0	48.3	28.7	273	269
28.5	64.6	73.3	48.7	29.3	276	273
29.0	64.8	73.5	49.2	29.9	280	276
29.5	65.1	73.8	49.7	30.5	284	280
30.0	65.3	74.1	50.2	31.1	288	283
30.5	65.6	74.4	50.6	31.7	292	287
31.0	65.8	74.7	51.1	32.3	296	291
31.5	66.1	74.9	51.6	32.9	300	294
32.0	66.4	75.2	52.0	33.5	304	298
32.5	66.6	75.5	52.5	34.1	308	302
33.0	66.9	75.8	53.0	34.7	313	306
33.5	67.1	76.1	53.4	35.3	317	310
34.0	67.4	76.4	53.9	35.9	321	314
34.5	67.7	76.7	54.4	36.5	326	318

（续）

硬　度						
洛　氏		表面洛氏			维氏	布氏($F/D^2=30$)
HRC	HRA	HR15N	HR30N	HR45N	HV	HBW
35.0	67.9	77.0	54.8	37.0	331	323
35.5	68.2	77.2	55.3	37.6	335	327
36.0	68.4	77.5	55.8	38.2	340	332
36.5	68.7	77.8	56.2	38.8	345	336
37.0	69.0	78.1	56.7	39.4	350	341
37.5	69.2	78.4	57.2	40.0	355	345
38.0	69.5	78.7	57.6	40.6	360	350
38.5	69.7	79.0	58.1	41.2	365	355
39.0	70.0	79.3	58.6	41.8	371	360
39.5	70.3	79.6	59.0	42.4	376	365
40.0	70.5	79.9	59.5	43.0	381	370
40.5	70.8	80.2	60.0	43.6	387	375
41.0	71.1	80.5	60.4	44.2	393	380
41.5	71.3	80.8	60.9	44.8	398	385
42.0	71.6	81.1	61.3	45.4	404	391
42.5	71.8	81.4	61.8	45.9	410	396
43.0	72.1	81.7	62.3	46.5	416	401
43.5	72.4	82.0	62.7	47.1	422	407
44.0	72.6	82.3	63.2	47.7	428	413
44.5	72.9	82.6	63.6	48.3	435	418
45.0	73.2	82.9	64.1	48.9	441	424
45.5	73.4	83.2	64.6	49.5	448	430
46.0	73.7	83.5	65.0	50.1	454	436
46.5	73.9	83.7	65.5	50.7	461	442
47.0	74.2	84.0	65.9	51.2	468	449
47.5	74.5	84.3	66.4	51.8	475	463
48.0	74.7	84.6	66.8	52.4	482	470
48.5	75.0	84.9	67.3	53.0	489	478
49.0	75.3	85.2	67.7	53.6	497	486
49.5	75.5	85.5	68.2	54.2	504	494
50.0	75.8	85.7	68.6	54.7	512	502
50.5	76.1	86.0	69.1	55.3	520	510
51.0	76.3	86.3	69.5	55.9	527	518
51.5	76.6	86.6	70.0	56.5	535	527
52.0	76.9	86.8	70.4	57.1	544	535
52.5	77.1	87.1	70.9	57.6	552	544
53.0	77.4	87.4	71.3	58.2	561	552
53.5	77.7	87.6	71.8	58.8	569	561
54.0	77.9	87.9	72.2	59.4	578	569
54.5	78.2	88.1	72.6	59.9	587	577

（续）

硬　　度						
洛　　氏		表面洛氏			维氏	布氏($F/D^2=30$)
HRC	HRA	HR15N	HR30N	HR45N	HV	HBW
55.0	78.5	88.4	73.1	60.5	596	585
55.5	78.7	88.6	73.5	61.1	606	593
56.0	79.0	88.9	73.9	61.7	615	601
56.5	79.3	89.1	74.4	62.2	625	608
57.0	79.5	89.4	74.8	62.8	635	616
57.5	79.8	89.6	75.2	63.4	645	622
58.0	80.1	89.8	75.6	63.9	655	628
58.5	80.3	90.0	76.1	64.5	666	634
59.0	80.6	90.2	76.5	65.1	676	639
59.5	80.9	90.4	76.9	65.6	687	643
60.0	81.2	90.6	77.3	66.2	698	647
60.5	81.4	90.8	77.7	66.8	710	650
61.0	81.7	91.0	78.1	67.3	721	
61.5	82.0	91.2	78.6	67.9	733	
62.0	82.2	91.4	79.0	68.4	745	
62.5	82.5	91.5	79.4	69.0	757	
63.0	82.8	91.7	79.8	69.5	770	
63.5	83.1	91.8	80.2	70.1	782	
64.0	83.3	91.9	80.6	70.6	795	
64.5	83.6	92.1	81.0	71.2	809	
65.0	83.9	92.2	81.3	71.7	822	
65.5	84.1				836	
66.0	84.4				850	
66.5	84.7				865	
67.0	85.0				879	
67.5	85.2				894	
68.0	85.5				909	

注：1. 本标准所列换算值是在对主要钢种进行实验的基础上确定的。各钢系的换算值适用于含碳量由低到高的钢种。

2. 本标准所列换算值，只有当试件组织均匀一致时，才能得到较精确的结果，因此应尽量避免各种换算。

3. 本标准所列布氏硬度是指试验载荷 F（kg）与压痕直径 D（mm）之比为30时的数据。

六、常用材料的滑动摩擦因数（表11-6）

表11-6　常用材料的滑动摩擦因数

材料名称	摩擦因数 f			
	静摩擦		滑动摩擦	
	无润滑剂	有润滑剂	无润滑剂	有润滑剂
钢—钢	0.15	0.1~0.12	0.15	0.05~0.1
钢—软钢			0.2	0.1~0.2
钢—铸铁	0.3		0.18	0.05~0.15
钢—青铜	0.15	0.1~0.15	0.15	0.1~0.15
软钢—铸铁	0.2		0.18	0.05~0.15
软钢—青铜	0.2		0.18	0.07~0.15
铸铁—铸铁		0.18	0.15	0.07~0.12

（续）

材料名称	摩擦因数 f			
	静摩擦		滑动摩擦	
	无润滑剂	有润滑剂	无润滑剂	有润滑剂
铸铁—青铜			0.15 ~ 0.2	0.07 ~ 0.15
青铜—青铜		0.1	0.2	0.07 ~ 0.1
软钢—槲木	0.6	0.12	0.4 ~ 0.6	0.1
软钢—榆木			0.25	
铸铁—槲木	0.65		0.3 ~ 0.5	0.2
铸铁—榆、杨木			0.4	0.1
青铜—槲木	0.6		0.3	
木材—木材	0.4 ~ 0.6	0.1	0.2 ~ 0.5	0.07 ~ 0.15
皮革（外）—槲木	0.6		0.3 ~ 0.5	
皮革（内）—槲木	0.4		0.3 ~ 0.4	
皮革—铸铁	0.3 ~ 0.5	0.15	0.6	0.15
橡皮—铸铁			0.8	0.5
麻绳—槲木	0.8		0.5	

七、滚动摩擦力臂（大约值）（表11-7）

表11-7　滚动摩擦力臂（大约值）

摩擦材料	滚动摩擦力臂 k/cm	摩擦材料	滚动摩擦力臂 k/cm
软钢与软钢	0.05	表面淬火车轮与钢轨	
铸铁与铸铁	0.05	圆锥形车轮	0.08 ~ 0.1
木材与钢	0.03 ~ 0.04	圆柱形车轮	0.05 ~ 0.070
木材与木材	0.05 ~ 0.08	钢轮与木面	0.15 ~ 0.25
钢板间的滚子（梁之活动支座）	0.02 ~ 0.07	橡胶轮胎对沥青路面	0.25
铸铁轮或钢轮与钢轨	0.05	橡胶轮胎对土路面	1 ~ 1.5

八、摩擦副的摩擦因数（表11-8）

表11-8　摩擦副的摩擦因数

名　称		摩擦因数 f	名　称		摩擦因数 f
滚动轴承	深沟球轴承	径向载荷	0.002	滑动轴承	液体摩擦	0.001 ~ 0.008
		轴向载荷	0.004		半液体摩擦	0.008 ~ 0.08
	角接触球轴承	径向载荷	0.003		半干摩擦	0.1 ~ 0.5
		轴向载荷	0.005		滚动轴承（滚子）	0.002 ~ 0.005
	圆锥滚子轴承	径向载荷	0.008	轧辊轴承	层压胶木轴瓦	0.004 ~ 0.006
		轴向载荷	0.02		青铜轴瓦（用于热轧辊）	0.07 ~ 0.1
	调心球轴承		0.0015		青铜轴瓦（用于冷轧辊）	0.04 ~ 0.08
	圆柱滚子轴承		0.002		特殊密封的液体摩擦轴承	0.003 ~ 0.005
	长圆柱或螺旋滚子轴承		0.006		特殊密封半液体摩擦轴承	0.005 ~ 0.01
	滚针轴承		0.008	密封软填料盒中填料与轴的摩擦		0.2
	推力球轴承		0.003	热钢在辊道上摩擦		0.3
	调心滚子轴承		0.004	冷钢在辊道上摩擦		0.15 ~ 0.18
加热炉内	金属在管子或金属条上		0.4 ~ 0.6	制动器普通石棉制动带（无润滑）$p = 0.2 ~ 0.6 \text{N/mm}^2$		0.35 ~ 0.48
	金属在炉底砖上		0.6 ~ 1	离合器装有黄铜丝的压制厂棉带 $p = 0.2 ~ 1.2 \text{N/mm}^2$		0.43 ~ 0.4

九、机械效率概略值和传动比范围（表11-9）

表11-9 机械效率概略值和传动比范围

类别	传动形式	效率 η	单级传动比范围	
			最大	常用
圆柱齿轮传动	7级精度（稀油润滑）	0.98		
	8级精度（稀油润滑）	0.97	10	3~5
	9级精度（稀油润滑）	0.96		
	开式传动（脂润滑）	0.94~0.96	15	4~6
锥齿轮传动	7级精度（稀油润滑）	0.97	6	2~3
	8级精度（稀油润滑）	0.94~0.97	6	2~3
	开式传动（脂润滑）	0.92~0.95	6	4
带传动	V带传动	0.94~0.97	7	2~4
链传动	滚子链（开式）	0.90~0.93	7	2~4
	滚子链（闭式）	0.95~0.97		
蜗杆传动	自锁	0.40~0.45	开式100	15~16
	单头	0.70~0.75	闭式80	10~40
	双头	0.75~0.82		
	四头	0.82~0.92		
螺旋传动	滑动丝杠	0.30~0.60		
	滚动丝杠	0.85~0.90		
一对滚动轴承	球轴承	0.99		
	滚子轴承	0.98		
一对滑动轴承	润滑不良	0.94		
	正常润滑	0.97		
	液体摩擦	0.99		
联轴器	齿式联轴器	0.99		
	弹性联轴器	0.99~0.995		
运输滚筒		0.96		

十、工程常用量纲（表11-10）

表11-10 工程常用量纲（摘自 GB/T 3102.1~7—1993）

量的名称	量的符号	单位名称	单位符号
长度	l、L		
宽度	b		
高度	h		
厚度	δ、d	米	m
半径	r、R	毫米	mm
直径	d、D	微米	μm
程长	s		
曲率半径	ρ		

（续）

量的名称	量的符号	单位名称	单位符号
面积	A (S)	平方米	m^2
容积、体积	V	立方米	m^3
时间	t	秒	s
角速度	ω	弧度每秒	rad/s
角加速度	α	弧度每二次方秒	rad/s^2
速度	v	米每秒	m/s、$m \cdot s^{-1}$
加速度	a	米每二次方秒	m/s^2
周期	T	秒	s
频率	f	赫兹	Hz
质量	m	千克	kg
转动惯量	J	千克二次方米	$kg \cdot m^2$
力	F	牛	N
力矩	M	牛米	
力偶矩	M		$N \cdot m$
转矩	M、T		
弹性模量	E	帕（斯卡）	Pa
动力粘度	η (μ)	帕（斯卡）秒	$Pa \cdot s$
运动粘度	v	二次方米每秒	m^2/s
功率	P	瓦、千瓦	W、kW

第二节　一般标准

一、机械制图
1. 图样幅面及格式（表 11-11）

表 11-11　图样幅面及格式（摘自 GB/T 14689—2008）　　　（单位：mm）

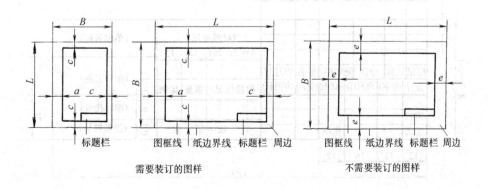

需要装订的图样　　　　　　　　　　不需要装订的图样

（续）

基本幅面					加长幅面					
第一选择					第二选择		第三选择			
幅面代号	A0	A1	A2	A3	A4	幅面代号	$B \times L$	幅面代号	$B \times L$	幅面代号	$B \times L$

幅面代号	A0	A1	A2	A3	A4	幅面代号	$B \times L$	幅面代号	$B \times L$	幅面代号	$B \times L$
$B \times L$	841 × 1189	594 × 841	420 × 594	297 × 420	210 × 297	A3 × 3	420 × 891	A0 × 2	1189 × 1682	A3 × 5	420 × 1486
						A3 × 4	420 × 1189	A0 × 3	1189 × 2523	A3 × 6	420 × 1783
e	20		10			A4 × 3	297 × 630	A1 × 3	841 × 1783	A3 × 7	420 × 2080
						A4 × 4	297 × 841	A1 × 4	841 × 2378	A4 × 6	297 × 1261
c	10		5			A4 × 5	297 × 1051	A2 × 3	594 × 1261	A4 × 7	297 × 1471
a	25							A2 × 4	594 × 1682	A4 × 8	297 × 1682
								A2 × 5	594 × 2102	A4 × 9	297 × 1892

注：1. 绘制技术图样时，应优先采用基本幅面。必要时，也允许选用第二选择的加长幅面或第三选择的加长幅面。

　　2. 加长幅面的图框尺寸，按此所选用的基本幅面大一号的图框尺寸确定。例如 A2 × 3 的图框尺寸，按 A1 的图框尺寸确定，即 e 为 20（或 c 为 10），而 A3 × 4 的图框尺寸，按 A2 的图框尺寸确定，即 e 为 10（或 c 为 10）。

2. 图样比例（表 11-12）

表 11-12　图样比例（摘自 GB/T 14690—1993）

原值比例	1:1	应用说明
缩小比例	1:2　1:5　1:10 $1:2 \times 10^n$　$1:5 \times 10^n$　$1:1 \times 10^n$ （1:1.5）（1:2.5）（1:3）（1:4）（1:6） （$1:1.5 \times 10^n$）（$1:2.5 \times 10^n$） （$1:3 \times 10^n$）（$1:4 \times 10^n$） （$1:6 \times 10^n$）	1. 绘制同一机件的各个视图时，应尽可能采用相同的比例，使绘图和看图都很方便 2. 比例应标注在标题栏的比例栏内，必要时，可在视图名称的下方或右侧标注比例，如： $\underline{I}$　$\underline{A}$　$\underline{B-B}$　墙板位置图　平面图 2:1　1:10　2.5:1　　1:100　　1:50 3. 当图形中孔的直径或薄片的厚度等于或小于 2mm，以及斜度和锥度较小时，可不按比例而夸大画出 4. 表格图或空白图不必标注比例
放大比例	5:1　2:1 $5 \times 10^n:1$　$2 \times 10^n:1$　$1 \times 10^n:1$ （4:1）（2.5:1） （$4:10^n:1$）（$2.5 \times 10^n:1$）	

注：1. n 为正整数。

　　2. 必要时允许采用带括号的比例。

3. 标题栏和明细表

装配图或零件图标题栏和明细表格式分别如图 11-1 和图 11-2 所示。

图 11-1　装配图或零件图标题栏格式（摘自 GB/T 10609.1—2008）

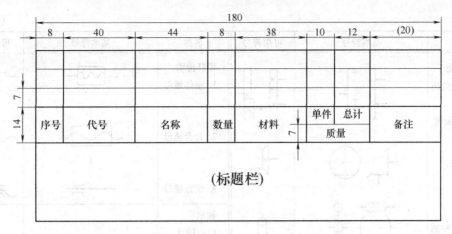

图 11-2　明细表格式（摘自 GB/T 10609.2—2009）

4. 剖面符号（GB 4457.5—1984）

常用材料的剖面符号如图 11-3 所示。

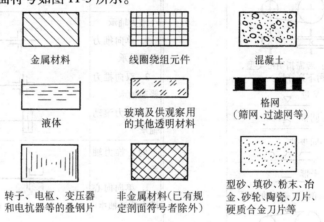

图 11-3　常用材料的剖面符号

5. 机构运动简图符号（表 11-13）

表 11-13　机构运动简图符号（摘自 GB/T 4460—1984）

名称	基本符号	可用符号	名称	基本符号	可用符号
齿轮 1. 圆柱齿轮 1）直齿			2. 锥齿轮 1）直齿		
2）斜齿			2）斜齿		
3）人字齿			3）弧齿		

（续）

名称	基本符号	可用符号	名称	基本符号	可用符号
齿轮传动 （不指明齿线） 1. 圆柱齿轮			螺杆传动 1. 整体螺母		
2. 锥齿轮			2. 开合螺母		
3. 蜗轮与圆柱蜗杆			3. 滚珠螺母		
			轴承 向心轴承 1. 普通轴承		
			2. 滚动轴承		
带传动 一般符号 （不指明类型）	注：若需指明带类型，可采用下列符号： V带　▽ 圆带　○ 同步带 平带 例：V带传动		推力轴承 1. 单向推力普通轴承 2. 双向推力普通轴承 3. 推力滚动轴承		
			向心推力轴承 1. 单向向心推力普通轴承 2. 双向向心推力普通轴承 3. 向心推力滚动轴承		
链传动 一般符号 （不指明类型）	注：若需指明链条类型，可采用下列符号： 环形链 滚子链 无声链 例：无声链传动		联轴器 一般符号 （不指明类型） 1. 固定联轴器 2. 可移式联轴器 3. 弹性联轴器		

（续）

名称	基本符号	可用符号	名称	基本符号	可用符号
制动器 一般符号			2. 电动机的 一般符号		
原动机 1. 原动机通 用符号（不指 明类型）			3. 装在支架 上的电动机		

二、常用结构要素

1. 标准尺寸（表 11-14）

表 11-14 标准尺寸（直径、长度和高度等）（摘自 GB/T 2822—2005）（单位：mm）

R10	R20	R40	Ra10	Ra20	Ra40	R10	R20	R40	R10	R20	R40	R10	R20	R40
16.0	16.0	16.0	16	16	16		45.0	45.0	125	125	125	400	400	400
		17.0			17			47.5			132			425
	18.0	18.0		18	18	50.0	50.0	50.0		140	140			450
		19.0			19			53.0			150			475
20.0	20.0	20.0	20	20	20		56.0	56.0	160	160	160	500	500	500
		21.2			21			60.0			170			530
	22.4	22.4		22	22	63.0	63.0	63.0		180	180		560	560
		23.6			24			67.0			190			600
25.0	25.0	25.0	25	25	25		71.0	71.0	200	200	200	630	630	630
		26.5			26			75.0			212			670
	28.0	28.0		28	28	80.0	80.0	80.0		224	224		710	710
		30.0			30			85.0			236			750
31.5	31.5	31.5	32	32	32		90.0	90.0	250	250	250	800	800	800
		33.5			34			95.0			265			850
	35.5	35.5		36	36	100	100	100		280	280		900	900
		37.5			38			106			300			950
40.0	40.0	40.0	40	40	40		112	112	315	315	315	1000	1000	1000
		42.5			42			118			335			1060
										355	355			
											375			

注：标准适用于机械制造业中有互换性或系列化要求的主要尺寸。其他结构尺寸也应尽量采用。数值必须圆整时，
　　可在相应的 Ra 化整值系列中选取（表中 Ra10、Ra20、Ra40）。

2. 配合表面的倒圆和倒角（表 11-15）

表 11-15 配合表面的倒圆和倒角（摘自 GB/T 6403.4—2008） （单位：mm）

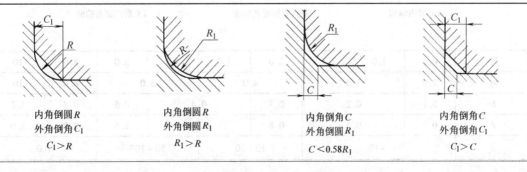

内角倒圆 R
外角倒角 C_1

$C_1 > R$

内角倒圆 R
外角倒圆 R_1

$R_1 > R$

内角倒角 C
外角倒圆 R_1

$C < 0.58 R_1$

内角倒角 C
外角倒角 C_1

$C_1 > C$

（续）

与直径 d 相应的倒角、倒圆推荐值

d	~3	>3 ~6	>6 ~10	>10 ~ 18	>18 ~ 30	>30 ~ 50	>50 ~ 80	>80 ~ 120	>120 ~ 180	>180 ~ 250
R、C	0.2	0.4	0.6	0.8	1.0	1.6	2.0	2.5	3.0	4.0

d	>250 ~320	>320 ~400	>400 ~500	>500 ~630	>630 ~800	>800 ~1000	>1000 ~1250
R、C	5.0	6.0	8.0	10	12	16	20

内角倒角，外角倒圆时 C_{max} 与 R_1 的关系

R_1	0.1	0.2	0.3	0.4	0.5	0.6	0.8	1.0	1.2	1.6	2.0
C_{max}	—	0.1	0.1	0.2	0.2	0.3	0.4	0.5	0.6	0.8	1.0
R_1	2.5	3.0	4.0	5.0	6.0	8.0	10	12	16	20	25
C_{max}	1.2	1.6	2.0	2.5	3.0	4.0	5.0	6.0	8.0	10	12

3. 回转面和端面砂轮越程槽（表 11-16）

表 11-16　回转面和端面砂轮越程槽（摘自 GB/T 6403.5—2008）　　（单位：mm）

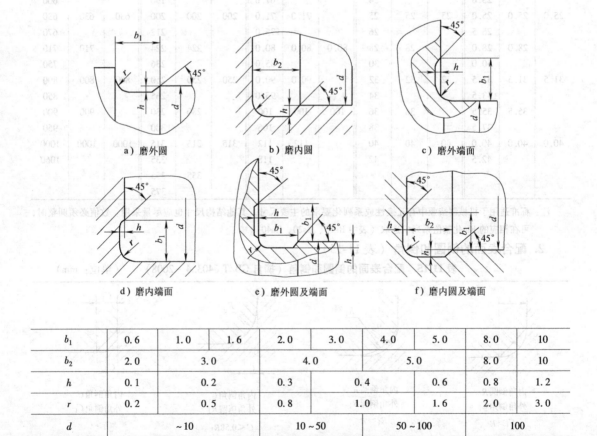

a) 磨外圆　　　　b) 磨内圆　　　　c) 磨外端面

d) 磨内端面　　　　e) 磨外圆及端面　　　　f) 磨内圆及端面

b_1	0.6	1.0	1.6	2.0	3.0	4.0	5.0	8.0	10
b_2	2.0	3.0		4.0		5.0		8.0	10
h	0.1	0.2		0.3		0.4	0.6	0.8	1.2
r	0.2	0.5		0.8		1.0		1.6	2.0	3.0
d		~10			10 ~50		50 ~100		100

4. 锥度与锥角系列（表11-17）

表 11-17　锥度与锥角系列（摘自 GB/T 157—2001）

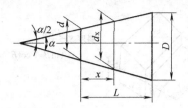

$$锥度\ C = \frac{D-d}{L} = 2\tan\frac{\alpha}{2}$$

一般用途圆锥的锥度与锥角

基本值		推算值		应　用　举　例
系列 1	系列 2	圆锥角 α		锥度 C
120°				1:0. 288675	螺纹孔的内倒角,填料盒内填料的锥度
90°				1:0. 500000	沉头螺钉头,螺纹倒角,轴的倒角
	75°	—		1:0. 651613	车床顶尖,中心孔
60°				1:0. 866025	同上
45°		—		1:1. 207107	轻型螺旋管接口的锥形密合
30°		—	—	1:1. 866025	摩擦离合器
1:3		18°55′28. 7″	18. 924644°	—	有极限转矩的摩擦圆锥离合器
	1:4	14°15′0. 1″	14. 250033°	—	
1:5		11°25′16. 3″	11. 421186°	—	易拆机件的锥形联接,锥形摩擦离合器
	1:6	9°31′38. 2″	9. 527283°	—	
	1:7	8°10′16. 4″	8. 171234°	—	重型机床顶尖,旋塞
	1:8	7°9′9. 6″	7. 152669°	—	联轴器和轴的圆锥面联接
1:10		5°43′29. 3″	5. 724810°	—	受轴向力及横向力的锥形零件的接合面,电机及其他机械的锥形轴端
	1:12	4°46′18. 8″	4. 771888°	—	固定球及滚子轴承的衬套
	1:15	3°49′5. 9″	3. 818305°	—	受轴向力的锥形零件的接合面,活塞与活塞杆的联接
1:20		2°51′51. 1″	2. 864192°	—	机床主轴锥度,刀具尾柄,公制锥度铰刀,圆锥螺栓
1:30		1°54′34. 9″	1. 909683°	—	装柄的铰刀及扩孔钻
1:50		1°8′45. 2″	1. 145877°	—	圆锥销,定位销,圆锥销孔的铰刀
1:100		0°34′22. 6″	0. 572953°	—	承受陡振及静变载荷的不需拆开的联接机件
1:200		0°17′11. 3″	0. 286478°	—	承受陡振及冲击变载荷的需拆开的零件,圆锥螺栓
1:500		0°6′62. 5″	0. 114592°	—	

5. 棱体的角度和斜度（表11-18）

表11-18　棱体的角度和斜度（摘自 GB/T 4096—2001）

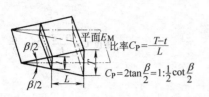

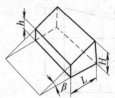

比率 $C_P = \dfrac{T-t}{L}$

$C_P = 2\tan\dfrac{\beta}{2} = 1:\dfrac{1}{2}\cot\dfrac{\beta}{2}$

斜度 $S = \dfrac{H-h}{L}$

$S = \tan\beta = 1:\cot\beta$

基　本　值			推　算　值		
角　度 β		斜度 S	棱的比率 C_P	斜度 S	角　度 β
系列1	系列2				
120°	—	—	1:0.288675	—	—
90°	—	—	1:0.500000	—	—
—	75°	—	1:0.651613	1:0.267949	—
60°	—	—	1:0.866025	1:0.577350	—
45°	—	—	1:1.207107	1:1.000000	—
—	40°	—	1:1.373739	1:1.191754	—
30°	—	—	1:1.866025	1:1.732051	—
20°	—	—	1:2.835641	1:2.747477	—
15°	—	—	1:3.797877	1:3.732051	—
—	10°	—	1:5.715026	1:5.671282	—
—	8°	—	1:7.150333	1:7.115370	—
—	7°	—	1:8.174928	1:8.144346	—
—	6°	—	1:9.540568	1:9.514364	—
—	—	1:10	—	—	5°42′38.1″
5°	—	—	1:11.451883	1:11.430052	—
—	4°	—	1:14.318127	1:14.300666	—
—	3°	—	1:19.094230	1:19.081137	—
—	—	1:20	—	—	2°51′44.7″
—	2°	—	1:28.644981	1:28.636253	—
—	—	1:50	—	—	1°8′44.7″
—	1°	—	1:57.294325	1:57.289962	—

注：优先选择系列1。

6. 60°中心孔（表11-19）

表11-19　60°中心孔（摘自 GB/T 145—2001）

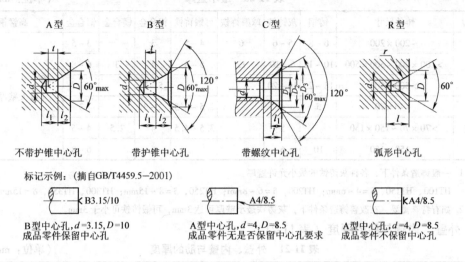

A型　　　　B型　　　　C型　　　　R型

不带护锥中心孔　　　带护锥中心孔　　　带螺纹中心孔　　　弧形中心孔

标记示例：（摘自GB/T4459.5—2001）

◁B3.15/10 B型中心孔，d＝3.15，D＝10 成品零件保留中心孔

◁A4/8.5 A型中心孔，d＝4，D＝8.5 成品零件无是否保留中心孔要求

◁KA4/8.5 A型中心孔，d＝4，D＝8.5 成品零件不保留中心孔

d		D			l_2 (参考)			t (参考)		l_{min}	r		d	D_1	D_2	D_3	l	l_1 (参考)	选择中心孔的参考数值	
											max	min								
A型	B型 R型	A型	B型	R型	A型	B型	R型	A型	B型	R型			C型						原料端部最小直径	轴状原料最大直径 D_0
(0.50)	—	1.06	—	—	0.48			0.5												
(0.63)	—	1.32	—		0.60			0.6												
(0.80)	—	1.70	—		0.78			0.7												
1.00		2.12	3.15	2.12	0.97	1.27		0.9		2.3	3.15	2.50								
(1.25)		2.65	4.00	2.65	1.21	1.60		1.1		2.8	4.00	3.15								
1.60		3.35	5.00	3.35	1.52	1.99		1.4		3.5	5.00	4.00								
2.00		4.25	6.30	4.25	1.95	2.54		1.8		4.4	6.30	5.00							8	>10 ~ 18
2.50		5.30	8.00	5.30	2.42	3.20		2.2		5.5	8.00	6.30							10	>18 ~ 30
3.15		6.70	10.00	6.70	3.07	4.03		2.8		7.0	10.00	8.00	M3	3.2	5.3	5.8	2.6	1.8	12	>30 ~ 50
4.00		8.50	12.50	8.50	3.90	5.05		3.5		8.9	12.50	10.00	M4	4.3	6.7	7.4	3.2	2.1	15	>50 ~ 80
(5.00)		10.60	16.00	10.60	4.85	6.41		4.4		11.2	16.00	12.50	M5	5.3	8.1	8.8	4.0	2.4	20	>80 ~ 120
6.30		13.20	18.00	13.20	5.98	7.36		5.5		14.0	20.00	16.00	M6	6.4	9.6	10.5	5.0	2.8	25	>120 ~ 180
(8.00)		17.00	22.40	17.00	7.79	9.36		7.0		17.9	25.00	20.00	M8	8.4	12.2	13.2	6.0	3.3	30	>180 ~ 220
10.00		21.20	28.00	21.20	9.70	11.66		8.7		22.5	31.50	25.00	M10	10.5	14.9	16.3	7.5	3.8	35	>180 ~ 220
													M12	13.0	18.1	19.8	9.5	4.4	42	>220 ~ 260
													M16	17.0	23	25.3	12.0	5.2	50	>260 ~ 300
													M20	21.0	28.4	31.3	15.0	6.4	60	>300 ~ 360
													M24	25.0	34.2	38.0	18.0	8.0	70	>360

注：1. 括号内尺寸尽量不用。

　　2. 选择中心孔的参考数值不属于 GB/T 145—2001 中的内容，仅供参考。

　　3. A 型和 B 型中心孔的尺寸 l_1 取决于中心钻的长度，此值不应小于 t。

三、铸件的一般规范

1. 最小壁厚（表11-20）

表11-20　最小壁厚　　　　　　　　　　　　　　　　　（单位：mm）

铸造方法	铸件尺寸	铸钢	灰铸铁	球墨铸铁	可锻铸铁	铝合金	镁合金	铜合金	高锰钢
砂型	~200×200	6~8	5~6	6	4~5	3		3~5	
	>200×200~500×500	10~12	6~10	12	5~8	4	3	6~8	20
	>500×500	18~25	15~20			5~7			（最大壁厚不超过
金属型	~70×70	5	4		2.5~3.5	2~3		3	125）
	>70×70~150×150		5		3.5~4.5	4	2.5	4~5	
	>150×150	10	6			5		6~8	

注：1. 一般铸造条件下，各种灰铸铁的最小允许壁厚：

　　　HT100、HT150，$\delta = 4 \sim 6mm$；HT200，$\delta = 6 \sim 8mm$；HT250，$\delta = 8 \sim 15mm$；HT300、HT350，$\delta = 15mm$。

　　2. 如有特殊需要，在改善铸造条件下，灰铸铁最小壁厚可达3mm，可锻铸铁可小于3mm。

2. 外壁、内壁与肋的厚度（表11-21）

表11-21　外壁、内壁与肋的厚度　　　　　　　　　　　（单位：mm）

零件质量 /kg	零件最大外形尺寸	外壁厚度	内壁厚度	肋的厚度	零件举例
<5	300	7	6	5	盖、拨叉、杠杆、端盖、轴套
6~10	500	8	7	5	盖、门、轴套、挡板、支架、箱体
11~60	750	10	8	6	盖、箱体、罩、电动机支架、溜板箱体、支架、托架、门
61~100	1250	12	10	8	盖、箱体、镗模架、液缸体、支架、溜板箱体
101~500	1700	14	12	8	油盘、盖、壁、床鞍箱体、带轮、镗模架
501~800	2500	16	14	10	镗模架、箱体、床身、轮缘、盖、滑座
801~1200	3000	18	16	12	小立柱、箱体、滑座、床身、床鞍、油盘

3. 铸造斜度（表11-22）

表11-22　铸造斜度

斜度 b:h	角度 β	使用范围
1:5	11°30′	$h < 25mm$ 时钢和铁的铸件
1:10 1:20	5°30′ 3°	$h = 25 \sim 500mm$ 时钢和铁的铸件
1:50	1°	$h > 500mm$ 时钢和铁的铸件
1:100	30′	有色金属铸件

注：当设计不同壁厚的铸件时，转折点处的斜角最大增加到30°~45°。

4. 铸造过渡斜度（表11-23）

表11-23　铸造过渡斜度　　　　　　　　　　（单位：mm）

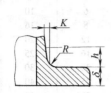

适用于减速器、联接管、气缸及其他
各种联接法兰等铸件的过渡部分

铸铁和铸钢件的壁厚 δ	K	h	R
10 ~ 15	3	15	5
>15 ~ 20	4	20	5
>20 ~ 25	5	25	5
>25 ~ 30	6	30	8
>30 ~ 35	7	35	8
>35 ~ 40	8	40	10
>40 ~ 45	9	45	10
>45 ~ 50	10	50	10
>50 ~ 55	11	55	10
>55 ~ 60	12	60	15

5. 铸造内圆角及过渡尺寸（表11-24）

表11-24　铸造内圆角及过渡尺寸

$a \approx b$
$R_1 = R + a$

$b < 0.8a$
$R_1 = R + b + c$

$\dfrac{a+b}{2}$	内圆角 α											
	<50°		51° ~ 75°		76° ~ 105°		106° ~ 135°		136° ~ 165°		>165°	
	钢	铁	钢	铁	钢	铁	钢	铁	钢	铁	钢	铁
	过渡尺寸 R/mm											
≤8	4	4	4	4	6	4	8	6	16	10	20	16
9 ~ 12	4	4	4	4	6	6	10	8	16	12	25	20
13 ~ 16	4	4	6	4	8	6	12	10	20	16	30	25
17 ~ 20	6	4	8	6	10	8	16	12	25	20	40	30
21 ~ 27	6	6	10	8	12	10	20	16	30	25	50	40
28 ~ 35	8	6	12	10	16	12	25	20	40	30	60	50
36 ~ 45	10	8	16	12	20	16	30	25	50	40	80	60
46 ~ 60	12	10	20	16	25	20	35	30	60	50	100	80
61 ~ 80	16	12	25	20	30	25	40	35	80	60	120	100
81 ~ 110	20	16	25	20	35	30	50	40	100	80	160	120
111 ~ 150	20	16	30	25	40	35	60	50	100	80	160	120
151 ~ 200	25	20	40	30	50	40	80	60	120	100	200	160
201 ~ 250	30	25	50	40	60	50	100	80	160	120	250	200
251 ~ 300	40	30	60	50	80	60	120	100	200	160	300	250
>300	50	40	80	60	100	80	160	120	250	200	400	300
	b/a		<0.4		0.5 ~ 0.65		0.66 ~ 0.8		>0.8			
c 和 h 值 /mm	=c		0.7(a−b)		0.8(a−b)		a−b					
≈h	钢		8c									
	铁		9c									

注：对于锰钢件应比表中数值增大 1.5 倍。

6. 铸造外圆角（表 11-25）

表 11-25　铸造外圆角

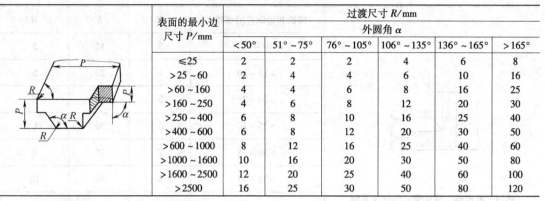

表面的最小边尺寸 P/mm	过渡尺寸 R/mm					
	外圆角 α					
	<50°	51°~75°	76°~105°	106°~135°	136°~165°	>165°
≤25	2	2	2	4	6	8
>25~60	2	4	4	6	10	16
>60~160	4	4	6	8	16	25
>160~250	4	6	8	12	20	30
>250~400	6	8	10	16	25	40
>400~600	6	8	12	20	30	50
>600~1000	8	12	16	25	40	60
>1000~1600	10	16	20	30	50	80
>1600~2500	12	20	25	40	60	100
>2500	16	25	30	50	80	120

注：如果铸件按上表可选出许多不同的圆角"R"，则应尽量减少或只取一适当的"R"值以求统一。

四、焊缝符号

1. 常用焊缝的基本符号（表 11-26）

表 11-26　常用焊缝的基本符号（摘自 GB/T 324—2008）

名　称	示意图	符　号	名　称	示意图	符　号
卷边焊缝（卷边完全熔化）		八	封底焊缝		⌣
I 形焊缝		‖	角焊缝		◺
V 形焊缝		∨	塞焊缝或槽焊缝		⊓
单边 V 形焊缝		⌄	点焊缝		○
带钝边 V 形焊缝		Y			
带钝边单边 V 形焊缝		Ⴑ	缝焊缝		⊖
带钝边 U 形焊缝		⋎			
带钝边 J 形焊缝		Ⴑ	陡边 V 形焊缝		⋁

（续）

名　称	示意图	符　号	名　称	示意图	符　号
陡边单 V 形焊缝		⊾	平面连接（钎焊）		=
端焊缝		‖‖	斜面连接（钎焊）		//
堆焊缝		∩∩	折叠连接（钎焊）		⊋

2. 基本符号的应用示例（表 11-27）

表 11-27　基本符号的应用示例

符　号	示意图	标注示例	备　注
V			
Y			
◺			
X			双面 V 形焊缝
K			双面单 V 形焊缝

3. 基本符号的组合举例（表 11-28）

表 11-28　基本符号的组合举例

符号组合	示意图	标 注 方 法
⌣		
双面 ‖		
⌣		
双面 ∨		
双面 ⩔		
双面 ⩒		
双面 ⩌		
双面 ⩍		

（续）

符号组合	示意图	标 注 方 法
双面		
Y		
双面		

第十二章 常 用 材 料

第一节 黑 色 金 属

一、钢的常用热处理方法、化学热处理方法及其应用（表12-1）

表12-1 钢的常用热处理方法及其应用

热处理种类	工艺方法要点	热处理应用
退火	将偏离平衡状态的钢加热到适当温度，保温一定时间后再缓慢冷却（常规可随炉冷却）以得到接近平衡状态的组织。退火可分为完全退火、高温退火、球化退火、扩散退火及去应力退火	退火处理能消除由加工引起的内应力、降低硬度、改善切削性能、提高冷变形加工性能、调整晶粒度，以获得设计要求的力学及其他性能，提高塑性和韧性，也可为下一步热处理做组织准备。退火常用于高碳钢及高碳低合金钢。高合金钢和工具钢应采用高温退火或球化退火
正火	将钢加热到 Ac_3（对于亚共析钢）或 Ac_{cm}（对过共析钢）以上约 $30 \sim 50℃$，保温一段时间后，在空气中均匀冷却，得到珠光体类组织。其冷却速度比退火的冷却速度快	正火能使组织均匀、细化，提高力学性能。力学性能要求不高的普通结构钢零件，常以正火作为最终热处理而代替调质。合金调质钢件正火再进行调质，以保证组织细密和均匀；对于过共析钢，正火可减少二次渗碳体，并使其不成为连续网状，为球化退火做准备；低碳钢及低碳合金钢退火后硬度太低，正火可提高其硬度，改善其切削性能，消除加工内应力。所以，低碳钢和低碳合金钢应采用正火；中碳钢及中碳低合金钢，一般也采用正火
淬火	将钢加热至相变温度以上，保温一段时间，再快速冷却以得到亚稳定状态过饱和固溶体的组织。钢的淬火温度一般为 Ac_3（亚共析钢）或 Ac_1（共析钢或过共析钢）以上 $30 \sim 50℃$。冷却介质常为水和油，盐浴介质可减少淬火变形。淬火可分为单介质淬火、双介质淬火、分级淬火和高温淬火等	淬火能够得到细晶粒的马氏体，明显提高钢的力学性能，提高耐磨性和硬度，是钢强化的最重要方法。但淬火易产生内应力，变脆。因此，淬火后应及时回火，消除内应力，提高工件韧性。水淬适用于形状简单的碳钢件，油淬适于小截面尺寸（小于 $3 \sim 5mm$）的碳钢件及合金钢件，双介质淬火适于中高碳钢及合金钢件（大型件）。合金钢件可用油-空冷淬火，分级淬火适于碳钢及合金钢小件。对于截面尺寸较大、形状复杂的高淬透性钢制工件（高速钢、高合金模具钢件），应采用可以减少变形的多级分级淬火，合金钢和 $w_C > 0.6\%$ 的碳钢可采用等温淬火，中低淬透性碳钢、合金钢以及 $w_C > 0.35\%$ 的钢件，均可采用高频表面淬火（正火或调质预处理，淬火后尽快低温回火）
回火	淬火后再加热到 Ac_1 以下某一温度，保温一定时间，然后再冷却至室温，以消除残余应力，获得所要求的组织和性能的热处理，称为回火。回火分为低温回火、中温回火和高温回火（高温回火指在 500 $\sim 650℃$ 下回火）	回火可以消除淬火产生的脆性及内应力，稳定工件的尺寸和形状，增加塑性及韧性，提高强度和硬度。低温回火用于渗碳、氰化和表面淬火零件，碳钢和合金钢件也可采用低温回火；中温回火用于一定韧性的高硬度、高弹性极限的零件（如各种弹簧）；高温回火可得到回火索氏体组织，综合力学性能好，并有较好的强度、塑性及韧性

（续）

热处理种类	工艺方法要点	热处理应用
调质	将工件加热至高于淬火温度 10～20℃（或 20～30℃），保温后进行淬火，然后在 400～720℃进行高温回火	调质能得到粒状渗碳体，使组织均匀细密，具有良好的塑性、韧性及强度，提高综合力学性能，且可以降低淬火变形和开裂，提高切削性能，用于碳钢和合金钢工件的最终热处理
时效处理	将零件长时期(6 个月以上)存放于室温或露天自然条件下，不需任何人工加热或冷却的处理，称为自然时效。将零件加热至低温(钢为 100～150℃，铸铁为 500～600℃)，经 5～8h 的长时期保温，再缓冷至室温的处理称为人工时效	时效处理能够消除或减小淬火后的微观应力，防止变形和开裂，稳定工件形状和尺寸，消除切削加工和铸造的内应力，适用于各种高性能要求的精密机械零件及量具，如丝杠、滚动轴承等。在生产中一般多采用人工时效
冷处理	将工件在干冰(液态二氧化碳)或液态氧、液态氮中冷却至 -150℃～-30，然后在空气中升温至室温的处理称为冷处理	冷处理可以稳定组织，稳定工件的形状和尺寸，提高硬度、耐磨性、强度及疲劳极限。常用于 $w_C > 0.7\%$ 的碳钢、渗碳钢、高合金钢、合金工具钢。冷处理在淬火后立即进行，且应进行低温回火，以消除内应力，防止变形和开裂
表面淬火	将工件放在感应磁场中，使表面加热至淬火温度，再快速冷却，得到淬硬的工件表层，称为感应加热表面淬火。用乙炔-氧等火焰加热零件表面，再快速冷却得到淬硬表层，称为火焰加热表面淬火	表面淬火可以得到高硬度和高耐磨性的马氏体表面层，且中心仍有良好的韧性。中碳钢、中低碳合金钢及高碳钢一般采用感应加热表面淬火，通常先正火或调质后再进行表面淬火，表面淬火后再进行低温回火，以降低淬火应力。火焰表面加热淬火适用于中碳钢和中碳合金钢的单件或小批零件
渗碳	将工件置于装有固体渗碳剂的密封渗碳箱中，在炉中加热至 900～950℃，保持足够长时间，使活性碳原子渗入工件表层，称为固体渗碳。将工件置于密封的渗碳炉中加热至 900～950℃，向炉内加入有机液体或渗碳气体，产生活性碳原子渗入工件表层，称为气体渗碳。采用碳化硅、渗碳剂等液体介质进行渗碳，称为液体渗碳	渗碳能够得到高含碳量和一定含碳浓度梯度的表面渗碳层，明显提高表层的硬度、耐磨性及疲劳强度，而保持芯部良好的韧性及塑性。低碳钢及低碳合金钢采用渗碳处理后可以承受冲击且表面耐磨，如机床主轴、风动工具、汽车及拖拉机齿轮等零件常采用渗碳。液体渗碳适用于单件或小批量工件
渗氮	在一定条件下使氮原子渗入工件表面，形成渗氮层，称为渗氮。渗氮可分为气体渗氮、抗蚀渗氮、软渗氮和离子渗氮等	渗氮可明显提高工件表面的硬度、耐磨性、疲劳强度，具有较好的抗蚀性，在 600～650℃的热状态下仍有较高硬度。渗氮工艺成本高，只用于发动机气缸、精密机床丝杠等性能要求高的重要零件
碳氮共渗（氰化）	在一定条件下同时向工件表面渗入碳和氮原子的工艺称为碳氮共渗（氰化）。碳氮共渗分为液体碳氮共渗、气体碳氮共渗和固体碳氮共渗。目前较多采用气体碳氮共渗	碳氮共渗可以得到含氮马氏体，耐磨性优良、硬度较高，提高零件的疲劳强度和耐蚀性，变形较小。常用于低碳钢、低碳合金钢、中碳钢、中碳合金钢的形状复杂、变形要求小的中小型耐磨工件，具有渗碳和渗氮的优点

二、碳素结构钢（表12-2）

表12-2 碳素结构钢的牌号、力学性能及应用（摘自 GB/T 700—2006）

牌号	等级	拉伸强度												冲击试验（V形缺口）		应用举例
		屈服强度 σ_s/MPa,不小于						抗拉强度	断后伸长率 $\delta(\%)$,不小于					温度 /℃	吸收冲击功（纵向）/J,不小于	
		厚度（或直径）/mm						σ_b /MPa	厚度（或直径）/mm							
		≤16	>16 ~40	>40 ~60	>60 ~100	>100 ~150	>150 ~200		≤40	>40 ~60	>60 ~100	>100 ~150	>150 ~200			
Q195	—	(195)	(185)	—	—	—	—	315 ~ 430	33					—	—	焊接性和韧性良好,较高的伸长率,用于铆钉、垫圈、地脚螺栓、焊接件
Q215	A	215	205	195	185	175	165	335 ~ 450	31	30	29	27	26	—	—	焊接性和韧性较好,用于拉杆、套圈、短轴、心轴、凸轮、吊钩、螺栓
	B													20	27	
Q235	A	235	225	215	215	195	185	375 ~ 500	26	25	24	22	21	—	—	有一定强度及良好的铸造性和韧性,用于连杆、轴、螺栓、螺母、气缸、齿轮、套筒、支架
	B													20	27	
	C													0		
	D													-20		
Q275	A	275	265	255	245	225	215	410 ~ 540	22	21	20	18	17	—	—	有较高的强度,用于较高强度的零件,如齿轮、轴、销轴、链轮、制动杆、机架
	B													20	27	
	C													0		
	D													-20		

三、优质碳素结构钢（表12-3）

表12-3 优质碳素结构钢的牌号、力学性能及应用（摘自 GB/T 699—1999）

牌号（统一数字代号）	屈服强度 σ_s/MPa	抗拉强度 σ_b/MPa	伸长率 $\delta_5(\%)$	断面收缩率 $\psi(\%)$	冲击韧度 A_K /(J/cm²)	供应状态的硬度 HBW ≤	特 性	应 用 举 例
08F （U20080）	175	295	35	60	—	131	高塑性低碳钢。允许深冲与复杂的弯曲,焊接性好,切削性不好	在正火状态使用,用来制造需要深压延并在振动载荷下工作的零件

（续）

牌号(统一数字代号)	屈服强度 σ_s/MPa	抗拉强度 σ_b/MPa	伸长率 δ_5(%)	断面收缩率 ψ(%)	冲击韧度 A_K /(J/cm²)	供应状态的硬度 HBW ≤	特　性	应用举例
10 钢 （U20102）	205	335	31	55	—	137	渗碳钢。在冷状态下容易模压成形,无回火脆性,焊接性好	拉杆、卡头、钢管、垫片、垫圈、铆钉以及焊接零件
15 钢 （U20152）	225	375	27	55	—	143	低碳渗碳钢。塑性高,允许在原始状态下弯曲、翻口等,焊接性好,韧性和冷冲性能均极好,但强度低	用于受力不大韧性要求较高的零件、渗碳零件、紧固件、冲模锻件及不要热处理的低负荷零件,如螺栓、螺钉、拉条、法兰盘及化工贮器、蒸汽锅炉
20 钢 （U20202）	245	410	25	55	—	156	低碳渗碳钢。塑性与焊接性能良好	用于不经受很大应力而要求很大韧性的机械零件,如杠杆、轴套、螺钉、起重钩等。也用于制造压力小于6MPa、温度小于450℃的,在非腐蚀介质中使用的零件,如管子、导管等。还可用于表面硬度高而心部强度要求不大的渗碳与氮碳共渗零件
25 钢 （U20252）	275	450	23	50	71	170	与20钢相似,冷应变塑性高,无回火脆性倾向	用于焊接设备以及经过锻造、热冲压和机械加工的不承受高应力的零件,如轴子、联轴器、垫圈、螺栓、螺钉、螺母
35 钢 （U20352）	315	530	20	45	55	197	属中碳钢性能,有好的塑性和适当的强度。淬火于水,焊接性随含碳量不同为良好或有限,切削加工性能良好	用于制造曲轴、转轴、轴销、杠杆、连杆、横梁、套筒、钩环、垫圈、螺钉、螺母。这种钢多在正火和调质状态下使用,一般不作焊接
45 钢 （U20452）	355	600	16	40	39	229	高强度中碳钢。采用油淬或水淬,焊接性有限,退火后切削加工性为60%	用于强度要求较高的零件,通常在调质和正火状态下使用。用于制造蒸汽涡轮机的叶轮、压缩机和泵的零件。在制造齿轮、轴、活塞销等零件时,45钢可代替渗碳钢,但要经高频或火焰表面淬火

（续）

牌号(统一数字代号)	屈服强度 σ_s/MPa	抗拉强度 σ_b/MPa	伸长率 δ_5(%)	断面收缩率 ψ(%)	冲击韧度 A_K /(J/cm^2)	供应状态的硬度 HBW $\leqslant$	特　性	应用举例
55 钢 (U20552)	380	645	13	35	—	255	经热处理后有较高的硬度和强度，具有良好的韧性，一般经正火或淬火回火后使用。焊接性和冷变形性均低	制造齿轮、连杆、轮圈、轮毂、扁弹簧及轧辊等，也用于生产铸件
15Mn (U21152)	245	410	26	55	—	163	高锰低碳渗碳钢。性能与 15 钢相似，但淬透性、强度和塑性都比其高。焊接性好	用于心部力学性能要求较高的渗碳零件
40Mn (U21402)	355	590	17	45	47	229	可在正火状态下应用，也可在淬火与回火状态下应用。切削加工性好，冷变形时的塑性中等。焊接性不良	承受疲劳负荷的零件，如轧辊及高应力下工作的螺钉、螺母等
50Mn (U21502)	390	645	13	40	31	255	高强度、高弹性、高硬度钢。水淬、油淬都很好。焊接性不好，切削加工性75%。多在淬火并回火后应用，某种情况下也可在正火后应用	在高负荷作用下的热处理零件，如齿轮、齿轮轴、摩擦盘和截面在 80mm 以下的心轴，制动带等

注：1. 优质碳素结构钢大多用于热处理的重要零件，也应用于深压延的冷冲零件。
　　2. 优质碳素结构钢以普通用途及特殊用途的轧制钢材供应。

四、合金结构钢（表 12-4）

表 12-4　合金结构钢的牌号、力学性能及应用（摘自 GB/T 3077—1999）

牌　号	力学性能					供应状态的硬度 HBW	应用举例
	屈服强度 σ_s/MPa，不小于	抗拉强度 σ_b/MPa，不小于	断后伸长率 δ_s(%)，不小于	断面收缩率 ψ(%)，不小于	冲击吸收功 A_{ku2}/J，不小于		
20Mn2	590	785	10	40	47	187	小齿轮、小轴、钢套、链板等，渗碳淬火 56～62HRC

(续)

牌 号	力学性能					供应状态的硬度 HBW	应用举例
	屈服强度 σ_s/MPa, 不小于	抗拉强度 σ_b/MPa, 不小于	断后伸长率 δ_s(%), 不小于	断面收缩率 ψ(%), 不小于	冲击吸收功 A_{ku2}/J, 不小于		
35Mn2	685	835	12	45	55	207	重要用途的螺栓及小轴等,可代替40Cr,表面淬火 40～50HRC
35SiMn	735	885	15	45	47	229	冲击韧度高,可代替40Cr,用于轴、齿轮、紧固件等,表面淬火至 45～55HRC
37SiMn2MoV	835	980	12	50	63	269	较高的渗透性和高温强度,可用于大截面承受重载的轴、转子、齿轮和高压容器,表面淬火 50～55HRC
20Cr	540	835	10	40	47	179	用于截面小、形状简单,心部强度和韧性要求高且表面耐磨性好的齿轮、凸轮、活塞销等,渗碳淬火 56～62HRC
20CrMnTi	850	1080	10	45	55	217	用于要求强度和韧性高的重要渗碳零件,如齿轮、轴、蜗杆、离合器等
20CrNi	590	785	10	50	63	197	重要渗碳零件,如齿轮、轴、花键轴、活塞销等
20Cr2Ni4	1080	1180	10	45	63	269	很高的强度和韧性,渗碳后硬度和耐磨性很高,用于承受高负荷的渗碳件,如齿轮、蜗杆、面向叉等
30CrMnSi	885	1080	10	45	39	229	用于振动负荷下工作的焊接结构和铆接结构,如高压鼓风机叶片、高速重载的齿轮、链轮和离合器等
35CrMo	835	980	12	45	63	229	做大截面齿轮和重载传动轴等,表面淬火 40～45HRC
38CrMoAl	835	980	14	50	71	229	高级氮化钢,用于高疲劳强度和高耐磨性的零件,如阀门、气缸套等
40Cr	785	980	9	45	47	207	重要调质零件,如齿轮、轴、曲轴、连杆、螺栓等,表面淬火 48～55HRC

注: 1. 表中所列热处理温度允许调整范围:淬火 ±15℃,低温回火 ±30℃,高温回火 ±50℃。

2. 硼钢在淬火前可先经正火。铬锰钛钢第一次淬火可用正火代替。

五、一般工程用铸造碳钢（表 12-5、表 12-6）

表 12-5　一般工程用铸造碳钢的牌号及化学成分（摘自 GB/T 11352—2009）

牌　号	元素最高质量分数(%)									
	C	Si	Mn	S	P	残余元素				
						Ni	Cr	Cu	Mo	V
ZG 200-400	0.20		0.80							
ZG 230-450	0.30									
ZG 270-500	0.40	0.60	0.90	0.035		0.40	0.35	0.40	0.20	0.05
ZG 310-570	0.50									
ZG 340-640	0.60									

注：1. 对上限每减少 0.01% 的 C，允许增加 0.04% 的 Mn，对于 ZG200-400，Mn 最高至 1.00%，其余四个牌号 Mn 最高至 1.20%。

　　2. 残余元素总量不超过 1.00%，除另有规定外，残余元素可不作为验收依据。

表 12-6　一般工程用铸造碳钢的牌号、力学性能及应用（摘自 GB/T 11352—2009）

牌　号	力学性能					应用举例
	屈服强度 σ_s 或 $\sigma_{0.2}$/MPa，不小于	抗拉强度 σ_b/MPa，不小于	伸长率 δ_s(%)，不小于	断面收缩率 ψ(%)，不小于	冲击吸收功 A_{KV}/J，不小于	
ZG 200-400	200	400	25	40	30	用于机座、电气吸盘、变速器箱体等受力不大但要求韧性好的零件
ZG 230-450	230	450	22	32	25	用于负荷不大、韧性较好的零件，如轴承盖、底板、阀体、机座、侧架、轧钢机架、铁道车阀摇枕、箱体、犁柱、砧座等
ZG 270-500	270	500	18	25	22	应用广泛，如用于制作飞轮、车辆车钩、水压机工作缸机架、蒸汽锤气缸、轴承座、连杆、箱体、曲拐等
ZG 310-570	310	570	15	21	15	用于重负荷零件，如联轴器、大齿轮、缸体、气缸、机架、制动轮、轴及辊子等
ZG 340-640	340	640	10	18	10	用于起重运输机中的齿轮、联轴器、车轮、棘轮等

注：表中所列各牌号性能，适用于厚度为 100mm 以下的铸件。

六、球墨铸铁（表 12-7）

表 12-7　球墨铸铁的牌号、力学性能及应用（摘自 GB/T 1348—2009）

牌　号	抗拉强度 σ_b/MPa	屈服强度 $\sigma_{0.2}$/MPa	延伸率 δ_s(%)	仅供参考		特性及应用
				布氏硬度 HBW	主要金相组织	
QT900-2	900	600	2	280～360	回火马氏体或屈氏体＋索氏体	有较高的强度及耐磨性，塑性、韧性较低。用于 5～400HP 柴油机、汽油机的曲轴、凸轮轴以及部分车床、磨床、铣床主轴等
QT800-2	800	480	2	245～335	珠光体或索氏体	
QT700-2	700	420	2	225～305	珠光体	
QT600-3	600	370	3	190～270	珠光体＋铁素体	

（续）

牌　号	抗拉强度 σ_b/MPa	屈服强度 $\sigma_{0.2}$/MPa	延伸率 δ_s(%)	仅供参考		特性及应用
				布氏硬度 HBW	主要金相组织	
QT500-7	500	320	7	170～230	铁素体＋珠光体	中等强度和塑性，切削性尚好。用于内燃机齿轮、油泵、水轮机阀门机体
QT450-10	450	310	10	160～210	铁素体	有较高的韧性、塑性、焊接性、切削性良好。用于犁铧、犁柱、差速器壳、离合器壳、齿轮箱、阀盖等
QT400-15	400	250	15	120～180	铁素体	
QT400-18	400	250	18	120～175	铁素体	

七、灰铸铁（表12-8）

表12-8　灰铸铁的牌号、力学性能及应用（摘自 GB/T 9439—2010）

牌号	铸件壁厚 /mm	最小抗拉强度 σ_b/MPa		铸件本体预期抗拉强度 σ_b/MPa	硬度 HBW	应用举例
		单铸试棒	附铸试棒或试块			
HT100	>5～40	100	—	—	≤170	铸造性能好，工艺简单，不用进行人工时效处理，减振性好。适用于负荷小，对摩擦、磨损无特殊要求的零件，如盖、外罩、油盘、手轮、支架、底板等
HT150	>5～10	150	—	155	125～205	性能特点与HT100基本相同，但有一定的机械强度。适用于承受中等应力、耐磨性一般的零件，如端盖、轴承座、手轮、管道附件、一般机床底座、床身、工作台等
HT150	>10～20	150	—	130	125～205	
HT150	>20～40	150	120	110	125～205	
HT150	>40～80	150	110	95	125～205	
HT150	>80～150	150	100	80	125～205	
HT200	>5～10	200	—	205	150～230	强度、耐磨、耐热、减振等性能较好，但需要人工时效处理，适用于承受较大应力、耐磨且具有一定气密性的零件，如气缸体、活塞、齿条、齿轮、联轴器、凸轮、轴承座等
HT200	>10～20	200	—	180	150～230	
HT200	>20～40	200	170	155	150～230	
HT200	>40～80	200	150	130	150～230	
HT200	>80～150	200	140	115	150～230	
HT250	>5～10	250	—	250	180～250	
HT250	>10～20	250	—	225	180～250	
HT250	>20～40	250	210	195	180～250	
HT250	>40～80	250	190	170	180～250	
HT250	>80～150	250	170	155	180～250	
HT300	>10～20	300	—	270	200～275	强度、耐磨性高、铸造性差，需进行人工时效处理。用于要求高强度、高耐磨性的重要铸件，如剪床、压力机、自动车床和其他重型机床的床身及受力较大的齿轮、凸轮，以及高压液压缸、液压泵等
HT300	>20～40	300	250	240	200～275	
HT300	>40～80	300	220	210	200～275	
HT300	>80～150	300	210	195	200～275	
HT350	>10～20	350	—	315	220～290	
HT350	>20～40	350	290	280	220～290	
HT350	>40～80	350	260	250	220～290	
HT350	>80～150	350	230	225	220～290	

注：1. 对于铁液浇注壁厚均匀、形状简单的铸件，壁厚变化引起的抗拉强度变化，可参考本表数值。当铸件壁厚不均匀，或有型芯时，铸件的设计应根据关键部位的实测值进行。

2. 表中硬度数值为单铸试棒的硬度值。

第二节　有色金属

一、铸造铜合金（表 12-9）

表 12-9　铸造铜合金的牌号、力学性能及应用（摘自 GB/T 1176—1987）

合金牌号	铸造方法	力学性能,不低于				特　　性	应 用 举 例
		抗拉强度 σ_b /MPa	屈服强度 $\sigma_{0.2}$ /MPa	伸长率 δ_5 (%)	布氏硬度 HBW		
ZCuSn3Zn8Pb6Ni1	S	175		8	590	耐磨性较好,易加工,铸造性能好,气密性较好,耐蚀,可在流动海水下工作	用于在各种液体燃料以及海水、淡水和蒸汽（≤225℃）中工作的零件,压力不大于2.5MPa的阀门和管配件
	J	215		10	685		
ZCuSn3Zn11Pb4	S	175		8	590	铸造性能好,易加工,耐腐蚀	用于在海水、淡水、蒸汽中,压力不大于2.5MPa的管配件
	J	215		10	590		
ZCuSn5Pb5Zn5	S、J	200	90	13	590 *	耐磨性和耐蚀性好,易加工,铸造性能和气密性较好	在较高负荷、中等滑动速度下工作的耐磨、耐腐蚀零件,如轴瓦、衬套、缸套、活塞离合器、泵件压盖以及蜗轮等
	Li、La	250	100 *	13	635 *		
ZCuSn10Pb1	S	220	130	3	785 *	硬度高,耐磨性极好,不易产生咬死现象,有较好的铸造性能和切削加工性能,在大气和淡水中有良好的耐蚀性	可用于高负荷（20MPa以下）和高滑动速度（8m/s）下工作的耐磨零件,如连杆、衬套、轴瓦、齿轮、蜗轮等
	J	310	170	2	885 *		
	Li	330	170 *	4	885 *		
	La	360	170 *	6	885 *		
ZCuSn10Pb5	S	195		10	685	耐腐蚀,特别对稀硫酸、盐酸和脂肪酸	结构材料,耐蚀、耐酸的配件以及破碎机衬套、轴瓦
	J	245		10	685		
ZCuSn10Zn2	S	240	120	12	685 *	耐蚀性、耐磨性和切削加工性能好,铸造性能好,铸件致密性较高,气密性较好	在中等及较高负荷和小滑动速度下工作的重要管配件,以及阀、旋塞、泵体、齿轮、叶轮和蜗轮等
	J	245	140 *	6	785 *		
	Li、La	270	140 *	7	785 *		
ZCuPb10Sn10	S	180	80	7	635 *	润滑性能、耐磨性能和耐蚀性能好,适合用作双金属铸造材料	表面压力高,又存在侧压力的滑动轴承,如轧辊、车辆用轴承、负荷峰值60MPa的受冲击的零件,以及最高峰值达100MPa的内燃机双金属轴瓦,以及活塞销套、摩擦片等
	J	220	140	5	685 *		
	Li、La	220	110 *	6	685 *		

注：1. 铸造方法中：S 表示砂型铸造，J 表示金属型铸造、Li 表示离心铸造、La 表示连续铸造。

　　2. 带"*"号的数据为参考值。

二、铸造铝合金（表 12-10）

表 12-10　铸造铝合金的牌号、力学性能及应用（摘自 GB/T 1173—1995）

组别	合金牌号	合金代号	铸造方法	合金状态	力学性能≥			应用举例
					抗拉强度 σ_b/MPa	伸长率 δ_5（%）	布氏硬度 HBW	
铝硅合金	ZAlSi7Mg	ZL101	S、R、J、K	F	155	2	50	耐蚀性、力学性能和铸造工艺性能良好，易气焊，用于制作形状复杂的零件，如飞机零件、仪器零件、抽水机壳体、工作温度不超过185℃的气化器 在海水环境中使用时，$w_{Cu}\leqslant0.1\%$
			S、R、J、K	T2	135	2	45	
			JB	T4	185	4	50	
			S、R、K	T4	175	4	50	
			J、JB	T5	205	2	60	
			S、R、K	T5	195	2	60	
			SB、RB、KB	T5	195	2	60	
			SB、RB、KB	T6	225	1	70	
			SB、RB、KB	T7	195	2	60	
			SB、RB、KB	T8	155	3	55	
	ZAlSi12	ZL102	SB、JB、RB、KB	F	145	4	50	形状复杂、载荷不大而耐蚀的薄壁零件或用作压铸零件，以及工作温度<200℃的高气密性零件
			J	F	155	2	50	
			SB、JB、RB、KB	T2	135	4	50	
			J	T2	145	3	50	
	ZAlSi9Mg	ZL104	S、J、R、K	F	145	2	50	形状复杂的高温静载荷或受冲击作用的大型零件，如扇风机叶片、水冷气缸头
			J	T1	195	1.5	65	
			SB、RB、KB	T6	225	2	70	
			J、JB	T6	235	2	70	
	ZAlSi5Cu1Mg	ZL105	S、J、R、K	T1	155	0.5	65	强度高、切削性好，用于制作形状复杂、225℃以下工作的零件，如发动机的气缸头、油泵壳体
			S、R、K	T5	195	1	70	
			J	T5	235	0.5	70	
			S、R、K	T6	225	0.5	70	
			S、J、R、K	T7	175	1	65	
	ZAlSi12Cu2Mg1	ZL108	J	T1	195	—	85	重载、高温下的零件，如大功率柴油机活塞
			J	T6	255	—	90	
	ZAlSi12Cu1Mg1Ni1	ZL109	J	T1	195	0.5	90	高温、高速下大功率柴油机活塞
			J	T6	245	—	100	
铝铜合金	ZAlCu5Mn	ZL201	S、J、R、K	T4	295	3	70	焊接性能好，但铸造性差。用于制作175～300℃工作的零件，如支臂、挂梁
			S、J、R、K	T5	335	4	90	
			S	T7	315	2	80	
	ZAlCu4	ZL203	S、R、K	T4	195	6	60	受重载荷、表面粗糙度较小和形状不复杂的厚壁件
			J	T4	205	6	60	
			S、R、K	T5	215	3	70	
			J	T5	225	3	70	
铝镁合金	ZAlMg10	ZL301	S、J、R	T4	280	10	60	受冲击载荷、重复载荷及海水腐蚀，工作温度不超过150℃的零件

注：1. 铸造方法中：S 表示砂型铸造，R 表示熔模铸造，J 表示金属型铸造，K 表示壳型铸造，B 表示变质处理。

2. 合金状态中：F 表示铸态，T1 表示人工时效，T2 表示退火，T4 表示固溶处理加自然时效，T5 表示固溶处理加不完全人工时效，T6 表示固溶处理加完全人工时效，T7 表示固溶处理加稳定化处理，T8 表示固溶处理加软化处理。

三、铸造轴承合金（表 12-11）

表 12-11　铸造轴承合金的牌号、力学性能（摘自 GB/T 1174—1992）

种类	合金牌号	铸造方法	力学性能 ≥		
			抗拉强度 σ_b/MPa	伸长率 δ_5（%）	布氏硬度 HBW
锡基	ZSnSb12Pb10Cu4	J	—	—	29
	ZSnSb12Cu6Cd1	J	—	—	34
	ZSnSb11Cu6	J	—	—	27
	ZSnSb8Cu4	J	—	—	24
	ZSnSb4Cu4	J	—	—	20
铅基	ZPbSb16Sn16Cu2	J	—	—	30
	ZPbSb15Sn5Cu3Cd2	J	—	—	32
	ZPbSb15Sn10	J	—	—	24
	ZPbSb15Sn5	J	—	—	20
	ZPbSb10Sn6	J	—	—	18
铜基	ZCuSn5Pb5Zn5	S、J	200	13	60*
		Li	250	13	65*
	ZCuSn10P1	S	200	3	80*
		J	310	2	90*
		Li	330	4	90*
	ZCuPb10Sn10	S	180	7	65
		J	220	5	70
		Li	220	6	70
	ZCuPb15Sn8	S	170	5	60*
		J	200	6	65*
		Li	220	8	65*
	ZCuPb20Sn5	S	150	5	45*
		J	150	6	55*
	ZCuPb30	J	—	—	25*
	ZCuAl10Fe3	S	490	13	100*
		J、Li	540	15	110*
铝基	ZAlSn6Cu1Ni1	S	110	10	35*
		J	130	15	40*

注：1. 铸造方法中：J 表示金属型铸造，S 表示砂型铸造，Li 表示离心铸造。

2. 带"＊"号的数据为参考值。

第十三章　极限与配合、几何公差及表面粗糙度

第一节　极限与配合

一、标准公差值（表13-1）

表13-1　标准公差值（摘自 GB/T 1800.1—2009）

公称尺寸/mm		IT01	IT0	IT1	IT2	IT3	IT4	IT5	IT6	IT7	IT8
大于	至					μm					
6	10	0.4	0.6	1	1.5	2.5	4	6	9	15	22
10	18	0.5	0.8	1.2	2	3	5	8	11	18	27
18	30	0.6	1	1.5	2.5	4	6	9	13	21	33
30	50	0.6	1	1.5	2.5	4	7	11	16	25	39
50	80	0.8	1.2	2	3	5	8	13	19	30	46
80	120	1	1.5	2.5	4	6	10	15	22	35	54
120	180	1.2	2	3.5	5	8	12	18	25	40	63
180	250	2	3	4.5	7	10	14	20	29	46	72
250	315	2.5	4	6	8	12	16	23	32	52	81
315	400	3	5	7	9	13	18	25	36	57	89
400	500	4	6	8	10	15	20	27	40	63	97
500	630			9	11	16	22	32	44	70	110
630	800			10	13	18	25	36	50	80	125
800	1000			11	15	21	28	40	56	90	140
1000	1250			13	18	24	33	47	66	105	165
1250	1600			15	21	29	39	55	78	125	195
1600	2000			18	25	35	46	65	92	150	230

（续）

公称尺寸/mm		IT9	IT10	IT11	IT12	IT13	IT14	IT15	IT16	IT17	IT18
大于	至		μm					mm			
6	10	36	58	90	0.15	0.22	0.36	0.58	0.90	1.5	2.2
10	18	43	70	110	0.18	0.27	0.43	0.70	1.10	1.8	2.7
18	30	52	84	130	0.21	0.33	0.52	0.84	1.30	2.1	3.3
30	50	62	100	160	0.25	0.39	0.62	1.00	1.60	2.5	3.9
50	80	74	120	190	0.30	0.46	0.74	1.20	1.90	3.0	4.6
80	120	87	140	220	0.35	0.54	0.87	1.40	2.20	3.5	5.4
120	180	100	160	250	0.40	0.63	1.00	1.60	2.50	4.0	6.3
180	250	115	185	290	0.46	0.72	1.15	1.85	2.90	4.6	7.2
250	315	130	210	320	0.52	0.81	1.30	2.10	3.20	5.2	8.1
315	400	140	230	360	0.57	0.89	1.40	2.30	3.60	5.7	8.9
400	500	155	250	400	0.63	0.97	1.55	2.50	4.00	6.3	9.7
500	630	175	280	440	0.70	1.10	1.75	2.8	4.4	7.0	11.0
630	800	200	320	500	0.80	1.25	2.00	3.2	5.0	8.0	12.5
800	1000	230	360	560	0.90	1.40	2.30	3.6	5.6	9.0	14.0
1000	1250	260	420	660	1.05	1.65	2.60	4.2	6.6	10.5	16.5
1250	1600	310	500	780	1.25	1.95	3.10	5.0	7.8	12.5	19.5
1600	2000	370	600	920	1.50	2.30	3.70	6.0	9.2	15.0	23.0

注：公称尺寸大于 500mm 的 IT1～IT5 的标准公差数值来自试行标准。

二、轴和孔的极限偏差（表 13-2、表 13-3）

表 13-2　轴的极限偏差（摘自 GB/T 1800.2—2009）

（单位：μm）

公称尺寸/mm		a	c	d				e			f					g			h					
大于	至	11*	▼11	8*	▼9	10*	11*	7*	8*	9*	5*	6*	▼7	8*	9*	5*	▼6	7*	5*	▼6	▼7	8*	▼9	10*
3	6	−270/−345	−70/−145	−30/−48	−30/−60	−30/−78	−30/−105	−20/−32	−20/−38	−20/−50	−10/−15	−10/−18	−10/−22	−10/−28	−10/−40	−4/−9	−4/−12	−4/−16	0/−5	0/−8	0/−12	0/−18	0/−30	0/−48
6	10	−280/−370	−80/−170	−40/−62	−40/−76	−40/−98	−40/−130	−25/−40	−25/−47	−25/−61	−13/−19	−13/−22	−13/−28	−13/−35	−13/−49	−5/−11	−5/−14	−5/−20	0/−6	0/−9	0/−15	0/−22	0/−36	0/−58
10	18	−290/−400	−95/−205	−50/−77	−50/−93	−50/−120	−50/−160	−32/−50	−32/−59	−32/−75	−16/−24	−16/−27	−16/−34	−16/−43	−16/−59	−6/−14	−6/−17	−6/−24	0/−8	0/−11	0/−18	0/−27	0/−43	0/−70
18	30	−300/−430	−110/−240	−65/−98	−65/−117	−65/−149	−65/−195	−40/−61	−40/−73	−40/−92	−20/−29	−20/−33	−20/−41	−20/−53	−20/−72	−7/−16	−7/−20	−7/−28	0/−9	0/−13	0/−21	0/−33	0/−52	0/−84
30	40	−310/−470	−120/−280	−80/−119	−80/−142	−80/−180	−80/−240	−50/−75	−50/−89	−50/−112	−25/−36	−25/−41	−25/−50	−25/−64	−25/−87	−9/−20	−9/−25	−9/−34	0/−11	0/−16	0/−25	0/−39	0/−62	0/−100
40	50	−320/−480	−130/−290	−80/−119	−80/−142	−80/−180	−80/−240	−50/−75	−50/−89	−50/−112	−25/−36	−25/−41	−25/−50	−25/−64	−25/−87	−9/−20	−9/−25	−9/−34	0/−11	0/−16	0/−25	0/−39	0/−62	0/−100
50	65	−340/−530	−140/−330	−100/−146	−100/−174	−100/−220	−100/−290	−60/−90	−60/−106	−60/−134	−30/−43	−30/−49	−30/−60	−30/−76	−30/−104	−10/−23	−10/−29	−10/−40	0/−13	0/−19	0/−30	0/−46	0/−74	0/−120
65	80	−360/−550	−150/−340	−100/−146	−100/−174	−100/−220	−100/−290	−60/−90	−60/−106	−60/−134	−30/−43	−30/−49	−30/−60	−30/−76	−30/−104	−10/−23	−10/−29	−10/−40	0/−13	0/−19	0/−30	0/−46	0/−74	0/−120
80	100	−380/−600	−170/−390	−120/−174	−120/−207	−120/−260	−120/−340	−72/−107	−72/−126	−72/−159	−36/−51	−36/−58	−36/−71	−36/−90	−36/−123	−12/−27	−12/−34	−12/−47	0/−15	0/−22	0/−35	0/−54	0/−87	0/−140
100	120	−410/−630	−180/−400	−120/−174	−120/−207	−120/−260	−120/−340	−72/−107	−72/−126	−72/−159	−36/−51	−36/−58	−36/−71	−36/−90	−36/−123	−12/−27	−12/−34	−12/−47	0/−15	0/−22	0/−35	0/−54	0/−87	0/−140

（续）

公称尺寸/mm 大于	至	a 11*	c ▼11	d 8*	d ▼9	d 10*	d 11*	e 7*	e 8*	e 9*	f 5*	f 6*	f ▼7	f 8*	f 9*	g 5*	g ▼6	g 7*	h 5*	h ▼6	h ▼7	h 8*	h ▼9	h 10*
120	140	−460 −710	−200 −450	−145 −208	−145 −245	−145 −305	−145 −395	−85 −125	−85 −148	−85 −185	−43 −61	−43 −68	−43 −83	−43 −106	−43 −143	−14 −32	−14 −39	−14 −54	0 −18	0 −25	0 −40	0 −63	0 −100	0 −160
140	160	−520 −770	−210 −460																					
160	180	−580 −830	−230 −480																					
180	200	−660 −950	−240 −530	−170 −242	−170 −285	−170 −355	−170 −460	−100 −146	−100 −172	−100 −215	−50 −70	−50 −79	−50 −96	−50 −122	−50 −165	−15 −35	−15 −44	−15 −61	0 −20	0 −29	0 −46	0 −72	0 −115	0 −185
200	225	−740 −1030	−260 −550																					
225	250	−820 −1110	−280 −570																					
250	280	−920 −1240	−300 −620	−190 −271	−190 −320	−190 −400	−190 −510	−110 −162	−110 −191	−110 −240	−56 −79	−56 −88	−56 −108	−56 −137	−56 −185	−17 −40	−17 −49	−17 −69	0 −23	0 −32	0 −52	0 −81	0 −130	0 −210
280	315	−1050 −1370	−330 −650																					
315	355	−1200 −1500	−360 −720	−210 −299	−210 −350	−210 −440	−210 −570	−125 −182	−125 −214	−125 −265	−62 −87	−62 −98	−62 −119	−62 −151	−62 −202	−18 −43	−18 −54	−18 −75	0 −25	0 −36	0 −57	0 −89	0 −140	0 −230
355	400	−1350 −1710	−400 −760																					
400	450	−1500 −1900	−440 −840	−230 −327	−230 −385	−230 −480	−230 −630	−135 −198	−135 −232	−135 −290	−68 −95	−68 −108	−68 −131	−68 −165	−68 −223	−20 −47	−20 −60	−20 −83	0 −27	0 −40	0 −63	0 −97	0 −155	0 −250
450	500	−1650 −2050	−480 −880																					

（续）

公　差　带

公称尺寸/mm 大于	至	h ▼11	h 12*	j 5	j 6	js 5*	js 6*	js 7*	k 5*	k 6▼	k 7*	m 5*	m 6*	m 7*	n 5*	n 6▼	n 7*	p 6▼	p 7*	r 6*	r 7*	s ▼6	u ▼6	u 8
3	6	0/−75	0/−120	+3/−2	+6/−2	±2.5	±4	±6	+6/+1	+9/+1	+13/+1	+9/+4	+12/+4	+16/+4	+13/+8	+16/+8	+20/+8	+20/+12	+24/+12	+23/+15	+27/+15	+27/+19	+31/+23	+41/+23
6	10	0/−90	0/−150	+4/−2	+7/−2	±3	±4.5	±7	+7/+1	+10/+1	+16/+1	+12/+6	+15/+6	+21/+6	+16/+10	+19/+10	+25/+10	+24/+15	+30/+15	+28/+19	+34/+19	+32/+23	+37/+28	+50/+28
10	18	0/−110	0/−180	+5/−3	+8/−3	±4	±5.5	±9	+9/+1	+12/+1	+19/+1	+15/+7	+18/+7	+25/+7	+20/+12	+23/+12	+30/+12	+29/+18	+36/+18	+34/+23	+41/+23	+39/+28	+44/+33	+60/+33
18	24	0/−130	0/−210	+5/−4	+9/−4	±4.5	±6.5	±10	+11/+2	+15/+2	+23/+2	+17/+8	+21/+8	+29/+8	+24/+15	+28/+15	+36/+15	+35/+22	+43/+22	+41/+28	+49/+28	+48/+35	+54/+41	+74/+41
24	30																						+61/+48	+81/+48
30	40	0/−160	0/−250	+6/−5	+11/−5	±5.5	±8	±12	+13/+2	+18/+2	+27/+2	+20/+9	+25/+9	+34/+9	+28/+17	+33/+17	+42/+17	+42/+26	+51/+26	+50/+34	+59/+34	+59/+43	+76/+60	+99/+60
40	50																						+86/+70	+109/+70
50	65	0/−190	0/−300	+6/−7	+12/−7	±6.5	±9.5	±15	+15/+2	+21/+2	+32/+2	+24/+11	+30/+11	+41/+11	+33/+20	+39/+20	+50/+20	+51/+32	+62/+32	+60/+41	+71/+41	+72/+53	+106/+87	+133/+87
65	80																			+62/+43	+72/+43	+78/+59	+121/+102	+148/+102
80	100	0/−220	0/−350	+6/−9	+13/−9	±7.5	±11	±17	+18/+3	+25/+3	+38/+3	+28/+13	+35/+13	+48/+13	+38/+23	+45/+23	+58/+23	+59/+37	+72/+37	+73/+51	+86/+51	+93/+71	+146/+124	+178/+124
100	120																			+76/+54	+89/+54	+101/+79	+166/+144	+198/+144

（续）

公称尺寸/mm 大于	至	h ▼11	h 12*	j 5	j 6	js 5*	js 6*	js 7*	k 5*	k ▼6	k 7*	m 5*	m 6*	m 7*	n 5*	n ▼6	n 7*	p ▼6	p 7*	r 6*	r 7*	s ▼6	u ▼6	u 8
120	140																			+88 +63	+103 +63	+117 +92	+195 +170	+233 +170
140	160	0 -250	0 -400	+7 -11	+14 -11	±9	±12.5	±20	+21 +3	+28 +3	+43 +3	+33 +15	+40 +15	+55 +15	+45 +27	+52 +27	+67 +27	+68 +43	+83 +43	+90 +65	+105 +65	+125 +100	+215 +190	+253 +190
160	180																			+93 +68	+108 +68	+133 +108	+235 +210	+273 +210
180	200																			+106 +77	+123 +77	+151 +122	+265 +236	+308 +236
200	225	0 -290	0 -460	+7 -13	+16 -13	±10	±14.5	±23	+24 +4	+33 +4	+50 +4	+37 +17	+46 +17	+63 +17	+51 +31	+60 +31	+77 +31	+79 +50	+96 +50	+109 +80	+126 +80	+159 +130	+287 +258	+330 +258
225	250																			+113 +84	+130 +84	+169 +140	+313 +284	+356 +284
250	280																			+126 +94	+146 +94	+190 +158	+347 +315	+396 +315
280	315	0 -320	0 -520	+7 -16	+16 -16	±11.5	±16	±26	+27 +4	+36 +4	+56 +4	+43 +20	+52 +20	+72 +20	+57 +34	+66 +34	+86 +34	+88 +56	+108 +56	+130 +98	+150 +98	+202 +170	+382 +350	+431 +350
315	355																			+144 +108	+165 +108	+226 +190	+426 +390	+479 +390
355	400	0 -360	0 -570	+7 -18	+18 -18	±12.5	±18	±28	+29 +4	+40 +4	+61 +4	+46 +21	+57 +21	+78 +21	+62 +37	+73 +37	+94 +37	+98 +62	+119 +62	+150 +114	+171 +114	+244 +208	+471 +435	+524 +435
400	450																			+166 +126	+189 +126	+272 +232	+530 +490	+587 +490
450	500	0 -400	0 -630	+7 -20	+20 -20	±13.5	±20	±31	+32 +5	+45 +5	+68 +5	+50 +23	+63 +23	+86 +23	+67 +40	+80 +40	+103 +40	+108 +68	+131 +68	+172 +132	+195 +132	+292 +252	+580 +540	+637 +540

注：▼为优先公差带，*为常用公差带，其余为一般公差带。

表 13-3　孔的极限偏差（摘自 GB/T 1800.2—2009）　（单位：μm）

公称尺寸/mm 大于	至	C	D				E		F				G		H								J	
		11	8*	▼9	10*	11*	8*	9*	6*	7*	▼8	9*	6*	▼7	5	6*	▼7	▼8	▼9	10*	▼11	12*	6	7
3	6	+145/+70	+48/+30	+60/+30	+78/+30	+105/+30	+38/+20	+50/+20	+18/+10	+22/+10	+28/+10	+40/+10	+12/+4	+16/+4	+5/0	+8/0	+12/0	+18/0	+30/0	+48/0	+75/0	+120/0	+5/-3	±6
6	10	+170/+80	+62/+40	+76/+40	+98/+40	+130/+40	+47/+25	+61/+25	+22/+13	+28/+13	+35/+13	+49/+13	+14/+5	+20/+5	+6/0	+9/0	+15/0	+22/0	+36/0	+58/0	+90/0	+150/0	+5/-4	+8/-7
10	18	+205/+95	+77/+50	+93/+50	+120/+50	+160/+50	+59/+32	+75/+32	+27/+16	+34/+16	+43/+16	+59/+16	+17/+6	+24/+6	+8/0	+11/0	+18/0	+27/0	+43/0	+70/0	+110/0	+180/0	+6/-5	+10/-8
18	30	+240/+110	+98/+65	+117/+65	+149/+65	+195/+65	+73/+40	+92/+40	+33/+20	+41/+20	+53/+20	+72/+20	+20/+7	+28/+7	+9/0	+13/0	+21/0	+33/0	+52/0	+84/0	+130/0	+210/0	+8/-5	+12/-9
30	40	+280/+120	+119/+80	+142/+80	+180/+80	+240/+80	+89/+50	+112/+50	+41/+25	+50/+25	+64/+25	+87/+25	+25/+9	+34/+9	+11/0	+16/0	+25/0	+39/0	+62/0	+100/0	+160/0	+250/0	+10/-6	+14/-11
40	50	+290/+130	+119/+80	+142/+80	+180/+80	+240/+80	+89/+50	+112/+50	+41/+25	+50/+25	+64/+25	+87/+25	+25/+9	+34/+9	+11/0	+16/0	+25/0	+39/0	+62/0	+100/0	+160/0	+250/0	+10/-6	+14/-11
50	65	+330/+140	+146/+100	+174/+100	+220/+100	+290/+100	+106/+60	+134/+60	+49/+30	+60/+30	+76/+30	+104/+30	+29/+10	+40/+10	+13/0	+19/0	+30/0	+46/0	+74/0	+120/0	+190/0	+300/0	+13/-6	+18/-12
65	80	+340/+150	+146/+100	+174/+100	+220/+100	+290/+100	+106/+60	+134/+60	+49/+30	+60/+30	+76/+30	+104/+30	+29/+10	+40/+10	+13/0	+19/0	+30/0	+46/0	+74/0	+120/0	+190/0	+300/0	+13/-6	+18/-12
80	100	+390/+170	+174/+120	+207/+120	+260/+120	+340/+120	+125/+72	+159/+72	+58/+36	+71/+36	+90/+36	+123/+36	+34/+12	+47/+12	+15/0	+22/0	+35/0	+54/0	+87/0	+140/0	+220/0	+350/0	+16/-6	+22/-13
100	120	+400/+180	+174/+120	+207/+120	+260/+120	+340/+120	+125/+72	+159/+72	+58/+36	+71/+36	+90/+36	+123/+36	+34/+12	+47/+12	+15/0	+22/0	+35/0	+54/0	+87/0	+140/0	+220/0	+350/0	+16/-6	+22/-13

公差带

（续）

公称尺寸/mm 大于	至	C ▼11	D 8*	D ▼9	D 10*	D 11*	E 8*	E 9*	F 6*	F 7*	F ▼8	F 9*	G 6*	G ▼7	H 5	H 6*	H ▼7	H ▼8	H ▼9	H 10*	H ▼11	H 12*	J 6	J 7
120	140	+450/+200	+208/+145	+245/+145	+305/+145	+395/+145	+148/+85	+185/+85	+68/+43	+83/+43	+106/+43	+143/+43	+39/+14	+54/+14	+18/0	+25/0	+40/0	+63/0	+100/0	+160/0	+250/0	+400/0	+18/-7	+26/-14
140	160	+460/+210																						
160	180	+480/+230																						
180	200	+530/+240	+242/+170	+285/+170	+355/+170	+460/+170	+172/+100	+215/+100	+79/+50	+96/+50	+122/+50	+165/+50	+44/+15	+61/+15	+20/0	+29/0	+46/0	+72/0	+115/0	+185/0	+290/0	+460/0	+22/-7	+30/-16
200	225	+550/+260																						
225	250	+570/+280																						
250	280	+620/+300	+271/+190	+320/+190	+400/+190	+510/+190	+191/+110	+240/+110	+88/+56	+108/+56	+137/+56	+186/+56	+49/+17	+69/+17	+23/0	+32/0	+52/0	+81/0	+130/0	+210/0	+320/0	+520/0	+25/-7	+36/-16
280	315	+650/+330																						
315	355	+720/+360	+299/+210	+350/+210	+440/+210	+570/+210	+214/+125	+265/+125	+98/+62	+119/+62	+151/+62	+202/+62	+54/+18	+75/+18	+25/0	+36/0	+57/0	+89/0	+140/0	+230/0	+360/0	+570/0	+29/-7	+39/-18
355	400	+760/+400																						
400	450	+840/+440	+327/+230	+385/+230	+480/+230	+630/+230	+232/+135	+290/+135	+108/+68	+131/+68	+165/+68	+223/+68	+60/+20	+83/+20	+27/0	+40/0	+63/0	+97/0	+155/0	+250/0	+400/0	+630/0	+33/-7	+43/-20
450	500	+880/+480																						

公　差　带

（续）

公称尺寸/mm 大于	至	Js 6*	Js 7*	Js 8*	Js 9	Js 10	K 6*	K ▼7	K 8*	M 6*	M 7*	M 8*	N 6*	N ▼7	N 8*	N 9	P 6*	P ▼7	P 9	R 6*	R 7*	S 6*	S ▼7	U ▼7
3	6	±4	±6	±9	±15	±24	+2 −6	+3 −9	+5 −13	−1 −9	0 −12	+2 −16	−5 −13	−4 −16	−2 −20	0 −30	−9 −17	−8 −20	−12 −42	−12 −20	−11 −23	−16 −24	−15 −27	−19 −31
6	10	±4.5	±7	±11	±18	±29	+2 −7	+5 −10	+6 −16	−3 −12	0 −15	+1 −21	−7 −16	−4 −19	−3 −25	0 −36	−12 −21	−9 −24	−15 −51	−16 −25	−13 −28	−20 −29	−17 −32	−22 −37
10	18	±5.5	±9	±13	±21	±36	+2 −9	+6 −12	+8 −19	−4 −15	0 −18	+2 −25	−9 −20	−5 −23	−3 −30	0 −43	−15 −26	−11 −29	−18 −61	−20 −31	−16 −34	−25 −36	−21 −39	−26 −44
18	24	±6.5	±10	±16	±26	±42	+2 −11	+6 −15	+10 −23	−4 −17	0 −21	+4 −29	−11 −24	−7 −28	−3 −36	0 −52	−18 −31	−14 −35	−22 −74	−24 −37	−20 −41	−31 −44	−27 −48	−33 −54
24	30	±6.5	±10	±16	±26	±42	+2 −11	+6 −15	+10 −23	−4 −17	0 −21	+4 −29	−11 −24	−7 −28	−3 −36	0 −52	−18 −31	−14 −35	−22 −74	−24 −37	−20 −41	−31 −44	−27 −48	−40 −61
30	40	±8	±12	±19.5	±31	±50	+3 −13	+7 −18	+12 −27	−4 −20	0 −25	+5 −34	−12 −28	−8 −33	−3 −42	0 −62	−21 −37	−17 −42	−26 −88	−29 −45	−25 −50	−38 −54	−34 −59	−51 −76
40	50	±8	±12	±19.5	±31	±50	+3 −13	+7 −18	+12 −27	−4 −20	0 −25	+5 −34	−12 −28	−8 −33	−3 −42	0 −62	−21 −37	−17 −42	−26 −88	−29 −45	−25 −50	−38 −54	−34 −59	−61 −86
50	65	±9.5	±15	±23	±37	±60	+4 −15	+9 −21	+14 −32	−5 −24	0 −30	+5 −41	−14 −33	−9 −39	−4 −50	0 −74	−26 −45	−21 −51	−32 −106	−35 −54	−30 −60	−47 −66	−42 −72	−76 −106
65	80	±9.5	±15	±23	±37	±60	+4 −15	+9 −21	+14 −32	−5 −24	0 −30	+5 −41	−14 −33	−9 −39	−4 −50	0 −74	−26 −45	−21 −51	−32 −106	−37 −56	−32 −62	−53 −72	−48 −78	−91 −121
80	100	±11	±17	±27	±43	±70	+4 −18	+10 −25	+16 −38	−6 −28	0 −35	+6 −48	−16 −38	−10 −45	−4 −58	0 −87	−30 −52	−24 −59	−37 −124	−44 −66	−38 −73	−64 −86	−58 −93	−111 −146
100	120	±11	±17	±27	±43	±70	+4 −18	+10 −25	+16 −38	−6 −28	0 −35	+6 −48	−16 −38	−10 −45	−4 −58	0 −87	−30 −52	−24 −59	−37 −124	−47 −69	−41 −76	−72 −94	−66 −101	−131 −166

（续）

公称尺寸/mm 大于	至	Js 6*	Js 7*	Js 8*	Js 9	Js 10	K 6*	K ▼7	K 8*	M 6*	M 7*	M 8*	N 6*	N ▼7	N 8*	N 9	P 6*	P ▼7	P 9	R 6*	R 7*	S 6*	S ▼7	U ▼7
120	140	±12.5	±20	±31	±50	±80	+4 / −21	+12 / −28	+20 / −43	−8 / −33	0 / −40	+8 / −55	−20 / −45	−12 / −52	−4 / −67	0 / −100	−36 / −61	−28 / −68	−43 / −143	−56 / −81	−48 / −88	−85 / −110	−77 / −117	−155 / −195
140	160	±12.5	±20	±31	±50	±80	+4 / −21	+12 / −28	+20 / −43	−8 / −33	0 / −40	+8 / −55	−20 / −45	−12 / −52	−4 / −67	0 / −100	−36 / −61	−28 / −68	−43 / −143	−58 / −83	−50 / −90	−93 / −118	−85 / −125	−175 / −215
160	180	±12.5	±20	±31	±50	±80	+4 / −21	+12 / −28	+20 / −43	−8 / −33	0 / −40	+8 / −55	−20 / −45	−12 / −52	−4 / −67	0 / −100	−36 / −61	−28 / −68	−43 / −143	−61 / −86	−53 / −93	−101 / −126	−93 / −133	−195 / −235
180	200	±14.5	±23	±36	±57	±92	+5 / −24	+13 / −33	+22 / −50	−8 / −37	0 / −46	+9 / −63	−22 / −51	−14 / −60	−5 / −77	0 / −115	−41 / −70	−33 / −79	−50 / −165	−68 / −97	−60 / −106	−113 / −142	−105 / −151	−219 / −265
200	225	±14.5	±23	±36	±57	±92	+5 / −24	+13 / −33	+22 / −50	−8 / −37	0 / −46	+9 / −63	−22 / −51	−14 / −60	−5 / −77	0 / −115	−41 / −70	−33 / −79	−50 / −165	−71 / −100	−63 / −109	−121 / −150	−113 / −159	−241 / −287
225	250	±14.5	±23	±36	±57	±92	+5 / −24	+13 / −33	+22 / −50	−8 / −37	0 / −46	+9 / −63	−22 / −51	−14 / −60	−5 / −77	0 / −115	−41 / −70	−33 / −79	−50 / −165	−75 / −104	−67 / −113	−131 / −160	−123 / −169	−267 / −313
250	280	±16	±26	±40	±65	±105	+5 / −27	+16 / −36	+25 / −56	−9 / −41	0 / −52	+9 / −72	−25 / −57	−14 / −66	−5 / −86	0 / −130	−47 / −79	−36 / −88	−56 / −186	−85 / −117	−74 / −126	−149 / −181	−138 / −190	−295 / −347
280	315	±16	±26	±40	±65	±105	+5 / −27	+16 / −36	+25 / −56	−9 / −41	0 / −52	+9 / −72	−25 / −57	−14 / −66	−5 / −86	0 / −130	−47 / −79	−36 / −88	−56 / −186	−89 / −121	−78 / −130	−161 / −193	−150 / −202	−330 / −382
315	355	±18	±28	±44	±70	±115	+7 / −29	+17 / −40	+28 / −61	−10 / −46	0 / −57	+11 / −78	−26 / −62	−16 / −73	−5 / −94	0 / −140	−51 / −87	−41 / −98	−62 / −202	−97 / −133	−87 / −144	−179 / −215	−169 / −226	−369 / −426
355	400	±18	±28	±44	±70	±115	+7 / −29	+17 / −40	+28 / −61	−10 / −46	0 / −57	+11 / −78	−26 / −62	−16 / −73	−5 / −94	0 / −140	−51 / −87	−41 / −98	−62 / −202	−103 / −139	−93 / −150	−197 / −233	−187 / −244	−414 / −471
400	450	±20	±31	±48	±77	±125	+8 / −32	+18 / −45	+29 / −68	−10 / −50	0 / −63	+11 / −86	−27 / −67	−17 / −80	−6 / −103	0 / −155	−55 / −95	−45 / −108	−68 / −223	−113 / −153	−103 / −166	−219 / −259	−209 / −272	−467 / −530
450	500	±20	±31	±48	±77	±125	+8 / −32	+18 / −45	+29 / −68	−10 / −50	0 / −63	+11 / −86	−27 / −67	−17 / −80	−6 / −103	0 / −155	−55 / −95	−45 / −108	−68 / −223	−119 / −159	−109 / −172	−239 / −279	−229 / −292	−517 / −580

注：▼为优先公差带，＊为常用公差带，其余为一般公差带。

三、未注公差尺寸的极限偏差 (表 13-4)

表 13-4 未注公差尺寸的极限偏差 (摘自 GB/T 1804—2000) (单位: mm)

公差等级	线性尺寸的极限偏差数值								倒圆半径与倒角高度尺寸的极限偏差数值			
	尺寸分段								尺寸分段			
	0.5~3	>3~6	>6~30	>30~120	>120~400	>400~1000	>1000~2000	>2000~4000	0.5~0.3	>3~6	>6~30	>30
f(精密级)	±0.05	±0.05	±0.1	±0.15	±0.2	±0.3	±0.5	—	±0.2	±0.5	±1	±2
m(中等级)	±0.1	±0.1	±0.2	±0.3	±0.5	±0.8	±1.2	±2				
c(粗糙级)	±0.2	±0.3	±0.5	±0.8	±1.2	±2	±3	±4	±0.4	±1	±2	±4
v(最粗级)	—	±0.5	±1	±1.5	±2.5	±4	±6	±8				

注: 本标准适用于金属切削加工的尺寸, 也适用于一般的冲压加工的尺寸。其他情况参照使用。

四、优先配合特性及应用举例 (表 13-5)

表 13-5 优先配合特性及应用举例

基孔制	基轴制	优先配合特性及应用举例
$\frac{H11}{c11}$	$\frac{C11}{h11}$	间隙非常大, 用于很松的、转动很慢的动配合; 要求大公差与大间隙的外露组件; 要求装配方便的很松的配合
$\frac{H9}{d9}$	$\frac{D9}{h9}$	间隙很大的自由转动配合, 用于精度非主要要求时, 或有大的温度变动、高转速或大的轴颈压力时
$\frac{H8}{f7}$	$\frac{F8}{h7}$	间隙不大的转动配合, 用于中等转速与中等轴颈压力的精确转动; 也用于装配较易的中等定位配合
$\frac{H7}{g6}$	$\frac{G7}{h6}$	间隙很小的滑动配合, 用于不希望自由转动、但可自由移动和滑动并精密定位时, 也可用于要求明确的定位配合
$\frac{H7}{h6}$、$\frac{H8}{h7}$、$\frac{H9}{h9}$、$\frac{H11}{h11}$	$\frac{H7}{h6}$、$\frac{H8}{h7}$、$\frac{H9}{h9}$、$\frac{H11}{h11}$	均为间隙定位配合, 零件可自由装拆, 而工作时一般相对静止不动。在最大实体条件下的间隙为零, 在最小实体条件下的间隙由公差等级决定
$\frac{H7}{k6}$	$\frac{K7}{h6}$	过渡配合, 用于精密定位
$\frac{H7}{n6}$	$\frac{N7}{h6}$	过渡配合, 允许有较大过盈的更精密定位
$\frac{H7}{p6}$ *	$\frac{P7}{h6}$ *	过盈定位配合, 即小过盈配合, 用于定位精度特别重要时, 能以最好的定位精度达到部件的刚性及对中性要求, 不依靠配合的紧固性传递摩擦负荷
$\frac{H7}{s6}$	$\frac{S7}{h6}$	中等压入配合, 适用于一般钢件; 或用于薄壁件的冷缩配合, 用于铸铁件可得到最紧的配合
$\frac{H7}{u6}$	$\frac{U7}{h6}$	压入配合, 适用于可以承受大压入力的零件或不宜承受大压入力的冷缩配合

第二节 几 何 公 差

一、几何公差项目符号 (表 13-6)

表13-6　几何公差项目符号（摘自 GB/T 1182—2008）

公差类型	几何特征	符　号	有无基准	公差类型	几何特征	符　号	有无基准
形状公差	直线度	—	无	位置公差	位置度	⊕	有或无
	平面度	▱	无		同心度（用于中心点）	◎	有
	圆度	○	无		同轴度（用于轴线）	◎	有
	圆柱度	⌀	无		对称度	=	有
	线轮廓度	⌒	无		线轮廓度	⌒	有
	面轮廓度	⌓	无		面轮廓度	⌓	有
方向公差	平行度	∥	有				
	垂直度	⊥	有				
	倾斜度	∠	有	跳动公差	圆跳动	↗	有
	线轮廓度	⌒	有				
	面轮廓度	⌓	有		全跳动	↗↗	有

二、平行度、垂直度、倾斜度（表13-7）

表13-7　平行度、垂直度、倾斜度公差（摘自 GB/T 1184—1996）

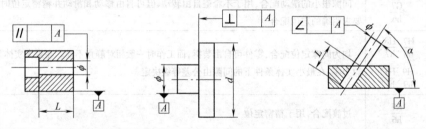

精度等级	主参数 L、d(D)/mm										应用举例
	≤10	>10~16	>16~25	>25~40	>40~63	>63~100	>100~160	>160~250	>250~400	>400~630	
5	5	6	8	10	12	15	20	25	30	40	垂直度用于发动机轴和离合器的凸缘，装D、E级轴承和装C、D级轴承的箱体的凸肩
6	8	10	12	15	20	25	30	40	50	60	平行度用于中等精度钻模的工作面，7～10级精度齿轮传动壳体孔的中心线
7	12	15	20	25	30	40	50	60	80	100	垂直度用于装F、G级轴承的壳体孔的轴线，按h6与g6连接的锥形轴减速器的机体孔中心线
8	20	25	30	40	50	60	80	100	120	150	平行度用于重型机械轴承盖的端面、手动传动装置中的传动轴

（续）

精度等级	主参数 L、$d(D)$/mm										应用举例
	≤10	>10 ~16	>16 ~25	>25 ~40	>40 ~63	>63 ~100	>100 ~160	>160 ~250	>250 ~400	>400 ~630	
9	30	40	50	60	80	100	120	150	200	250	垂直度用于手动卷扬机及传动装置中轴承端面,按 f7 和 d8 连接的锥形轴减速器机体孔中心线
10	50	60	80	100	120	150	200	250	300	400	零件的非工作面,卷扬机、运输机上的壳体平面

三、同轴度、对称度、圆跳动和全跳动（表 13-8）

表13-8 同轴度、对称度、圆跳动和全跳动公差（摘自 GB/T 1184—1996）

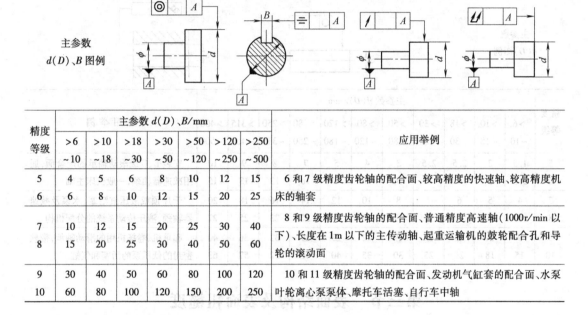

精度等级	主参数 $d(D)$、B/mm							应用举例
	>6 ~10	>10 ~18	>18 ~30	>30 ~50	>50 ~120	>120 ~250	>250 ~500	
5	4	5	6	8	10	12	15	6 和 7 级精度齿轮轴的配合面、较高精度的快速轴、较高精度机床的轴套
6	6	8	10	12	15	20	25	
7	10	12	15	20	25	30	40	8 和 9 级精度齿轮轴的配合面、普通精度高速轴（1000r/min 以下）、长度在 1m 以下的主传动轴、起重运输机的鼓轮配合孔和导轮的滚动面
8	15	20	25	30	40	50	60	
9	30	40	50	60	80	100	120	10 和 11 级精度齿轮轴的配合面、发动机气缸套的配合面、水泵叶轮离心泵泵体、摩托车活塞、自行车中轴
10	60	80	100	120	150	200	250	

四、直线度、平面度（表 13-9）

表13-9 直线度、平面度公差（摘自 GB/T 1184—1996）

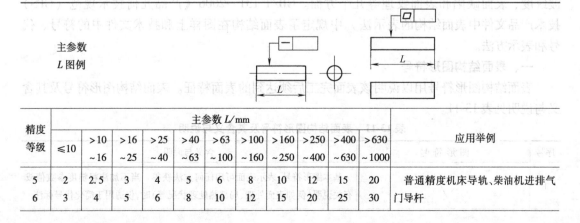

精度等级	主参数 L/mm										应用举例
	≤10	>10 ~16	>16 ~25	>25 ~40	>40 ~63	>63 ~100	>100 ~160	>160 ~250	>250 ~400	>400 ~630	>630 ~1000	
5	2	2.5	3	4	5	6	8	10	12	15	20	普通精度机床导轨、柴油机进排气门导杆
6	3	4	5	6	8	10	12	15	20	25	30	

（续）

精度等级	主参数 L/mm											应用举例
	≤10	>10 ~16	>16 ~25	>25 ~40	>40 ~63	>63 ~100	>100 ~160	>160 ~250	>250 ~400	>400 ~630	>630 ~1000	
7	5	6	8	10	12	15	20	25	30	40	50	轴承体的支承面；压力机导轨及滑块；减速器壳体、液压泵、轴系支承轴承的接合面
8	8	10	12	15	20	25	30	40	50	60	80	
9	12	15	20	25	30	40	50	60	80	100	120	辅助机构及手动机械的支承面、液压管件和法兰的连接面
10	20	25	30	40	50	60	80	100	120	150	200	

五、圆度、圆柱度（表13-10）

表13-10　圆度、圆柱度公差（摘自 GB/T 1184—1996）

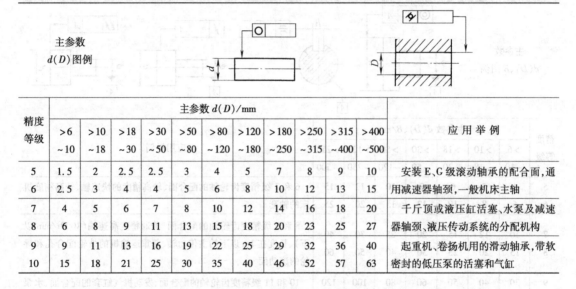

精度等级	主参数 d(D)/mm											应用举例
	>6 ~10	>10 ~18	>18 ~30	>30 ~50	>50 ~80	>80 ~120	>120 ~180	>180 ~250	>250 ~315	>315 ~400	>400 ~500	
5	1.5	2	2.5	2.5	3	4	5	7	8	9	10	安装 E、G 级滚动轴承的配合面，通用减速器轴颈，一般机床主轴
6	2.5	3	4	4	5	6	8	10	12	13	15	
7	4	5	6	7	8	10	12	14	16	18	20	千斤顶或液压缸活塞、水泵及减速器轴颈、液压传动系统的分配机构
8	6	8	9	11	13	15	18	20	23	25	27	
9	9	11	13	16	19	22	25	29	32	36	40	起重机、卷扬机用的滑动轴承，带软密封的低压泵的活塞和气缸
10	15	18	21	25	30	35	40	46	52	57	63	

第三节　表面结构及表面粗糙度

　　零件的表面结构是指其实际表面轮廓具有的特定表面特征，它应包含表面粗糙度、表面波纹度、表面缺陷和表面纹理等几个方面。GB/T 131—2006《产品几何技术规范（GPS）技术产品文件中表面结构的表示法》中规定了表面结构在图样上和技术文件中的符号、代号和表示方法。

一、表面结构图形符号

　　表面结构图形符号用以说明该表面完工后须达到的表面特征。表面结构图形符号及其含义与说明见表13-11。

表13-11　表面结构图形符号及其含义与说明

序号	图形符号	含义与说明
1	✓	基本图形符号：表示表面可用任何方法获得。当不加注粗糙度参数值或有关说明（例如表面处理、局部热处理状况等）时，仅适用于简化代号标注

（续）

序号	图形符号	含义与说明
2		扩展图形符号：在基本图形符号上加一短横，表示指定表面是用去除材料的方法获得的，如车、铣、钻、磨、剪切、抛光、腐蚀、电火花加工、气割等
3		扩展图形符号：在基本图形符号上加一圆圈，表示指定表面是用不去除材料的方法获得的，如铸、锻、冲压变形、热轧、冷轧、粉末冶金等。也可用于保持原供应状况或保持上道工序状况的表面
4		完整图形符号：在表中第1、2、3项图形符号的长边上加一横线，用于标注有关参数和说明
5		当在图样某个视图上构成封闭轮廓的各表面有相同的表面结构要求时，表中第4项完整图形符号上各加一圆圈，标注在图样中零件的封闭轮廓线上。如果标注会引起歧义，各表面应分别标注

二、表面结构补充要求

图样中除了标注出表面结构参数和数值外，根据零件表面的要求，必要时还需注明补充要求，如传输带、取样长度、加工工艺、表面纹理及方向、加工余量等。表面结构补充要求的注写位置、注写内容及注写示例见表13-12。

表13-12　表面结构补充要求的注写位置、注写内容及注写示例

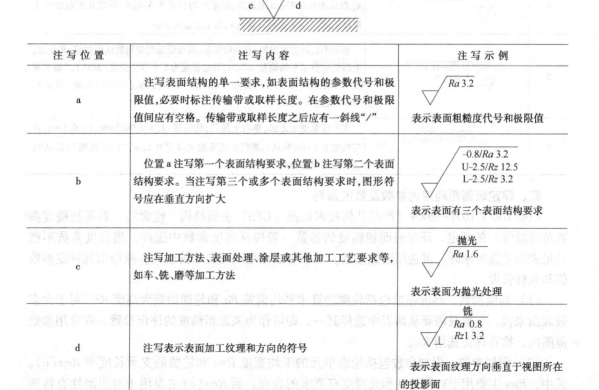

注写位置	注写内容	注写示例
a	注写表面结构的单一要求，如表面结构的参数代号和极限值，必要时标注传输带或取样长度。在参数代号和极限值间应有空格。传输带或取样长度之后应有一斜线"/"	$Ra\,3.2$ 表示表面粗糙度代号和极限值
b	位置a注写第一个表面结构要求，位置b注写第二个表面结构要求。当注写第三个或多个表面结构要求时，图形符号应在垂直方向扩大	$-0.8/Ra\,3.2$ $U-2.5/Rz\,12.5$ $L-2.5/Rz\,3.2$ 表示表面有三个表面结构要求
c	注写加工方法、表面处理、涂层或其他加工工艺要求等，如车、铣、磨等加工方法	抛光 $Ra\,1.6$ 表示表面为抛光处理
d	注写表示表面加工纹理和方向的符号	铣 $Ra\,0.8$ $Rz\,1\,3.2$ 表示表面纹理方向垂直于视图所在的投影面

（续）

注写位置	注写内容	注写示例
e	注写所要求的加工余量数值，以毫米为单位	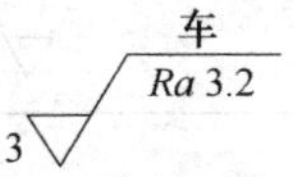 车 √ Ra 3.2 3 表示表面有 3mm 的加工余量

三、表面结构代号的含义

一些常见表面结构的图形符号及含义见表 13-13。

表 13-13　一些常见表面结构的图形符号及其含义

序号	图形符号	含　义
1	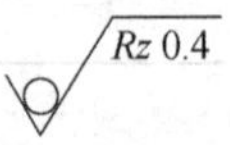 √ Rz 0.4	表示不允许去除材料，单向上限值，默认传输带，R 轮廓，表面粗糙度的最大高度为 0.4μm，评定长度为五个取样长度（默认），"16% 规则"（默认）
2	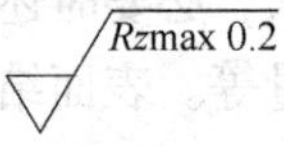 √ Rzmax 0.2	表示去除材料，单向上限值，默认传输带，R 轮廓，表面粗糙度的高度的最大值 0.2μm，评定长度为五个取样长度（默认），"最大规则"
3	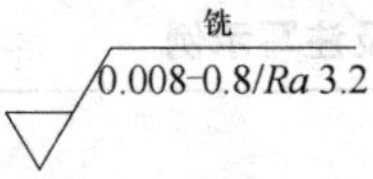 铣 √ 0.008-0.8/Ra 3.2	表示去除材料，单向上限值，传输带 0.008 ~ 0.8mm，R 轮廓，算术平均偏差为 3.2μm，评定长度为五个取样长度（默认），"16% 规则"（默认），加工方法为铣削
4	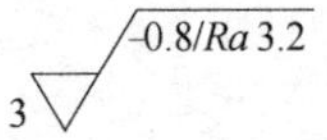 √ -0.8/Ra 3.2 3	表示去除材料，单向上限值，传输带根据 GB/T 6062，取样长度为 0.8μm，$λ_s$ 默认为 0.0025mm，R 轮廓，算术平均偏差为 3.2μm，评定长度包含三个取样长度，"16% 规则"（默认），加工余量为 3mm
5	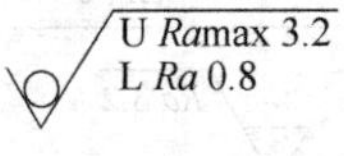 √ U Ramax 3.2 L Ra 0.8	表示不允许去除材料，双向极限值，两极限值均使用默认传输带，R 轮廓，上限值的算术平均偏差 3.2μm，评定长度为 5 个取样长度（默认），"最大规则"；下限值的算术平均偏差 0.8μm，评定长度为五个取样长度（默认），"16% 规则"（默认）
6	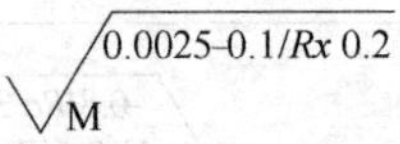 √ 0.0025-0.1/Rx 0.2 M	表示任意加工方法，单向上限值，传输带：$λ_s = 0.0025$mm、$A = 0.1$mm，评定长度 3.2mm（默认），粗糙度图形最大深度 0.2μm，"16% 规则"（默认），表面纹理呈多方向

四、评定表面粗糙度的参数及数值系列

根据 GB/T 1031—2009《产品几何技术规范（GPS）表面结构　轮廓法　表面粗糙度参数及其数值》的规定，评定表面粗糙度的参数一般应从高度参数中选择，当高度参数不能满足表面功能要求时，可选用附加参数。对于有表面粗糙度要求的表面，应给出其评定参数值和取样长度。

（1）高度参数　高度参数包括轮廓的算术平均偏差 Ra 和轮廓的最大高度 Rz。对于大多数表面来说，一般只需要从两者中选择其一，即可作为表面粗糙度的评定参数。在常用参数范围内，推荐优先选用 Ra。

（2）附加参数　附加参数包括轮廓单元的平均宽度 Rsm 和轮廓的支承长度率 $Rmr(c)$。其中，Rsm 主要用于对密封性和光滑度有要求的表面，而 $Rmr(c)$ 主要用于对耐磨性有特殊

要求的表面。附加参数一般不作为独立参数使用。

（3）取样长度及评定长度　评定长度 ln 包含一个或几个取样长度 lr。一般情况下，在测量高度参数时，应按推荐标准选用对应的取样长度 lr，此时，取样长度值的标注在图样上或技术文件中可以省略。当有特殊要求时，应给出相应的取样长度值，并在图样上或技术文件中注出。

表面粗糙度评定参数 Ra、Rz 的数值及与取样长度 lr、评定长度 ln 的对应关系见表13-14。

表 13-14　Ra、Rz 及 lr、ln 的选用值

$Ra/\mu m$ $Rz/\mu m$	≥0.008~0.02 ≥0.025~0.1	>0.02~0.1 >0.1~0.5	>0.1~2.0 >0.5~10.0	>2.0~10.0 >10.0~50.0	>10.0~80.0 >50.0~320.0
取样长度 lr/mm	0.08	0.25	0.8	2.5	8.0
评定长度 ln/mm	0.4	1.25	4.0	12.5	40.0
Ra（系列）/μm	0.012　0.025　0.05　0.1　0.2　0.4　0.8　1.6　3.2　6.3　12.5　25　50　100				
Rz（系列）/μm	0.025　0.05　0.1　0.2　0.4　0.8　1.6　3.2　6.3　12.5　25　50　100　200　400　800　1600				

注：ln 是评定轮廓所必需的一段长度，一般为五个取样长度，即 $ln = 5lr$。

五、表面粗糙度参数值的选择（表13-15）

表 13-15　表面粗糙度参数 Ra 值的选择

表面特性	部　位		表面粗糙度 Ra 值/μm（不大于）		
螺纹	类别		螺纹精度等级		
			4	5	6
	粗牙普通螺纹		0.4~0.8	0.8	1.6~3.2
	细牙普通螺纹		0.2~0.4	0.8	1.6~3.2
键结合	结合形式		键	轴槽	毂槽
	工作表面	沿毂槽移动	0.2~0.4	1.6	0.4~0.8
		沿轴槽移动	0.2~0.4	0.4~0.8	1.0
		不动	1.6	1.6	1.6~3.2
	非工作表面		6.3	6.3	6.3
矩形花键	定心方式		外径	内径	键侧
	外径 D	内花键	1.6	6.3	3.2
		外花键	0.8	6.3	0.8~3.2
	内径 d	内花键	6.3	0.8	3.2
		外花键	3.2	0.8	0.8
	键宽 B	内花键	0.3	6.3	3.2
		外花键	3.2	6.3	0.8~3.2
链轮	部位		精度等级		
			一般		高
	链齿工作表面		1.6~3.2		0.8~1.6
	齿底		3.2		1.6
	齿顶		1.6~6.3		1.6~6.3

（续）

表面特性	部　位	表面粗糙度 Ra 值/μm（不大于）					
带轮		带轮直径/mm					
	带轮工作表面	≤120		≤300		>300	
		0.8		1.6		3.2	
液压元件	活塞泵曲柄,活塞环外表面与侧面	1.6,0.8					
	连杆轴颈、轴瓦,中心轴颈	0.4					
	活塞外柱面、侧表面	0.8					
	活塞泵连杆孔、缸筒、滑阀衬套、柱塞、活塞	0.8,0.4					
液压元件	滑阀、高压泵柱塞、气门、气门座	0.2,0.1					
同轴度较高的配合表面	表面同轴度公差	2.5	4	6	10	15	25
	轴	0.025	0.05	0.1	0.2	0.4	0.8
	孔	0.05	0.1	0.2	0.4	0.8	1.6
滑动轴承的配合表面	表面	公差等级				液体摩擦	
	轴	IT7 ~ IT9		IT11 ~ IT12		0.1 ~ 0.4	
		0.2 ~ 3.2		1.6 ~ 3.2			
	孔	0.4 ~ 1.6		1.6 ~ 3.2		0.2 ~ 0.3	

表面特性	部位	表面粗糙度 Ra 值/μm（不大于）			
带密封的轴颈表面	密封方式	轴颈表面速度/m·s⁻¹			
		≤3	≤5	>5	≤4
	橡胶	0.4 ~ 0.8	0.2 ~ 0.4	0.1 ~ 0.2	
	毛毡				0.4 ~ 0.8
	迷宫	1.6 ~ 3.2			
	油槽	1.6 ~ 3.2			
圆锥结合	表面	密封结合		定心结合	其他
	外圆锥表面	0.1		0.4	1.6 ~ 3.2
	内圆锥表面	0.2		0.8	1.6 ~ 3.2

第十四章 齿轮传动和蜗杆传动的精度

第一节 圆柱齿轮精度

渐开线圆柱齿轮精度标准体系由 GB/T 10095.1—2008、GB/T 10095.2—2008 及其指导性技术文件组成。其中 GB/T 10095.1—2008 适用于法向模数 $m_n \geqslant 0.5 \sim 70\text{mm}$、分度圆直径 $d \geqslant 5 \sim 10000\text{mm}$、齿宽 $b \geqslant 4 \sim 1000\text{mm}$ 的渐开线圆柱齿轮。GB/T 10095.2—2008 适用于法向模数 $m_n \geqslant 0.2 \sim 10\text{mm}$，分度圆直径 $d \geqslant 5 \sim 1000\text{mm}$，齿宽 $b \geqslant 4 \sim 1000\text{mm}$ 的渐开线圆柱齿轮。

一、齿轮、齿轮副偏差的定义和代号（表 14-1）

表 14-1　齿轮、齿轮副偏差的定义和代号

对象		偏差名称	代号	定义	标准号
齿轮	齿距偏差	单个齿距偏差	f_{pt}	在端平面上，在接近齿高中部的一个与齿轮轴线同心的圆上，实际齿距与理论齿距的代数差	GB/T 10095.1—2008
		齿距累积偏差	F_{pk}	任意 k 个齿距的实际弧长与理论弧长的代数差。理论上它等于这 k 个齿距的各单个齿距偏差的代数和	
		齿距累积总偏差	F_p	齿轮同侧齿面任意弧段（$k=1$ 至 $k=z$）内的最大齿距累积偏差	
	齿廓偏差	齿廓总偏差	F_α	在计值范围内，包容实际齿廓迹线的两条设计齿廓迹线间的距离	
		齿廓形状偏差	$f_{f\alpha}$	在计值范围内，包容实际齿廓迹线的，与平均齿廓迹线完全相同的两条迹线间的距离，且两条曲线与平均齿廓迹线的距离为常数	
		齿廓倾斜偏差	$f_{H\alpha}$	在计值范围内的两端与平均齿廓迹线相交的两条设计齿廓迹线间的距离	
	螺旋线偏差	螺旋线总偏差	F_β	在计值范围内，包容实际螺旋线迹线的两条设计螺旋线迹线间的距离	
		螺旋线形状偏差	$f_{f\beta}$	在计值范围内，包容实际螺旋线迹线的，与平均螺旋线迹线完全相同的两条曲线间的距离，且两条曲线与平均螺旋线迹线的距离为常数	
		螺旋线倾斜偏差	$f_{H\beta}$	在计值范围的两端与平均螺旋线迹线相交的两条设计螺旋线迹线间的距离	
	切向综合偏差	切向综合总偏差	F_i'	被测齿轮与测量齿轮单面啮合检验时，被测齿轮一转内，齿轮分度圆上实际圆周位移与理论圆周位移的最大差值	
		一齿切向综合偏差	f_i'	被测齿轮与测量齿轮单面啮合时，在被测齿轮一个齿距内，齿轮分度圆上实际圆周位移与理论圆周位移的最大差值	

（续）

对象	偏差名称		代号	定　义	标准号
齿轮	径向综合偏差	径向综合总偏差	F_i''	在径向（双面）综合检验时，产品齿轮的左右齿面同时与测量齿轮接触，并转过一整圈出现的中心距最大值和最小值之差	GB/T 10095.2—2008
		一齿径向综合偏差	f_i''	当产品齿轮啮合一整圈时，对应一个齿距的径向综合偏差值	
	径向圆跳动		F_r	当计量器测头（圆形、圆柱形等）相继置于每个齿槽内时，从它到齿轮轴线的最大和最小径向距离之差。检验中，测头在齿高中部附近与左右齿面接触	
齿轮副	中心距偏差		f_a	实际中心距与公称中心距之差	GB/Z 18620.3—2008
	轴线平行度偏差		$f_{\Sigma\delta}$ $f_{\Sigma\beta}$	又分轴线平面内的偏差 $f_{\Sigma\delta}$ 和垂直平面上的偏差 $f_{\Sigma\beta}$，分别是在两轴线的公共平面和与公共平面相垂直的"交错轴平面"上测量的	
	法向侧隙		j_{bn}	指装配好的齿轮副，当工作齿面接触时，非工作齿面之间的最小距离	
	齿厚偏差		E_{sns} E_{sni}	在分度圆柱面上，齿厚实际值与公称值之差。用 E_{sns} 和 E_{sni} 分别表示上、下极限偏差	GB/Z 18620.2—2008
	公法线平均长度偏差		E_{bns} E_{bni}	公法线长度平均值与公称值的差。用 E_{bns} 和 E_{bni} 分别表示上、下极限偏差	
	接触斑点			安装好的齿轮副，在轻微制动下，运转后齿面上分布的接触擦亮痕迹	GB/Z 18620.4—2008

二、精度等级及其选择

国家标准对齿轮及齿轮副规定了 13 个精度等级，其中第 0 级的精度最高，第 12 级的精度最低，见表 14-2。

表14-2　齿轮精度等级

标准号	偏差项目	精度等级	备　注
GB/T 10095.1	f_{pt}、F_{pk}、F_p、F_α、F_β、F_i'、f_i'	0 ~ 12	其中，0 ~ 2 级是待发展等级，3 ~ 5 级称高精度，6 ~ 8 级称中等精度，9 ~ 12 级称低精度
GB/T 10095.2	F_i''、f_i''	4 ~ 12	
	F_r	0 ~ 12	

齿轮的精度等级应根据传动的用途、工作条件以及其他技术要求决定。表 14-3 列出了部分齿轮精度的适用范围，表 14-4 列出了各种机械所采用的齿轮的精度等级，供选用时参考。

表14-3　圆柱齿轮精度的适用范围

精度等级	圆周速度/m·s^{-1}		工作条件与适用范围
	直齿	斜齿	
5 级	>20	>40	高平稳且低噪声的高速传动齿轮，精密机构中的齿轮，检测 8、9 级精度的齿轮
6 级	≤15	≤30	高速下平稳工作，需要高效率低噪声的齿轮；航空和汽车用齿轮；一般分度机构用的齿轮

（续）

精度等级	圆周速度/m·s⁻¹		工作条件与适用范围
	直齿	斜齿	
7级	≤10	≤15	在高速或大功率条件下工作的齿轮,机床进刀机构用齿轮,高速减速器用齿轮,读数装置中的齿轮
8级	≤6	≤10	一般机械中无特殊精度要求的齿轮;机床变速齿轮,汽车制造业中不重要的齿轮;冶金、起重机械的齿轮;农机中重要的齿轮
9级	≤2	≤4	没有精度要求的粗糙工作的齿轮,重载低速工作机械用的传力齿轮,农机齿轮

表 14-4　各种机械采用的齿轮的精度等级

适用范围	精度等级	适用范围	精度等级
测量齿轮	3~5	一般用途的减速器	6~9
汽车减速器	3~6	拖拉机	6~9
金属切削机床	3~8	轧钢机	6~10
航空发动机	4~7	矿用铰车	8~10
内燃机车与电动机车	6~7	起重机械	7~10
轻型汽车	5~8	农业机械	8~11
重型汽车	6~9		

三、齿轮的检验项目

齿轮偏差的检验项目,应从齿轮传动的质量控制要求出发,考虑测量工具和仪器状况,经济地选择确定。表 14-5 列出了常用齿轮偏差项目的检验组,设计时可参考选择。

表 14-5　齿轮偏差项目检验组

偏差项目	数值确定	说　明
$\pm f_{pt}$ 或 f_i'	表 14-6 或表 14-9	
F_p 或 F_i'	表 14-6	
F_α	表 14-7	
F_β	表 14-8	
E_{sns}、E_{sni} 或 E_{bns}、E_{bni}	表 14-16	大模数齿轮用 E_{sns}、E_{sni},中小模数齿轮用 E_{bns}、E_{bni}
$\pm F_{pk}$		当速度 $v > 15\text{m/s}$ 时加检
$\dfrac{F_i''^{①}}{f_i''^{①}}$ 或 $F_r^{②}$	表 14-10 或表 14-11	当模数 $m \leqslant 10\text{mm}$ 时用 F_i'' 和 f_i'',当模数 $m > 10\text{mm}$ 时用 F_r

① 主要用于大批量生产的齿轮且仅适用于产品齿轮同测量齿轮的运转检查。

② 主要用于检验需要在最小侧隙下运行的齿轮以及测量径向综合偏差的测量齿轮。

四、齿轮及齿轮副偏差数值（表 14-6 ~ 表 14-14）

表 14-6　单个齿距偏差 $\pm f_{pt}$ 值及齿距累积总偏差 F_p 值（摘自 GB/T 10095.1—2008）

（单位：μm）

分度圆直径 d/mm	模数 m/mm	精　度　等　级					
		5	6	7	8	9	10
5≤d≤20	0.5 < m ≤ 2	4.7(11)	6.5(16)	9.5(23)	13(32)	19(45)	26(64)
	2 < m ≤ 3.5	5.0(12)	7.5(17)	10(23)	15(33)	21(47)	29(66)

（续）

分度圆直径 d/mm	模数 m/mm	精 度 等 级					
		5	6	7	8	9	10
20 < d ≤ 50	0.5 < m ≤ 2	5.0(14)	7.0(20)	10(29)	14(41)	20(57)	28(81)
	2 < m ≤ 3.5	5.5(15)	7.5(21)	11(30)	15(42)	22(59)	31(84)
	3.5 < m ≤ 6	6.0(15)	8.5(22)	12(31)	17(44)	24(62)	34(87)
	6 < m ≤ 10	7.0(16)	10(23)	14(33)	20(46)	28(65)	40(93)
50 < d ≤ 125	0.5 < m ≤ 2	5.5(18)	7.5(26)	11(37)	15(52)	21(74)	30(104)
	2 < m ≤ 3.5	6.0(19)	8.5(27)	12(38)	17(53)	23(76)	33(107)
	3.5 < m ≤ 6	6.5(19)	9.0(28)	13(39)	18(55)	26(78)	36(110)
	6 < m ≤ 10	7.5(20)	10(29)	15(41)	21(58)	30(82)	42(116)
	10 < m ≤ 16	9.0(22)	13(31)	18(44)	25(62)	35(88)	50(124)
125 < d ≤ 280	0.5 < m ≤ 2	6.0(24)	8.5(35)	12(49)	17(69)	24(98)	34(138)
	2 < m ≤ 3.5	6.5(25)	9.0(35)	13(50)	18(70)	26(100)	36(141)
	3.5 < m ≤ 6	7.0(25)	10(36)	14(51)	20(72)	28(102)	40(144)
	6 < m ≤ 10	8.0(26)	11(37)	16(53)	23(75)	32(106)	45(149)
	10 < m ≤ 16	9.5(28)	13(39)	19(56)	27(79)	38(112)	53(158)
280 < d ≤ 560	0.5 < m ≤ 2	6.5(32)	9.5(46)	13(64)	19(91)	27(129)	38(182)
	2 < m ≤ 3.5	7.0(33)	10(46)	14(65)	20(92)	29(131)	41(185)
	3.5 < m ≤ 6	8.0(33)	11(47)	16(66)	22(94)	31(133)	44(188)
	6 < m ≤ 10	8.5(34)	12(48)	17(68)	25(97)	35(137)	49(193)
	10 < m ≤ 16	10(36)	14(50)	20(71)	29(101)	41(143)	58(202)
560 < d ≤ 1000	0.5 < m ≤ 2	7.5(41)	11(59)	15(83)	21(117)	30(166)	43(235)
	2 < m ≤ 3.5	8.0(42)	11(59)	16(84)	23(119)	32(168)	46(238)
	3.5 < m ≤ 6	8.5(43)	12(60)	17(85)	24(120)	35(170)	49(241)
	6 < m ≤ 10	9.5(44)	14(62)	19(87)	27(123)	38(174)	54(246)
	10 < m ≤ 16	11(45)	16(64)	22(90)	31(127)	44(180)	63(254)

注：括号内的数值为齿距累积总偏差 F_p 的数值。

表 14-7　齿廓总偏差 F_α 值（摘自 GB/T 10095.1—2008）　　　　（单位：μm）

分度圆直径 d/mm	模数 m/mm	精 度 等 级					
		5	6	7	8	9	10
5 ≤ d ≤ 20	0.5 < m ≤ 2	4.6	6.5	9.0	13.0	18.0	26.0
	2 < m ≤ 3.5	6.5	9.5	13.0	19.0	26.0	37.0
20 < d ≤ 50	0.5 < m ≤ 2	5.0	7.5	10.0	15.0	21.0	29.0
	2 < m ≤ 3.5	7.0	10.0	14.0	20.0	29.0	40.0
	3.5 < m ≤ 6	9.0	12.0	18.0	25.0	35.0	50.0
	6 < m ≤ 10	11.0	15.0	22.0	31.0	43.0	61.0

（续）

分度圆直径 d/mm	模数 m/mm	精 度 等 级					
		5	6	7	8	9	10
50 < d ≤ 125	0.5 < m ≤ 2	6.0	8.5	12.0	17.0	23.0	33.0
	2 < m ≤ 3.5	8.0	11.0	16.0	22.0	31.0	44.0
	3.5 < m ≤ 6	9.5	13.0	19.0	27.0	38.0	54.0
	6 < m ≤ 10	12.0	16.0	23.0	33.0	46.0	65.0
	10 < m ≤ 16	14.0	20.0	28.0	40.0	56.0	79.0
125 < d ≤ 280	0.5 < m ≤ 2	7.0	10.0	14.0	20.0	28.0	39.0
	2 < m ≤ 3.5	9.0	13.0	18.0	25.0	36.0	50.0
	3.5 < m ≤ 6	11.0	15.0	21.0	30.0	42.0	60.0
	6 < m ≤ 10	13.0	18.0	25.0	36.0	50.0	71.0
	10 < m ≤ 16	15.0	21.0	30.0	43.0	60.0	85.0
280 < d ≤ 560	0.5 < m ≤ 2	8.5	12.0	17.0	23.0	33.0	47.0
	2 < m ≤ 3.5	10.0	15.0	21.0	29.0	41.0	58.0
	3.5 < m ≤ 6	12.0	17.0	24.0	34.0	48.0	67.0
	6 < m ≤ 10	14.0	20.0	28.0	40.0	56.0	79.0
	10 < m ≤ 16	16.0	23.0	33.0	47.0	66.0	93.0
560 < d ≤ 1000	0.5 < m ≤ 2	10.0	14.0	20.0	28.0	40.0	56.0
	2 < m ≤ 3.5	12.0	17.0	24.0	34.0	48.0	67.0
	3.5 < m ≤ 6	14.0	19.0	27.0	38.0	54.0	77.0
	6 < m ≤ 10	16.0	22.0	31.0	44.0	62.0	88.0
	10 < m ≤ 16	18.0	26.0	36.0	51.0	72.0	102.0

表 14-8 螺旋线总偏差 F_β 值（摘自 GB/T 10095.1—2008） （单位：μm）

分度圆直径 d/mm	齿宽 b/mm	精 度 等 级					
		5	6	7	8	9	10
5 ≤ d ≤ 20	4 ≤ b ≤ 10	6.0	8.5	12	17	24	35
	10 < b ≤ 20	7.0	9.5	14	19	28	39
	20 < b ≤ 40	8.0	11	16	22	31	45
20 < d ≤ 50	4 ≤ b ≤ 10	6.5	9.0	13.0	18.0	25.0	36.0
	10 < b ≤ 20	7.0	10.0	14.0	20.0	29.0	40.0
	20 < b ≤ 40	8.0	11.0	16.0	23.0	32.0	46.0
	40 < b ≤ 80	9.5	13.0	19.0	27.0	38.0	54.0
50 < d ≤ 125	4 ≤ b ≤ 10	6.5	9.5	13.0	19.0	27.0	38.0
	10 < b ≤ 20	7.5	11.0	15.0	21.0	30.0	42.0
	20 < b ≤ 40	8.5	12.0	17.0	24.0	34.0	48.0
	40 < b ≤ 80	10.0	14.0	20.0	28.0	39.0	56.0
	80 < b ≤ 160	12.0	17.0	24.0	33.0	47.0	67.0

（续）

分度圆直径 d/mm	齿宽 b/mm	精度等级					
		5	6	7	8	9	10
125<d≤280	20≤b≤40	9.0	13.0	18.0	25.0	36.0	50.0
	40<b≤80	10.0	15.0	21.0	29.0	41.0	58.0
	80<b≤250	12.0	17.0	25.0	35.0	49.0	69.0
	160<b≤250	14.0	20.0	29.0	41.0	58.0	82.0
	250<b≤400	17.0	24.0	34.0	47.0	67.0	95.0
280<d≤560	40≤b≤80	11.0	15.0	22.0	31.0	44.0	62.0
	80<b≤160	13.0	18.0	26.0	36.0	52.0	73.0
	160<b≤250	15.0	21.0	30.0	43.0	60.0	85.0
	250<b≤400	17.0	25.0	35.0	49.0	70.0	98.0
	400<b≤650	20.0	29.0	41.0	58.0	82.0	115.0
560<d≤1000	80≤b≤160	14.0	19.0	27.0	39.0	55.0	77.0
	160<b≤250	16.0	22.0	32.0	45.0	63.0	90.0
	250<b≤400	18.0	26.0	36.0	51.0	73.0	103.0
	400<b≤650	21.0	30.0	42.0	60.0	85.0	120.0
	650<b≤1000	25.0	35.0	50.0	70.0	99.0	140.0

表 14-9　一齿切向综合偏差 f_i' 与 K 的比值（摘自 GB/T 10095.1—2008）（单位：μm）

分度圆直径 d/mm	模数 m/mm	精度等级					
		5	6	7	8	9	10
5≤d≤20	0.5<m≤2	14.0	19.0	27.0	38.0	54.0	77.0
	2<m≤3.5	16.0	23.0	32.0	45.0	64.0	91.0
20<d≤50	0.5<m≤2	14.0	20.0	29.0	41.0	58.0	82.0
	2<m≤3.5	17.0	24.0	34.0	48.0	68.0	96.0
	3.5<m≤6	19.0	27.0	38.0	54.0	77.0	108.0
	6<m≤10	22.0	31.0	44.0	63.0	89.0	125.0
50<d≤125	0.5<m≤2	16.0	22.0	31.0	44.0	62.0	88.0
	2<m≤3.5	18.0	25.0	36.0	51.0	72.0	102.0
	3.5<m≤6	20.0	29.0	40.0	57.0	81.0	115.0
	6<m≤10	23.0	33.0	47.0	66.0	93.0	132.0
	10<m≤16	27.0	38.0	54.0	77.0	109.0	154.0
125<d≤280	0.5<m≤2	17.0	24.0	34.0	49.0	69.0	97.0
	2<m≤3.5	20.0	28.0	39.0	56.0	79.0	111.0
	3.5<m≤6	22.0	31.0	44.0	62.0	88.0	124.0
	6<m≤10	25.0	35.0	50.0	70.0	100.0	141.0
	10<m≤16	29.0	41.0	58.0	82.0	115.0	163.0

（续）

分度圆直径	模数	精 度 等 级					
d/mm	m/mm	5	6	7	8	9	10
280 < d ≤ 560	0.5 < m ≤ 2	19.0	27.0	39.0	54.0	77.0	109.0
	2 < m ≤ 3.5	22.0	31.0	44.0	62.0	87.0	123.0
	3.5 < m ≤ 6	24.0	34.0	48.0	68.0	96.0	136.0
	6 < m ≤ 10	27.0	38.0	54.0	76.0	108.0	153.0
	10 < m ≤ 16	31.0	44.0	62.0	88.0	124.0	175.0
560 < d ≤ 1000	0.5 < m ≤ 2	22.0	31.0	44.0	62.0	87.0	123.0
	2 < m ≤ 3.5	24.0	34.0	49.0	69.0	97.0	137.0
	3.5 < m ≤ 6	27.0	38.0	53.0	75.0	106.0	150.0
	6 < m ≤ 10	30.0	42.0	59.0	84.0	118.0	167.0
	10 < m ≤ 16	33.0	47.0	67.0	95.0	134.0	189.0

注：f_i' 的偏差值，由表中值乘以 K 得出。当 $\varepsilon_\gamma < 4$ 时，$K = 0.2(\varepsilon_\gamma + 4)/\varepsilon_\gamma$；当 $\varepsilon_\gamma > 4$ 时，$K = 0.4$。ε_γ 为总重合度。

表 14-10　径向综合总偏差 F_i'' 值及一齿径向综合偏差 f_i'' 值（摘自 GB/T 10095.2—2008）

（单位：μm）

分度圆直径	法向模数	精 度 等 级					
d/mm	m_n/mm	5	6	7	8	9	10
5 ≤ d ≤ 20	1.0 < m_n ≤ 1.5	14(4.5)	19(6.5)	27(9.0)	38(13)	54(18)	76(25)
	1.5 < m_n ≤ 2.5	16(6.5)	22(9.5)	32(13)	45(19)	63(26)	89(37)
	2.5 < m_n ≤ 4.0	20(10)	28(14)	39(20)	56(29)	79(41)	112(58)
20 < d ≤ 50	1.0 < m_n ≤ 1.5	16(4.5)	23(6.5)	32(9.0)	45(13)	64(18)	91(25)
	1.5 < m_n ≤ 2.5	18(6.5)	26(9.5)	37(13)	52(19)	73(26)	103(37)
	2.5 < m_n ≤ 4.0	22(10)	31(14)	44(20)	63(29)	89(41)	126(58)
	4.0 < m_n ≤ 6.0	28(15)	39(22)	56(31)	79(43)	111(61)	157(87)
	6.0 < m_n ≤ 10.0	37(24)	52(34)	74(48)	104(67)	147(95)	209(135)
50 < d ≤ 125	1.0 < m_n ≤ 1.5	19(4.5)	27(6.5)	39(9.0)	55(13)	77(18)	109(26)
	1.5 < m_n ≤ 2.5	22(6.5)	31(9.5)	43(13)	61(19)	86(26)	122(37)
	2.5 < m_n ≤ 4.0	25(10)	36(14)	51(20)	72(29)	102(41)	144(58)
	4.0 < m_n ≤ 6.0	31(15)	44(22)	62(31)	88(44)	124(62)	176(87)
	6.0 < m_n ≤ 10.0	40(24)	57(34)	80(48)	114(67)	161(95)	227(135)
125 < d ≤ 280	1.0 < m_n ≤ 1.5	24(4.5)	34(6.5)	48(9.0)	68(13)	97(18)	137(26)
	1.5 < m_n ≤ 2.5	26(6.5)	37(9.5)	53(13)	75(19)	106(27)	149(38)
	2.5 < m_n ≤ 4.0	30(10)	43(15)	61(21)	86(29)	121(41)	172(58)
	4.0 < m_n ≤ 6.0	36(15)	51(22)	72(31)	102(44)	144(62)	203(87)
	6.0 < m_n ≤ 10.0	45(24)	64(34)	90(48)	127(67)	180(95)	255(135)
280 < d ≤ 560	1.0 < m_n ≤ 1.5	30(4.5)	43(6.5)	61(9.0)	86(13)	122(18)	172(26)

（续）

分度圆直径 d/mm	法向模数 m_n/mm	精 度 等 级					
		5	6	7	8	9	10
280 < d ≤ 560	1.5 < m_n ≤ 2.5	33(6.5)	46(9.5)	65(13)	92(19)	131(27)	185(38)
	2.5 < m_n ≤ 4.0	37(10)	52(15)	73(21)	104(29)	146(41)	207(59)
	4.0 < m_n ≤ 6.0	42(15)	60(22)	84(31)	119(44)	169(62)	239(88)
	6.0 < m_n ≤ 10.0	51(24)	73(34)	103(48)	145(68)	205(96)	290(135)
560 < d ≤ 1000	1.5 < m_n ≤ 2.5	40(7.0)	57(9.5)	80(14)	114(19)	161(27)	228(38)
	2.5 < m_n ≤ 4.0	44(10)	62(15)	88(21)	125(30)	177(42)	250(59)
	4.0 < m_n ≤ 6.0	50(16)	70(22)	99(31)	141(44)	199(62)	281(88)
	6.0 < m_n ≤ 10.0	59(24)	83(34)	118(48)	166(68)	235(96)	333(136)

注：1. 表中括号内的数值为一齿径向综合偏差 f_i'' 的数值。

2. 表中数值可直接用于直齿轮。对于斜齿轮，因纵向重合度 ε_β 会影响径向综合测量的结果，应按采购方和供方的协议使用，测量时，应使测量齿轮的齿宽与产品齿轮啮合时的 ε_β 小于或等于0.5。

表 14-11　径向圆跳动公差 F_r 值（摘自 GB/T 10095.2—2008）　　　　（单位：μm）

分度圆直径 d/mm	法向模数 m_n/mm	精 度 等 级					
		5	6	7	8	9	10
5 ≤ d ≤ 20	0.5 ≤ m_n ≤ 2	9.0	13	18	25	36	51
	2 < m_n ≤ 3.5	9.5	13	19	27	38	53
20 < d ≤ 50	0.5 ≤ m_n ≤ 2	11	16	23	32	46	65
	2 < m_n ≤ 3.5	12	17	24	34	47	67
	3.5 < m_n ≤ 6	12	17	25	35	49	70
	6 < m_n ≤ 10	13	19	26	37	52	74
50 < d ≤ 125	0.5 ≤ m_n ≤ 2	15	21	29	42	59	83
	2 < m_n ≤ 3.5	15	21	30	43	61	86
	3.5 < m_n ≤ 6	16	22	31	44	62	88
	6 < m_n ≤ 10	16	23	33	46	65	92
	10 < m_n ≤ 16	18	25	35	50	70	99
125 < d ≤ 280	0.5 ≤ m_n ≤ 2	20	28	39	55	78	110
	2 < m_n ≤ 3.5	20	28	40	56	80	113
	3.5 < m_n ≤ 6	20	29	41	58	82	115
	6 < m_n ≤ 10	21	30	42	60	85	120
	10 < m_n ≤ 16	22	32	45	63	89	126
280 < d ≤ 560	0.5 ≤ m_n ≤ 2	26	36	51	73	103	146
	2 < m_n ≤ 3.5	26	37	52	74	105	148
	3.5 < m_n ≤ 6	27	38	53	75	106	150
	6 < m_n ≤ 10	27	39	55	77	109	155
	10 < m_n ≤ 16	29	40	57	81	114	161

（续）

分度圆直径 d/mm	法向模数 m_n/mm	精 度 等 级					
		5	6	7	8	9	10
560 < d ≤ 1000	0.5 ≤ m_n ≤ 2	33	47	66	94	133	188
	2 < m_n ≤ 3.5	34	48	67	95	134	190
	3.5 < m_n ≤ 6	34	48	68	96	136	193
	6 < m_n ≤ 10	35	49	70	98	139	197
	10 < m_n ≤ 16	36	51	72	102	144	204

表 14-12　中心距允许偏差 ±f_a 值　　　　　（单位：μm）

齿轮副的中心距 a/mm		齿轮精度等级		
大于	到	5、6	7、8	9、10
10	18	9	13.5	21.5
18	30	10.5	16.5	26
30	50	12.5	19.5	31
50	80	15	23	37
80	120	17.5	27	43.5
120	180	20	31.5	50
180	250	23	36	57.5
250	315	26	40.5	65
315	400	28.5	44.5	70
400	500	31.5	48.5	77.5
500	630	35	55	87
630	800	40	62	100
800	1000	45	70	115
1000	1250	52	82	130

表 14-13　轴线平行度公差的最大推荐值（摘自 GB/Z 18620.3—2008）

名　　称	计 算 公 式
垂直平面上的轴线平行度公差	$f_{\Sigma\beta} = 0.5 \dfrac{L}{b} F_\beta$
轴线平面内的轴线平行度公差	$f_{\Sigma\delta} = 2f_{\Sigma\beta}$

注：表中 b 为齿宽（mm），L 为齿轮副两轴中较大轴承跨距（mm），F_β 为螺旋线总偏差（μm）。

表 14-14　直齿轮及斜齿轮装配后的接触斑点（摘自 GB/Z 18620.4—2008）

精度等级	接触斑点的较大长度占齿宽方向的百分比（%）	接触斑点的较小长度占齿宽方向的百分比（%）	接触斑点的较大高度占齿高方向的百分比（%）	接触斑点的较小高度占齿高方向的百分比（%）
	直齿轮（斜齿轮）			
5 和 6	45(45)	35(35)	50(40)	30(20)
7 和 8	35(35)	35(35)	50(40)	30(20)
9 至 12	25(25)	25(25)	50(40)	30(20)

注：1. 括号内的数值为斜齿轮的数值。

2. 表中数值对齿廓和螺旋线修形的齿轮不适用。

五、齿轮副的侧隙规定

侧隙的大小主要决定于齿厚和中心距。国标将齿轮副的侧隙规定为基中心距制，即通过固定齿轮副的中心距极限偏差，选择不同的齿轮齿厚极限偏差，从而获得不同大小的齿轮副侧隙。对于用钢铁材料制造的齿轮和箱体，节圆线速度小于 15m/s，箱体、轴和轴承均采用常用的制造公差时，工业传动装置的最小侧隙见表 14-15。

表 14-15　中、大模数齿轮最小侧隙 j_{bnmin} 的推荐值（摘自 GB/Z 18620.2—2008）

（单位：mm）

法向模数	最小中心距 a_i/mm					
m_n/mm	50	100	200	400	800	1600
1.5	0.09	0.11	—	—	—	—
2	0.10	0.12	0.15	—	—	—
3	0.12	0.14	0.17	0.24	—	—
5	—	0.18	0.21	0.28	—	—
8	—	0.24	0.27	0.34	0.47	—
12	—	—	0.35	0.42	0.55	—
18	—	—	—	0.54	0.67	0.94

注：表中的数值也可用 $j_{bnmin} = \dfrac{2}{3}(0.06 + 0.0005a_i + 0.03m_n)$ 计算。

齿厚的上、下极限偏差都应使齿厚减薄，可以根据使用情况进行选择。控制齿厚的方法有两种，即通过测量弦齿厚或测量公法线长度来控制齿厚。表 14-16 列出了齿厚及其偏差和公法线长度及其偏差的确定方法，供设计时参考。

表 14-16　标准齿轮齿厚及其偏差、公法线长度及其偏差的确定

项　目			计　算　公　式
齿厚	公称值	分度圆弦齿厚	$s_{nc} = m_n z \sin\left(\dfrac{\pi}{2z}\right)$
		分度圆弦齿高	$h_c = \dfrac{1}{2}\left[d_a - m_n z \cos\left(\dfrac{\pi}{2z}\right)\right]$
	极限偏差	齿厚上极限偏差	$E_{sns}^{①} = -\dfrac{j_{bnmin}}{2\cos\alpha_n}$
			式中，j_{bnmin} 是最小侧隙，可查表 14-15
		齿厚下极限偏差	$E_{sni} = E_{sns} - T_{sn}$
			式中，T_{sn} 是齿厚公差，$T_{sn} = 2\tan\alpha_n\sqrt{b_r^2 + F_r^2}$；$b_r$ 是径向进刀公差，查表 14-17；F_r 是径向圆跳动公差，查表 14-11
公法线	公称值	公法线长度	W_k 可参考表 14-18、表 14-19 及表 14-20 确定
	极限偏差	公法线长度上极限偏差	$E_{bns} = E_{sns}\cos\alpha_n$
		公法线长度下极限偏差	$E_{bni} = E_{sni}\cos\alpha_n$

① 按一对啮合齿轮齿厚上偏差相等时的情况考虑。

表 14-17　齿轮切齿时的径向进刀公差 b_r 值

精度等级	4	5	6	7	8	9	10
b_r	1.26IT7	IT8	1.26IT8	IT9	1.26IT9	IT10	1.26IT10

注：标准公差 IT 值按齿轮分度圆直径查表 13-1。

表 14-18 公法线长度 W_k^* 值 ($m=1$mm, $\alpha=20°$)

齿轮齿数 z	跨测齿数 k	公法线长度 W_k^*/mm	齿轮齿数 z	跨测齿数 k	公法线长度 W_k^*/mm	齿轮齿数 z	跨测齿数 k	公法线长度 W_k^*/mm	齿轮齿数 z	跨测齿数 k	公法线长度 W_k^*/mm
4	2	4.484 2	39	5	13.830 8	74	9	26.129 5	109	13	38.428 2
5	2	4.494 2	40	5	13.844 8	75	9	26.143 5	110	13	38.442 2
6	2	4.512 2	41	5	13.858 8	76	9	26.157 5	111	13	38.456 2
7	2	4.526 2	42	5	13.872 8	77	9	26.171 5	112	13	38.470 2
8	2	4.540 2	43	5	13.886 8	78	9	26.185 5	113	13	38.484 2
9	2	4.554 2	44	5	13.900 8	79	9	26.199 5	114	13	38.498 2
10	2	4.568 3	45	6	16.867 0	80	9	26.213 5	115	13	38.512 2
11	2	4.582 3	46	6	16.881 0	81	10	29.179 7	116	13	38.526 2
12	2	4.596 3	47	6	16.895 0	82	10	29.193 7	117	14	41.492 4
13	2	4.610 3	48	6	16.909 0	83	10	29.207 7	118	14	41.506 4
14	2	4.624 3	49	6	16.923 0	84	10	29.221 7	119	14	41.520 4
15	2	4.638 3	50	6	16.937 0	85	10	29.235 7	120	14	41.534 4
16	2	4.652 3	51	6	16.951 0	86	10	29.249 7	121	14	41.548 4
17	2	4.666 3	52	6	16.966 0	87	10	29.263 7	122	14	41.562 4
18	3	7.632 4	53	6	16.979 0	88	10	29.277 7	123	14	41.576 4
19	3	7.646 4	54	7	19.945 2	89	10	29.291 7	124	14	41.590 4
20	3	7.660 4	55	7	19.959 1	90	11	32.257 9	125	14	41.604 4
21	3	7.674 4	56	7	19.973 1	91	11	32.271 8	126	15	44.570 6
22	3	7.688 4	57	7	19.987 1	92	11	32.285 8	127	15	44.584 6
23	3	7.702 4	58	7	20.001 1	93	11	32.299 8	128	15	44.598 6
24	3	7.716 5	59	7	20.015 2	94	11	32.313 6	129	15	44.612 6
25	3	7.730 5	60	7	20.029 2	95	11	32.327 9	130	15	44.626 6
26	3	7.744 5	61	7	20.043 2	96	11	32.341 9	131	15	44.640 6
27	4	10.710 6	62	7	20.057 2	97	11	32.355 9	132	15	44.654 6
28	4	10.724 6	63	8	23.022 3	98	11	32.369 9	133	15	44.668 6
29	4	10.738 6	64	8	23.037 3	99	12	35.336 1	134	15	44.682 6
30	4	10.752 6	65	8	23.051 3	100	12	35.350 0	135	16	47.649 0
31	4	10.766 6	66	8	23.065 3	101	12	35.364 0	136	16	47.662 7
32	4	10.780 6	67	8	23.079 3	102	12	35.378 0	137	16	47.676 7
33	4	10.794 6	68	8	23.093 3	103	12	35.392 0	138	16	47.690 7
34	4	10.808 6	69	8	23.107 3	104	12	35.406 0	139	16	47.704 7
35	4	10.822 6	70	8	23.121 3	105	12	35.420 0	140	16	47.718 7
36	5	13.788 8	71	8	23.135 3	106	12	35.434 0	141	16	47.732 7
37	5	13.802 8	72	9	26.101 5	107	12	35.448 1	142	16	47.740 8
38	5	13.816 8	73	9	26.115 5	108	13	38.414 2	143	16	47.760 8

（续）

齿轮齿数 z	跨测齿数 k	公法线长度 W_k^*/mm	齿轮齿数 z	跨测齿数 k	公法线长度 W_k^*/mm	齿轮齿数 z	跨测齿数 k	公法线长度 W_k^*/mm	齿轮齿数 z	跨测齿数 k	公法线长度 W_k^*/mm
144	17	50.727 0	159	18	53.889 1	173	20	59.989 4	187	21	63.137 6
145	17	50.740 9	160	18	53.903 1	174	20	60.003 4	188	21	63.151 6
146	17	50.754 9	161	18	53.917 1	175	20	60.017 4	189	22	66.117 9
147	17	50.768 9	162	19	56.883 3	176	20	60.031 4	190	22	66.131 8
148	17	50.782 9	163	19	56.897 2	177	20	60.045 5	191	22	66.145 8
149	17	50.796 9	164	19	56.911 3	178	20	60.059 5	192	22	66.159 8
150	17	50.810 9	165	19	56.925 3	179	20	60.073 5	193	22	66.173 8
151	17	50.824 9	166	19	56.939 3	180	21	63.039 7	194	22	66.187 8
152	17	50.838 9	167	19	56.953 3	181	21	63.053 6	195	22	66.201 8
153	18	53.805 1	168	19	56.967 3	182	21	63.067 6	196	22	66.215 8
154	18	53.819 1	169	19	56.981 3	183	21	63.081 6	197	22	66.229 8
155	18	53.833 1	170	19	56.995 3	184	21	63.095 6	198	23	69.196 1
156	18	53.847 1	171	20	59.961 4	185	21	63.109 9	199	23	69.210 1
157	18	53.861 1	172	20	59.975 4	186	21	63.123 6	200	23	66.224 1
158	18	53.875 1									

注：1. 对标准直齿圆柱齿轮，公法线长度 $W_k = W_k^* m$，W_k^* 为 $m = 1 \text{mm}$、$\alpha = 20°$ 的公法线长度。

2. 对变位直齿圆柱齿轮，当变位系数较小，$|x| < 0.3$，跨测齿数 k 不变，按照上表查出，而公法线长度 $W_k = (W_k^* + 0.084x) m$，x 为变位系数；

当变位系数 x 较大，$|x| > 0.3$ 时跨测齿数为 k'，可按下式计算

$$k' = z \frac{\alpha_x}{180°} + 0.5, \quad \alpha_x = \arccos \frac{2d \cos\alpha}{d_a + d_i}$$

其中公法线长度为

$$W_k = [2.9521(k' - 0.5) + 0.0142 + 0.684x] m$$

3. 斜齿轮的公法线长度 W_{nk} 在法面内测量，其值也可按上表确定，但必须根据假想齿数 z' 查表，z' 可按下式计算

$$z' = kz$$

式中，k 为与分度圆柱上齿的螺旋角 β 有关的假想齿数系数，见表 14-19。

假想齿数常非整数，其小数部分 $\Delta z'$ 所对应的公法线长度 ΔW_n^* 可查表 14-20。

故总的公法线长度为

$$W_{nk} = (W_k^* + \Delta W_n^*) m_n$$

式中，m_n 为法面模数；W_k^* 为与假想齿数 z' 整数部分相对应的公法线长度，见表 14-18。

表 14-19　假想齿数系数 k

β	k	差值	β	k	差值	β	k	差值
6°	1.016	0.006	11°	1.054	0.011	16°	1.119	0.017
7°	1.022	0.006	12°	1.065	0.012	17°	1.136	0.018
8°	1.028	0.008	13°	1.077	0.013	18°	1.154	0.019
9°	1.036	0.009	14°	1.090	0.014	19°	1.173	0.024
10°	1.045		15°	1.114		20°	1.194	

表 14-20　公法线长度 ΔW_n^* 值

$\Delta z'$	0.00	0.01	0.02	0.03	0.04	0.05	0.06	0.07	0.08	0.09
0.0	0.000 0	0.000 1	0.000 3	0.000 4	0.000 6	0.000 7	0.000 8	0.001 0	0.001 1	0.001 3
0.1	0.001 4	0.001 5	0.001 7	0.001 8	0.002 0	0.002 1	0.002 2	0.002 4	0.002 5	0.002 7
0.2	0.002 8	0.002 9	0.003 1	0.003 2	0.003 4	0.003 5	0.003 6	0.003 8	0.003 9	0.004 1
0.3	0.004 2	0.004 3	0.004 5	0.004 6	0.004 8	0.004 9	0.005 1	0.005 2	0.005 3	0.005 5
0.4	0.005 6	0.005 7	0.005 9	0.006 0	0.006 1	0.006 3	0.006 4	0.006 6	0.006 7	0.006 9
0.5	0.007 0	0.007 1	0.007 3	0.007 4	0.007 6	0.007 7	0.007 9	0.008 0	0.008 1	0.008 3
0.6	0.008 4	0.008 5	0.008 7	0.008 8	0.008 9	0.009 1	0.009 2	0.009 4	0.009 5	0.009 7
0.7	0.009 8	0.009 9	0.010 1	0.010 2	0.010 4	0.010 5	0.010 6	0.010 8	0.010 9	0.011 1
0.8	0.011 2	0.011 4	0.011 5	0.011 6	0.011 8	0.011 9	0.012 0	0.012 2	0.012 3	0.012 4
0.9	0.012 6	0.012 7	0.012 9	0.013 0	0.013 2	0.013 3	0.013 5	0.013 6	0.013 7	0.013 9

注：查取示例：$\Delta z' = 0.43$ 时，由本表查得 $\Delta W_n^* = 0.006\ 0$。

六、精度的图样标注

在齿轮工作图上，关于齿轮精度等级和齿厚偏差标注方法如下：

若齿轮所有的偏差项目精度为同一等级时，可只标注精度等级和标准号。如齿轮偏差项目精度同为 7 级，则可标注为：

7GB/T 10095.1—2008 或 7GB/T 10095.2—2008

若齿轮的各个偏差项目的精度不同时，应在各精度等级后标出相应的偏差项目代号。如齿廓总偏差 F_a 为 6 级，齿距累积总偏差 F_p 和螺旋线总偏差 F_β 为 7 级，则应标注为：

$$6(F_a)、7(F_p、F_\beta)\,\text{GB/T}\ 10095.1—2008$$

齿厚偏差标注是在齿轮工作图右上角的参数表中标出其公差值和极限偏差。

七、圆柱齿轮的齿坯公差

圆柱齿轮毛坯上要注明：基准面的形状公差，安装面的跳动公差，齿轮孔、轴颈和顶圆柱面的尺寸和跳动公差及各加工表面的粗糙度要求。根据 GB/Z 18620.3—2008 的规定，上述公差要求可查表 14-21 ~ 表 14-25。

表 14-21　基准面的形状公差

基准轴线的确定	基准面的公差要求		
	圆度	圆柱度	平面度
用两个"短的"圆柱或圆锥形基准面确定基准轴线 注：A 和 B 是预定的轴承安装表面	$0.04\,\dfrac{L}{b}F_\beta$ 或 $0.1F_p$ 取两者中的较小值		

（续）

基准轴线的确定	基准面的公差要求		
	圆度	圆柱度	平面度
用一个"长的"圆柱或圆锥形基准面确定基准轴线 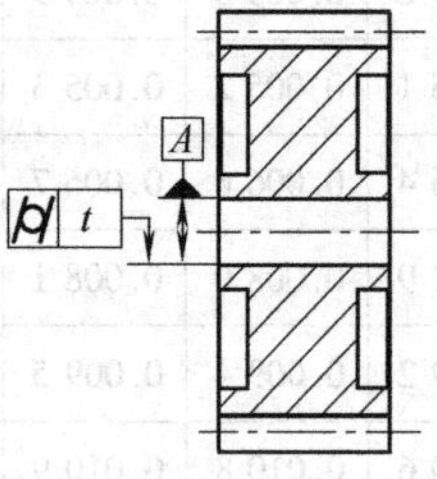		$0.04\dfrac{L}{b}F_\beta$ 或 $0.1F_p$ 取两者中的较小值	
用一个"短的"圆柱形基准面和一个与其垂直的基准端面确定基准轴线 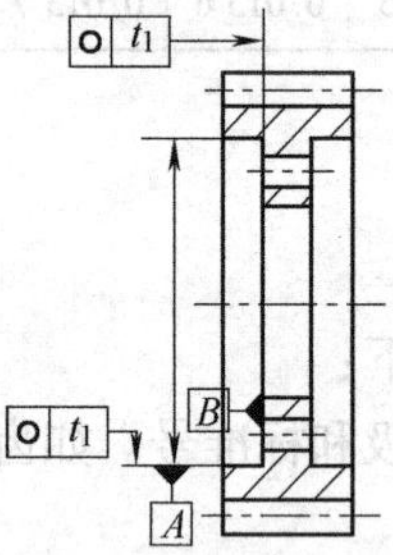	$0.06F_p$		$0.06\dfrac{D_d}{b}F_\beta$

注：表中 b——齿宽（mm），D_d——基准面直径（mm），L——齿轮副两轴中较大的轴承跨距（mm），F_p——齿距累积总偏差（μm），F_β——螺旋线总偏差（μm）。

表 14-22　安装面的跳动公差

轴线的基准面确定	跳 动 量	
	径向	轴向
仅有单一的圆柱或圆锥形基准面	$0.15\dfrac{L}{b}F_\beta$ 或 $0.3F_p$ 取两者中的较大值	
有一个圆柱基准面和一个端面基准面	$0.3F_p$	$0.2\dfrac{D_d}{b}F_\beta$

注：表中 b——齿宽（mm），D_d——基准面直径（mm），L——齿轮副两轴中较大的轴承跨距（mm），F_p——齿距累积总偏差（μm），F_β——螺旋线总偏差（μm）。

表 14-23　齿轮孔、轴颈和顶圆柱面的尺寸公差

齿轮精度等级	6	7	8	9
孔	IT6	IT7		IT8
轴颈	IT5	IT6		IT7
顶圆柱面	IT8			IT9

注：1. 当齿轮各参数精度等级不同时，按最高的精度等级确定公差值。

2. 当顶圆不作测量齿厚基准时，尺寸公差可按 IT11 给定，但不大于 $0.1m_n$。

表 14-24　齿面的表面粗糙度（Ra）推荐值（摘自 GB/Z 18620.4—2008）

（单位：μm）

模数 m/mm	精 度 等 级							
	5	6	7	8	9	10	11	12
$m \leqslant 6$	0.5	0.8	1.25	2.0	3.2	5.0	10.0	20.0
$6 < m \leqslant 25$	0.63	1.00	1.6	2.5	4.0	6.3	12.5	25.0
$m > 25$	0.8	1.25	2.0	3.2	5.0	8.0	16.0	32.0

表 14-25　齿坯其他表面粗糙度（Ra）推荐值　　（单位：μm）

齿轮精度等级	6	7	8	9
基准孔	1.25	1.25 ~ 2.5		5
基准轴颈	0.63	1.25	2.5	
基准端面	2.5 ~ 5		5	
顶圆柱面	5			

第二节　锥齿轮和准双曲面齿轮精度

一、锥齿轮、齿轮副误差及侧隙的定义和代号（表 14-26）

国家标准 GB/T 11365—1989《锥齿轮和准双曲面齿轮精度》规定了锥齿轮及齿轮副的误差、定义、代号、精度等级、齿坯要求、检验与公差、侧隙和图样标注。

该标准适用于中点法向模数 $m_n \geqslant 1mm$，中点分度圆直径小于 400mm 的直齿、斜齿、曲线齿锥齿轮和准双曲面齿轮及其齿轮副。

表 14-26　锥齿轮、齿轮副误差及侧隙的定义和代号

名　称	代　号	定　义
切向综合误差 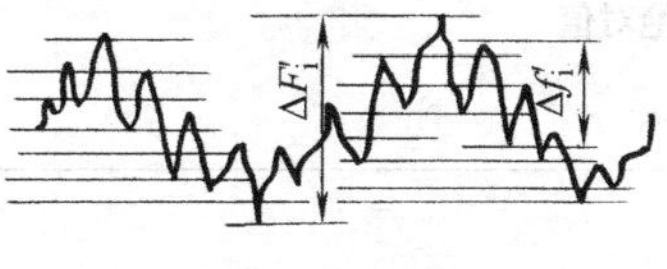 切向综合公差	$\Delta F_i'$ F_i'	被测齿轮与理想精确的测量齿轮按规定的安装位置单面啮合时，在被测齿轮一转内，实际转角与理论转角之差的总幅度值，以齿宽中点分度圆弧长计
轴交角综合误差 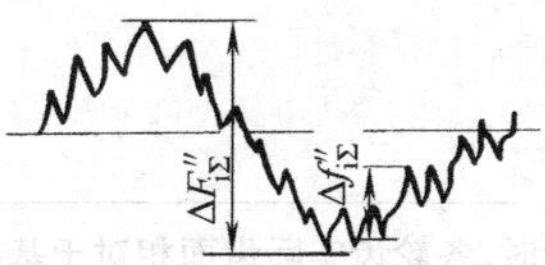 轴交角综合公差	$\Delta F_\Sigma''$ F_Σ''	被测齿轮与理想精确的测量齿轮在分锥顶点重合的条件下双面啮合时，在被测齿轮一转内，齿轮副轴交角的最大变动量，以齿宽中点处线值计

（续）

名　称	代　号	定　义
周期误差	$\Delta f'_{zk}$	被测齿轮与理想的精确测量齿轮按规定的安装位置单面啮合时,在被测齿轮一转内,二次(包括二次)以上各次谐波的总幅度值
周期公差	f'_{zk}	
k 个齿距累积误差	ΔF_{pk}	在中点分度圆①上,k 个齿距的实际弧长与公称弧长之差的最大绝对值。k 为 2 到 $z/2$ 的整数
k 个齿距累积公差	F_{pk}	
齿距偏差	Δf_{pt}	在中点分度圆①上,实际齿距与公称齿距之差
齿距极限偏差 上极限偏差 下极限偏差	$+f_{pt}$ $-f_{pt}$	
一齿切向综合误差	$\Delta f'_i$	被测齿轮与理想精确的测量齿轮按规定的安装位置单面啮合时,在被测齿轮一齿距角内,实际转角与理论转角之差的最大幅度值,以齿宽中点分度圆弧长计
一齿切向综合公差	f'_i	
一齿轴交角综合误差	$\Delta f''_{i\Sigma}$	被测齿轮与理想精确的测量齿轮在分锥顶点重合的条件下双面啮合时,在被测齿轮一齿距角内,齿轮副轴交角的最大变动量,以齿宽中点处线值计
一齿轴交角综合公差	$f''_{i\Sigma}$	
齿距累积误差	ΔF_p	在中点分度圆①上,任意两个同侧齿面间的实际弧长与公称弧长之差的最大绝对值
齿距累积公差	F_p	
齿圈跳动误差	ΔF_r	齿轮在一转范围内,测头在齿槽内与齿面中部双面接触时,沿分锥法向相对齿轮轴线的最大变动量
齿圈跳动公差	F_r	
齿形相对误差	Δf_c	齿轮绕工艺轴线旋转时,各轮齿实际齿面相对于基准实际齿面传递运动的转角之差。以齿宽中点处线值计
齿形相对公差	f_c	

（续）

名　称	代　号	定　义
齿厚偏差	$\Delta E_{\bar{s}}$	
齿厚极限偏差		
上极限偏差	$E_{\bar{s}s}$	齿轮中点法向弦齿厚的实际值与公称值之差
下极限偏差	$E_{\bar{s}i}$	
公　差	$T_{\bar{s}}$	
齿轮副一齿切向综合误差	$\Delta f'_{ic}$	齿轮副按规定的安装位置单面啮合时,在一齿距角内,一个齿轮相对于另一个齿轮的实际转角与理论转角之差的最大值。在整周期[②]内取值,以齿宽中点分度圆弧长计
齿轮副一齿切向综合公差	f'_{ic}	
齿轮副一齿轴交角综合误差	$\Delta f''_{i\Sigma c}$	齿轮副在分锥顶点重合条件下双面啮合时,在一齿距角内,轴交角的最大变动量。在整周期内取值,以齿宽中点处线值计
齿轮副一齿轴交角综合公差	$f''_{i\Sigma c}$	
齿轮副齿频周期误差	$\Delta f'_{zzc}$	齿轮副按规定的安装位置单面啮合时,以齿数为频率的谐波的总幅度值
齿轮副齿频周期公差	f'_{zzc}	
齿轮副侧隙	j_t	
 圆周侧隙 △ A—A放大 		齿轮副按规定的位置安装后,在其中一个齿轮固定时,另一个齿轮从工作齿面接触到非工作齿面接触所转过的齿宽中点分度圆弧长
齿轮副切向综合误差	$\Delta F'_{ic}$	齿轮副按规定的安装位置单面啮合时,在转动的整周期[②]内,一个齿轮相对另一个齿轮的实际转角与理论转角之差的总幅度值。以齿宽中点分度圆弧长计
齿轮副切向综合公差	F'_{ic}	
齿轮副轴交角综合误差	$\Delta F''_{i\Sigma c}$	齿轮副在分锥顶点重合条件下双面啮合时,在转动的整周期内,轴交角的最大变动量。以齿宽中点处线值计
齿轮副轴交角综合公差	$F''_{i\Sigma c}$	
齿轮副周期误差	$\Delta f'_{zkc}$	齿轮副按规定的安装位置单面啮合时,在大轮一转范围内,二次(包括二次)以上各次谐波的总幅度值
齿轮副周期公差	f'_{zkc}	
接触斑点 	—	安装好的齿轮副(或被测齿轮与测量齿轮)在轻微力的制动下运转后,齿面上留下的接触痕迹。接触斑点包括形状、位置和大小三方面的要求 接触痕迹的大小按百分比确定: 沿齿宽方向——接触痕迹长度 b'' 与工作长度 b' 之比的百分数,即 $\dfrac{b''}{b'} \times 100\%$ 沿齿高方向——接触痕迹高度 h'' 与接触痕迹中部的工作齿高 h' 之比的百分数,即 $\dfrac{h''}{h'} \times 100\%$

（续）

名　称	代　号	定　义
法向侧隙 ～C向放大 B—B	j_n	齿轮副按规定的位置安装后,工作齿面接触时,非工作齿面间的最小距离,以齿宽中点处计 $j_n = j_{t cos\beta cos\alpha}$
最小圆周侧隙 最大圆周侧隙 最小法向侧隙 最大法向侧隙	j_{tmin} j_{tmax} j_{nmin} j_{nmax}	
齿圈轴向位移 齿圈轴向位移极限偏差 　上极限偏差 　下极限偏差	Δf_{AM} $+f_{AM}$ $-f_{AM}$	齿轮装配后,齿圈相对于滚动检查机上确定的最佳啮合位置的轴向位移量
齿轴副轴交角偏差 齿轮副轴交角极限偏差 　上极限偏差 　下极限偏差	ΔE_Σ $+E_\Sigma$ $-E_\Sigma$	齿轮副实际轴交角与公称轴交角之差,以齿宽中点处线值计
齿轮副侧隙变动量 齿轮副侧隙变动公差	ΔF_{vj} F_{vj}	齿轮副按规定的位置安装后,在转动的整周期内,法向侧隙的最大值与最小值之差
齿轮副轴间距偏差 齿轮副轴间距极限偏差 　上极限偏差 　下极限偏差	Δf_a $+f_a$ $-f_a$	齿轮副实际轴间距与公称轴间距之差

① 允许在齿面中部测量。

② 齿轮副转动整周期按 $n_2 = z_1/x$ 计算,其中 n_2 为大轮转数, z_1 为小轮齿数, x 为大、小齿轮的最大公约数。

二、精度等级及其选择

GB/T 11365—1989《锥齿轮和准双曲面齿轮精度》对渐开线锥齿轮及齿轮副规定 12 个精度等级，其中第 1 级的精度最高，第 12 级的精度最低。

按照误差的特性及它们对传动性能的影响，将锥齿轮和齿轮副的公差项目分成三个公差组，见表 14-27。根据使用要求，允许各公差组选用不同的精度等级。但对齿轮副中大、小齿轮的同一公差组，应规定同一精度等级。

表 14-27　锥齿轮各项公差的分组

公差组	检验对象	公差与极限偏差项目	误差特性	对运动性能的影响
I	齿轮	F_i''、F_{iz}''、F_p、F_{pk}、F_r	以齿轮一转为周期的误差	传递运动的准确性
	齿轮副	F_{ic}''、$F_{i\Sigma c}''$、F_{vj}		
II	齿轮	f_i'、f_{iz}''、f_{zk}'、f_{pt}、f_c	在齿轮一周内，多次周期的重复出现的误差	传动的平稳性
	齿轮副	f_{ic}'、$f_{i\Sigma c}''$、f_{zkc}'、f_{zzc}'、f_{AM}		
III	齿轮	接触斑点	齿向线的误差	载荷分布的均匀性
	齿轮副	接触斑点 f_a		

齿轮精度应根据传动用途、使用条件、传递的功率、圆周速度以及其他技术要求确定。锥齿轮第 II 公差组的精度主要根据锥齿轮平均直径的圆周速度确定，如表 14-28。

表 14-28　锥齿轮第 II 公差组的精度等级的选择

第 II 公差组	直　齿		非　直　齿	
	齿面 HBW ≤ 350	齿面 HBW > 350	齿面 HBW ≤ 350	齿面 HBW > 350
	圆周速度/m·s⁻¹ ≤			
7	7	6	16	13
8	4	3	9	7
9	3	2.5	6	5

注：此表不属于国家标准内容，仅供参考。

三、齿轮精度的检验项目及公差

锥齿轮及齿轮副的检验项目应根据工作要求和生产规模来决定或按供需双方协商确定。对于一般齿轮传动的 7、8、9 级精度，推荐的检验项目见表 14-29。

表 14-29　齿轮和齿轮副推荐的检验项目

	公差组	检验对象	精度等级		
			7	8	9
齿轮	第 I 公差组	直齿	F_i'、$F_{i\Sigma}''$、F_p		$F_{i\Sigma}''$
		斜齿、曲齿	F_i'、F_p		$F_{i\Sigma}''$
	第 II 公差组	直齿	f_i'、$f_{i\Sigma}''$、f_{zk}'、f_{pt}		
		斜齿、曲齿	f_i'、f_{zk}'、f_{pt}		$\Delta f_{i\Sigma}''$
	第 III 公差组	直、斜、曲齿	接触斑点		
	侧隙	直、斜、曲齿	$E_{\bar{s}s}$ 及 $E_{\bar{s}i}$（或 $E_{\bar{s}s}$ 及 $T_{\bar{s}}$）		

（续）

公差组	检验对象	精度等级		
		7	8	9
齿轮副	第 I 公差组	直齿	F'_{ic} $f''_{i\Sigma c}$		$f''_{i\Sigma c}$, F_{vj}
		斜齿、曲齿	F'_{ic}		$F''_{i\Sigma c}$, F_{vj}
	第 II 公差组	直齿	f'_{ic} $f''_{i\Sigma c}$ f'_{zkc} f'_{zzc}		$f''_{i\Sigma c}$
		斜齿、曲齿	f'_{ic} f'_{zkc} f'_{zzc}		
	第 III 公差组	直、斜、曲齿	接触斑点		
	侧隙	直、斜、曲齿	j_{nmin} 及 j_{nmax}		
	安装误差	直、斜、曲齿	f_{AM}、f_a、E_Σ		

有些误差的公差是根据另一些公差计算的。如

$F'_{ic} = F'_{i1} + F'_{i2}$, $F'_i = F_p + 1.15f_c$

$f'_{ic} = f'_{i1} + f'_{i2}$, $f'_i = 0.8(f_{pt} + 1.15f_c)$

$F''_{i\Sigma} = 0.7F''_{i\Sigma c}$, $f''_{i\Sigma} = 0.7f''_{i\Sigma c}$

其他误差的公差值见表 14-30 ~ 表 14-38。

表 14-30　锥齿轮有关 F_r，$\pm f_{pt}$ 值　　　　　（单位：μm）

中点分度圆直径/mm	中点法向模数/mm	齿圈跳动公差 F_r			齿距极限偏差 $\pm f_{pt}$		
		第 I 组精度等级			第 II 组精度等级		
		7	8	9	7	8	9
—	125	≥1 ~ 3.5	36	45	56	14	20	28
		>3.5 ~ 6.3	40	50	63	18	25	36
		>6.3 ~ 10	45	56	71	20	28	40
125	400	≥1 ~ 3.5	50	63	80	16	22	32
		>3.5 ~ 6.3	56	71	90	20	28	40
		>6.3 ~ 10	63	80	100	22	32	45

表 14-31　锥齿轮齿距累积公差 F_p 值　　　　　（单位：μm）

中点分度圆弧长 L/mm		I 组精度等级		
大于	到	7	8	9
50	80	36	50	71
80	160	45	63	90
160	315	63	90	125
315	630	90	125	180

注：F_p 按中点分度圆弧度 $L(\text{mm})$ 查表，$L = \dfrac{\pi dm}{2} = \dfrac{\pi m_n z}{2\cos\beta}$，其中，$\beta$ 为锥齿轮螺旋角，d_m 为齿宽中点分度圆直径，m 为中点法向模数。

表 14-32　接触斑点

II 组精度等级	7	8、9
沿齿宽方向(%)	50 ~ 70	35 ~ 65
沿齿高方向(%)	55 ~ 75	40 ~ 70

表 14-33 锥齿轮副检验安装误差项目 $\pm f_{AM}$ 值 （单位：μm）

中点锥距 /mm		分锥角 (°)		安装距极限偏差 $\pm f_{AM}$								
				精 度 等 级								
				7			8			9		
				中点法向模数/mm								
大于	到	大于	到	≥1 ~ 3.5	>3.5 ~ 6.3	>6.3 ~ 10	≥1 ~ 3.5	>3.5 ~ 6.3	>6.3 ~ 10	≥1 ~ 3.5	>3.5 ~ 6.3	>6.3 ~ 10
—	50	—	20	20	11	—	28	16	—	40	22	—
		20	45	17	9.5	—	24	13	—	34	19	—
		45	—	71	4	—	10	5.6	—	14	8	—
50	100	—	20	67	38	24	95	53	34	140	75	50
		20	45	56	32	21	80	45	30	120	63	42
		45	—	24	13	8.5	34	17	12	48	26	17
100	200	—	20	150	80	53	200	120	75	300	160	105
		20	45	130	71	45	180	100	63	260	140	90
		45	—	53	30	19	75	40	26	105	60	38
200	400	—	20	340	180	120	480	250	170	670	360	240
		20	45	280	150	100	400	210	140	560	300	200
		45	—	120	63	40	170	90	60	240	130	85

表 14-34 锥齿轮副检验安装误差项目 $\pm f_a$、$\pm E_\Sigma$ 值 （单位：μm）

中点锥距 /mm		轴间距极限偏差 $\pm f_a$			轴交角极限偏差 $\pm E_\Sigma$				
		精度等级			小轮分锥角(°)		最小法向间隙种类		
大于	到	7	8	9	大于	到	d	c	b
	50	18	28	36	—	15	11	18	30
					15	25	16	26	42
					25	—	19	30	50
50	100	20	30	45	—	15	16	26	42
					15	25	19	30	50
					25	—	22	32	60
100	200	25	36	55	—	15	19	30	50
					15	25	26	45	71
					25	—	32	45	80
200	400	30	45	75	—	15	22	32	60
					12	25	36	56	90
					25	—	40	63	100

注：1. 表中 $\pm f_a$ 值用于无纵向修形的齿轮副。

2. 表中 $\pm E_\Sigma$ 值的公差带位置相对于零线，可以不对称或取在一侧。

3. 表中 $\pm E_\Sigma$ 值用于 $\alpha = 20°$ 的正交齿轮副。

表 14-35　f_c、$F''_{I\Sigma c}$ 及 $f''_{I\Sigma c}$ 公差值　　　　　（单位：μm）

中点分度圆直径/mm		中点法向模数/mm	齿形相对误差的公差 f_c		齿轮副轴交角综合公差 $F''_{I\Sigma c}$			齿轮副一齿轴交角综合公差 $f''_{I\Sigma c}$		
			精　度　等　级							
大于	到		7	8	7	8	9	7	8	9
—	125	≥1～3.5	8	10	67	85	110	28	40	53
		>3.5～6.3	9	13	75	95	120	36	50	60
		>6.3～10	11	17	85	105	130	40	56	71
125	400	≥1～3.5	9	13	100	125	160	32	45	60
		>3.5～6.3	11	15	105	130	170	40	56	67
		>6.3～10	13	19	120	150	180	45	63	80

表 14-36　周期误差的公差 f'_{zk} 值（齿轮副周期误差的公差 f'_{zkc} 值）　　　　　（单位：μm）

精度等级	中点分度圆直径/mm		中点法向模数/mm	齿轮在一转（齿轮副在大轮一转）内的周期数								
	大于	到		≥2～4	>4～8	>8～16	>16～32	>32～63	>63～125	>125～250	>250～500	>500
7	—	125	≥1～6.3	17	13	10	8	6	5.3	4.5	4.2	4
			>6.3～10	21	15	11	9	7.1	6	5.3	5	4.5
	125	400	≥1～6.3	25	18	13	10	7.5	6.7	6	5.6
			>6.3～10	28	20	16	12	10	8	7.5	6.7	6.3
8	—	125	≥1～6.3	25	18	13	10	8.5	7.5	6.7	6	5.6
			>6.3～10	28	21	16	12	10	8.5	7.5	7	6.7
	125	400	≥1～6.3	36	26	19	15	12	10	9	8.5	8
			>6.3～10	40	30	22	17	14	12	10.5	10	8.5

表 14-37　齿轮副齿频周期误差的公差 f''_{zzc} 值　　　　　（单位：μm）

中点法向模数/mm	精　度　等　级							
	7				8			
	齿　　数							
	>16	>16～32	>32～63	>63～125	>16	>16～32	>32～63	>63～125
≥1～3.5	15	16	17	18	22	24	24	25
>3.5～6.3	18	19	20	22	28	28	30	32
>6.3～10	22	24	24	26	32	34	36	38

表 14-38　侧隙变动公差 F_{vj} 值　　　　　（单位：μm）

直径/mm	≤125			125～400		
中点法向模数/mm	≥1～3.5	>3.5～6.3	>6.3～10	≥1～3.5	>3.5～6.3	>6.3～10
9 级精度	75	80	90	110	120	130

四、齿轮副的侧隙

GB/T 11365—1989 规定齿轮副的最小法向侧隙种类有：a、b、c、d、e 和 h 六种。最小法向侧隙以 a 为最大，以 h 为零。最小法向侧隙种类与精度等级无关，最小法向侧隙 j_{nmin} 值可查表 14-39。齿轮副的法向侧隙公差种类为：A、B、C、D 和 H 五种。法向侧隙公差种类与精度等级有关。一般情况下，推荐法向侧隙公差种类与最小法向侧隙种类的对应关系如图 14-1 所示。

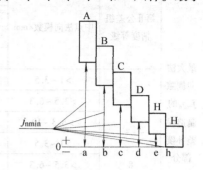

图 14-1 侧隙种类与法向侧隙公差的对应关系

当最小法向侧隙的种类确定以后，按表 14-40 查出齿厚公差 T_s，按表 14-41 查取齿厚上偏差 $E_{\bar{s}s}$，按表 14-34 查取轴交角极限偏差 E_{Σ}，最大法向侧隙 j_{nmax} 按下式计算

$$j_{nmax} = (|E_{\bar{s}s1} + E_{\bar{s}s2}| + T_{\bar{s}1} + T_{\bar{s}2} + E_{\bar{s}\Delta1} + E_{\bar{s}\Delta2})\cos\alpha_n$$

式中，$E_{\bar{s}\Delta}$ 为制造误差的补偿部分，其值由表 14-41 查取。

表 14-39　最小法向侧隙 j_{nmin} 值　（单位：μm）

中点锥距/mm		~50			>50~100			>100~200			>200~400		
小轮分锥角/(°)		~15	>15~25	>25	~15	>15~25	>25	~15	>15~25	>25	~15	>15~25	>25
最小法向侧隙种类	b	58	84	100	84	100	120	100	140	160	120	185	210
	c	36	52	62	52	62	74	62	87	100	74	115	130
	d	22	33	39	33	39	46	39	54	63	46	72	81

表 14-40　齿厚公差 T_s 值　（单位：μm）

齿圈跳动公差 F_r（表 14-30）		法向侧隙公差种类		
大于	到	D	C	B
32	40	55	70	85
40	50	65	80	100
50	60	75	95	120
60	80	90	110	130
80	100	110	140	170
100	125	130	170	200

表 14-41　锥齿轮有关 $E_{\bar{s}s}$ 值与 $E_{\bar{s}\Delta}$ 值　（单位：μm）

齿厚上偏差 $E_{\bar{s}s}$	中点法向模数/mm	基本值						最小法向侧隙种类	系数		
		中点分度圆直径/mm							第Ⅱ公差组精度等级		
		≤125			>125~400				7	8	9
		分锥角(°)									
		≤20	>20~45	>45	≤20	>20~45	>45				
	>1~3.5	−20	−20	−22	−28	−32	−30	d	2.0	2.2	—
	>3.5~6.3	−22	−22	−25	−32	−32	−30	c	2.7	3.0	3.2
	>6.3~10	−25	−25	−28	−36	−36	−34	b	3.8	4.2	4.6

（续）

最大法向侧隙 j_{nmin} 的制造误差补偿部分 $E_{\bar{s}\Delta}$	第Ⅱ公差组精度等级	中点法向模数/mm	中点分度圆直径/mm					
			≤125			>125 ~ 400		
			分锥角（°）					
			≤20	>20 ~ 45	>45	≤20	>20 ~ 45	>45
	7	>1 ~ 3.5	20	20	22	28	32	30
		>3.5 ~ 6.3	22	22	25	32	32	30
		>6.3 ~ 10	25	25	28	36	36	34
	8	>1 ~ 3.5	22	22	24	30	36	32
		>3.5 ~ 6.3	24	24	28	36	36	32
		>6.3 ~ 10	28	28	30	40	40	38
	9	>1 ~ 3.5	24	24	25	32	38	36
		>3.5 ~ 6.3	25	25	30	38	38	36
		>6.3 ~ 10	30	30	32	45	45	40

注：不同法向侧隙各精度等级齿轮的 $E_{\bar{s}s}$ 值等于基本值乘以系数。例如：中点法向模数3mm，中点分度圆直径为100mm，分锥角为30°，最小法向侧隙为c，7级齿轮的 $E_{\bar{s}s}= -20 \times 2.7\mu m = -54\mu m$。

五、精度的图样标注

在齿轮工作图上应标注齿轮的精度等级、最小法向侧隙种类及法向侧隙公差种类的数字（字母）代号。标注示例：

1）齿轮的三个公差组精度同为 7 级，最小法向侧隙种类为 b，法向侧隙公差种类为 B（图 14-2）。

2）齿轮的三个公差组精度同为 7 级，最小法向侧隙为 400μm，法向侧隙公差种类为 B（图 14-3）。

3）齿轮的第Ⅰ公差组精度为 8 级，第Ⅱ、Ⅲ公差组精度为 7 级，最小法向侧隙种类为 c，法向侧隙公差种类为 B（图 14-4）。

```
7   b   GB/T 11365—1989
```
　　　　最小法向侧隙和法向侧隙公差种类
　　第Ⅰ、Ⅱ、Ⅲ公差组的精度等级

图 14-2　锥齿轮精度标注示例之一

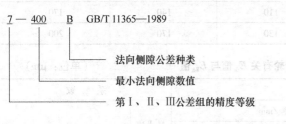

图 14-3　锥齿轮精度标注示例之二

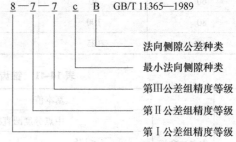

图 14-4　锥齿轮精度标注示例之三

六、锥齿轮的齿坯公差

锥齿轮毛坯上要注明：齿坯顶锥母线跳动公差、基准轴向圆跳动公差、轴径或孔径尺寸公差、外径尺寸极限偏差、齿坯轮冠距和顶锥角极限偏差、锥齿轮表面粗糙度推荐值，其值可查表 14-42 ~ 表 14-45 确定。

表 14-42 齿坯顶锥母线跳动和基准轴向圆跳动公差值 （单位：μm）

项 目		尺寸范围		精度等级	
		大于	到	7、8	9
顶锥母线跳动公差	外径/mm	30	50	30	60
		50	120	40	80
		120	250	50	100
		250	500	60	120
基准轴向圆跳动公差	基准端面直径/mm	30	50	12	20
		50	120	15	25
		120	250	20	30
		250	500	25	40

注：当三个公差组精度等级不同时，按最高的精度等级查取公差值。

表 14-43 齿坯尺寸公差

精度等级	7、8	9
轴径尺寸公差	IT6	IT7
孔径尺寸公差	IT7	IT8
外径尺寸极限偏差	0 − IT8	0 − IT9

注：1. 当三个公差组精度等级不同时，按最高的精度等级查取公差值。
2. IT 为标准公差，按 GB/T 1800。

表 14-44 齿坯轮冠距和顶锥角极限偏差

中点法向模数/mm	齿冠距极限偏差/μm	顶锥角极限偏差(′)
>1.2 ~ 10	0 − 75	+8 0

表 14-45 锥齿轮表面粗糙度 Ra 推荐值 （单位：μm）

精度等级	表面粗糙度值				
	齿侧面	基准孔（轴）	端面	顶锥面	背锥面
7	0.8	—	—	—	—
8		1.6			3.2
9	3.2			3.2	6.3
10	6.3				

第三节 圆柱蜗杆、蜗轮精度

国家标准 GB/T 10089—1988《圆柱蜗杆、蜗轮精度》规定了蜗杆传动的精度和公差。该标准适用于轴交角为 90°，模数 $m \geqslant 1$mm，蜗杆分度圆直径 $d_1 \leqslant 400$mm，蜗轮分度圆直径

$d_2 \leqslant 4000\text{mm}$ 的圆柱蜗杆、蜗轮及传动。其基本蜗杆可为 ZA 蜗杆、ZI 蜗杆、ZN 蜗杆、ZK 蜗杆和 ZC 蜗杆。现结合中小功率传动情况介绍如下。

一、蜗杆、蜗轮、蜗杆副误差及侧隙代号（表 14-46）

表 14-46　蜗杆、蜗轮、蜗杆副误差及侧隙代号

名　称	代　号	定　义
蜗杆螺旋线误差	Δf_{hL}	
		在蜗杆、轮齿的工作齿宽范围（两端不完整齿部分应除外）内，蜗杆分度圆柱面[①]上，包容实际螺旋线的最近两条公称螺旋线间的法向距离
蜗杆螺旋线公差	f_{hL}	
蜗杆轴向齿距累积误差	Δf_{pxL}	
		在蜗杆轴向截面上的工作齿宽范围（两端不完整齿部分应除外）内，任意两个同侧齿面间实际轴向距离与公称轴向距离之差的最大绝对值
蜗杆轴向齿距累积公差	f_{pxL}	
蜗杆齿槽径向圆跳动	Δf_r	
		在蜗杆任意一转范围内，测头在齿槽内与齿高中部的齿面双面接触，其测头相对于蜗杆轴线的径向最大变动量
蜗杆齿槽径向圆跳动公差	f_r	
蜗轮切向综合误差	$\Delta F_i'$	
		被测蜗轮与理想精确的测量蜗杆[②]在公称轴线位置上单面啮合时，在被测蜗轮一转范围内实际转角与理论转角之差的总幅度值，以分度圆弧长计
蜗轮切向综合公差	F_i'	

（续）

名　称	代　号	定　义
蜗杆轴向齿距偏差	Δf_{p_x}	
		在蜗杆轴向截面上实际齿距与公称齿距之差
蜗杆轴向齿距　上极限偏差 极限偏差　　　下极限偏差	$+f_{p_x}$ $-f_{p_x}$	
蜗杆齿形误差	Δf_{f1}	
		在蜗杆轮齿给定截面上的齿形工作部分内,包容实际齿形且距离最小的两条设计齿形间的法向距离 当两条设计齿形线为非等距离的曲线时,应在靠近齿体内的设计齿形线的法线上确定其两者间的法向距离
蜗杆齿形公差	f_{f1}	
蜗杆齿厚偏差	ΔE_{s1}	
		在蜗杆分度圆柱上,法向齿厚的实际值与公称值之差
蜗杆齿厚　上极限偏差 极限偏差　下极限偏差 蜗杆齿厚公差	E_{ss1} E_{si1} T_{s1}	
蜗轮一齿切向综合误差 蜗轮一齿切向综合公差	$\Delta f_i{}'$ $f_i{}'$	被测蜗轮与理想精确的测量蜗杆[2]在公称轴线位置上单面啮合时,在被测蜗轮一齿距角范围内,实际转角与理论转角之差的最大幅度值,以分度圆弧长计
蜗轮一齿径向综合误差 蜗轮一齿径向综合公差	$\Delta f_i{}''$ $f_i{}''$	被测蜗轮与理想精确的测量蜗杆双面啮合时,在被测蜗轮一齿距角范围内,双啮中心距的最大变动量

（续）

名　称	代　号	定　义
蜗轮 k 个齿距累积误差	ΔF_{pk}	在蜗轮分度圆上[③]，k 个齿距内同侧齿面间的实际弧长与公称弧长之差的最大绝对值，k 为 2 到小于 $\frac{1}{2}z_2$ 的整数
蜗轮 k 个齿距累积公差	F_{pk}	
蜗轮齿距偏差	Δf_{pt}	在蜗轮分度圆[③]上，实际齿距与公称齿距之差 用相对法测量时，公称齿距是指所有实际齿距的平均值
蜗轮齿距　　　上极限偏差	$+f_{pt}$	
极限偏差　　　下极限偏差	$-f_{pt}$	
蜗轮径向综合误差	$\Delta F_i''$	被测蜗轮与理想精确的测量蜗杆双面啮合时，在被测蜗轮一转范围内，双啮中心距的最大变动量
蜗轮径向综合公差	F_i''	
蜗轮齿距累积误差	ΔF_p	在蜗轮分度圆上[③]，任意两个同侧齿面间的实际弧长与公称弧长之差的最大绝对值
蜗轮齿距累积公差	F_p	
蜗轮齿圈径向圆跳动	ΔF_r	在蜗轮一转范围内，测头在靠近中间平面的齿槽内与齿高中部的齿面双面接触，其测头相对于蜗轮轴线径向距离的最大变动量
蜗轮齿圈径向圆跳动公差	F_r	

（续）

名　称	代　号	定　义
蜗轮齿形误差	Δf_{f2}	在蜗轮轮齿给定截面上的齿形工作部分内,包容实际齿形且距离最小的两条设计齿形间的法向距离 当两条设计齿形线为非等距离曲线时,应在靠近齿体内的设计齿形线的法线上确定其两者间的法向距离
蜗轮齿形公差	f_{f2}	
蜗轮齿厚偏差	ΔE_{s2}	在蜗轮中间平面上,分度圆齿厚的实际值与公称值之差
蜗轮齿厚极限偏差		
上极限偏差	E_{ss2}	
下极限偏差	E_{si2}	
蜗轮齿厚公差	T_{s2}	
蜗杆副的一齿切向综合误差 蜗杆副的一齿切向综合公差	$\Delta f'_{ic}$ f'_{ic}	安装好的蜗杆副啮合转动时,在蜗轮一转范围内多次重复出现的周期性转角误差的最大幅度值。以蜗轮分度圆弧长计
蜗杆副的中心距偏差	Δf_a	在安装好的蜗杆副中间平面内,实际中心距与公称中心距之差
蜗杆副的中心距极限偏差		
上极限偏差	$+f_a$	
下极限偏差	$-f_a$	
传动中间平面偏移	Δf_x	在安装好的蜗杆副中,蜗轮中间平面与传动中间平面之间的距离
传动中间平面极限偏差		
上极限偏差	$+f_x$	
下极限偏差	$-f_x$	

（续）

名　称	代　号	定　义
蜗杆副的切向综合误差	$\Delta F'_{ic}$	安装好的蜗杆副啮合转动时，在蜗轮和蜗杆相对位置变化的一个整周期内，蜗轮的实际转角与理论转角之差的总幅度值。以蜗轮分度圆弧长计
蜗杆副的切向综合公差	F'_{ic}	
蜗杆的接触斑点		安装好的蜗杆副中，在轻微力的制动下，蜗杆与蜗轮啮合运转后，在蜗轮齿面上分布的接触痕迹。接触斑点以接触面积大小、形状和分布位置表示 接触面积大小按接触痕迹的百分比计算确定： 沿齿宽方向——接触痕迹的长度 b'' [④] 与工作长度 b' 之比的百分数，即 $\dfrac{b''}{b'} \times 100\%$ 沿齿高方向——接触痕迹的平均高度 h'' 与工作高度 h' 之比的百分数，即 $\dfrac{h''}{h'} \times 100\%$ 接触形状以齿面接触痕迹总的几何形状的状态确定 接触位置以接触痕迹离齿面啮入、啮出端或齿顶、齿根的位置确定
蜗杆的接触斑点		安装好的蜗杆副中，在轻微力的制动下，蜗杆与蜗轮啮合运转后，在蜗轮齿面上分布的接触痕迹。接触斑点以接触面积大小、形状和分布位置表示 接触面积大小按接触痕迹的百分比计算确定： 沿齿宽方向——接触痕迹的长度 b'' [④] 与工作长度 b' 之比的百分数，即 $\dfrac{b''}{b'} \times 100\%$ 沿齿高方向——接触痕迹的平均高度 h'' 与工作长度 h' 之比的百分数，即 $\dfrac{h''}{h'} \times 100\%$ 接触形状以齿面接触痕迹总的几何形状的状态确定 接触位置以接触痕迹离齿面啮入、啮出端或齿顶、齿根的位置确定
蜗杆副的轴交角偏差	Δf_Σ	在安装好的蜗杆副中，实际轴交角与公称轴交角之差。 偏差值按蜗轮齿宽确定，以其线性值计
蜗杆副的轴交角极限偏差 上极限偏差 下极限偏差	$+f_\Sigma$ $-f_\Sigma$	

（续）

名　称	代号	定　义
蜗杆副的侧隙 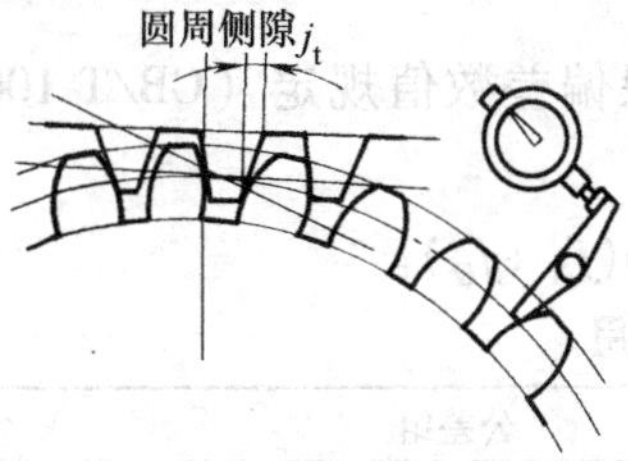	j_t	在安装好的蜗杆副中，蜗杆固定不动时，蜗轮从工作齿面接触到非工作齿面接触所转过的分度圆弧长
法向侧隙 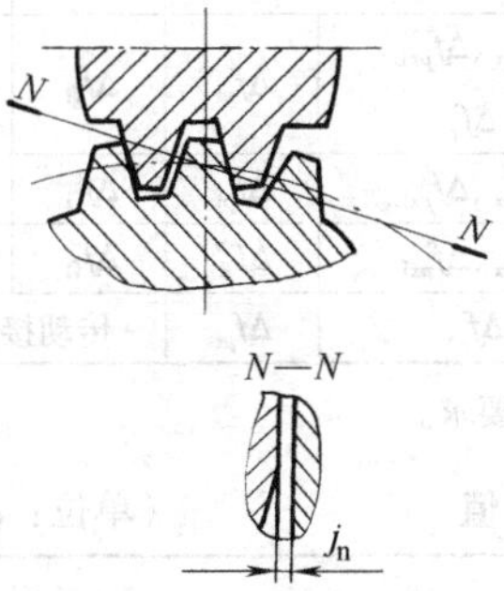	j_n	在安装好的蜗杆副中，蜗杆和蜗轮的工作齿面接触时，两非工作面齿间的最小距离
最小圆周侧隙	j_{tmin}	
最大圆周侧隙	j_{tmax}	
最小法向侧隙	j_{nmin}	
最大法向侧隙	j_{nmax}	

① 允许在靠近蜗杆分度圆柱的同轴圆柱面上检验。

② 允许用配对蜗杆代替测量蜗杆进行检验。

③ 允许在靠近中间平面的齿高中部进行测量。

④ 在确定接触痕迹长度 b'' 时，应扣除超过模数值的断开部分。

二、精度等级

国标对蜗杆、蜗轮和蜗杆传动规定 12 个精度等级，其中第 1 级的精度最高，第 12 级的精度最低；并按照对传动性能的保证作用，将其公差分成三个公差组（表 14-47），允许各公差组选用不同的精度等级组合。

表 14-47　蜗杆、蜗轮和蜗杆传动各项公差的分组

公差组		第 Ⅰ 公差组	第 Ⅱ 公差组	第 Ⅲ 公差组
检测对象	蜗杆		f_h f_{hL} f_{px} f_{pxL} f_r	f_{f1}
	蜗轮	F_i', F_i'', F_p, F_{pk}, F_r	f_i' f_i'' f_{pt}	f_{f2}
	传动	F_{ic}'	f_{ic}	接触斑点 f_a f_Σ f_x
误差特性		以一转为周期的误差	一转内多次重复出现的周期误差	齿向线误差
对传动性能影响		传递运动的准确性	传动的平稳性、噪声、振动	载荷分布的均匀性

三、蜗杆、蜗轮精度的检验项目及公差

（1）蜗杆、蜗轮的检验公差　为严格控制蜗杆、蜗轮轮齿在空间（三维）各个制造误差因素，正确评定其制造质量，保证各公差组的精度等级要求，GB/T 10089—1988 规定了误差检验项目组。检验推荐按表 14-48 选用。

对于各精度等级，蜗杆蜗轮各检验项目的公差或极限偏差数值规定（GB/T 10089—1988）见表 14-49 ~ 表 14-52。

蜗轮的 F_i'、f_i' 值按下式计算确定 $F_i' = F_p + f_{f2}$；$f_i' = 0.6(f_{pt} + f_{f2})$。

表 14-48　蜗杆传动误差检验组选用

检查组序号	传动类型	精度等级	公差组					
			I		II		III	
			蜗杆	蜗轮	蜗杆	蜗轮	蜗杆	蜗轮
1	固定中心距传动	5 ~ 7	ΔF_p		Δf_{px}、Δf_{pxL} Δf_r	Δf_{pt}	Δf_{f1}	Δf_{f2}
2	一般动力蜗杆传动	7 ~ 9	ΔF_p		Δf_{px}、Δf_{pxL}	Δf_{pt}	Δf_{f1}	Δf_{f2}
3	成批大量生产的蜗杆传动	7 ~ 9	$\Delta F_i''$		Δf_{px}、Δf_{pxL}	$\Delta f_i''$	Δf_{f1}	Δf_{f2}
4	低精度蜗杆传动	10 ~ 12	ΔF_r		Δf_{px}	Δf_{pt}	传动接触斑点	

注：在采用 2，3，4 序号检验组合时，蜗杆齿顶应有相应的径向圆跳动检验要求。

表 14-49　蜗杆齿槽径向圆跳动公差 f_r 值　　　　　　　　　（单位：μm）

精度等级	分度圆直径 d_1/mm						
	≤10	>10 ~ 18	>18 ~ 31.5	>31.5 ~ 50	>50 ~ 80	>80 ~ 125	>125 ~ 180
6	11	12	12	13	14	16	18
7	14	15	16	17	18	20	25
8	20	21	22	23	25	28	32
9	28	29	30	32	36	40	45

表 14-50　蜗杆的公差和极限偏差 f_{pxL}、f_{px} 和 f_{f1} 值　　　　　（单位：μm）

精度等级	蜗杆轴向齿距累积公差 f_{pxL}				蜗杆轴向齿距极限偏差 $\pm f_{px}$				蜗杆齿形公差 f_{f1}			
	模数 m/mm											
	>1 ~ 3.5	>3.5 ~ 6.3	>6.3 ~ 10	>10 ~ 16	>1 ~ 3.5	>3.5 ~ 6.3	>6.3 ~ 10	>10 ~ 16	>1 ~ 3.5	>3.5 ~ 6.3	>6.3 ~ 10	>10 ~ 16
6	13	16	21	28	7.5	9	12	16	11	14	19	25
7	18	24	32	40	11	14	17	22	16	22	28	36
8	25	34	45	56	14	20	25	32	22	32	40	53
9	36	48	63	80	20	25	32	46	32	45	53	75

表 14-51　蜗轮齿距累积公差 F_p 值　　　　　　　　　　（单位：μm）

精度等级	分度圆弧长 L/mm									
	≤11.2	>11.2 ~ 20	>20 ~ 32	>32 ~ 50	>50 ~ 80	>80 ~ 160	>160 ~ 315	>315 ~ 630	>630 ~ 1000	>1000 ~ 1600
6	11	16	20	22	25	32	45	63	80	100
7	16	22	28	32	36	45	63	90	112	140
8	22	32	40	45	50	63	90	125	160	200
9	32	45	56	63	71	90	125	180	224	280

表 14-52　蜗轮的公差和极限偏差 F_r、f_{pt}、f_{f2}、F_i'' 和 f_i'' 值　　　　（单位：μm）

分度圆直径 d_1/mm	模数 m/mm	齿圈径向圆跳动公差 F_r				齿距极限偏差 $\pm f_{pt}$				齿形公差 f_{f2}				蜗轮径向综合公差 F_i''			蜗轮一齿径向综合公差 f_i''		
		精度等级																	
		6	7	8	9	6	7	8	9	6	7	8	9	7	8	9	7	8	9
<125	≥1~3.5	28	40	50	63	10	14	20	28	8	11	14	22	56	71	90	20	28	36
	>3.5~6.3	36	50	63	80	13	18	25	36	10	14	20	32	71	90	112	25	36	45
	>6.3~10	40	56	71	90	14	20	28	40	12	17	22	36	80	100	125	28	40	50
>125~400	>1~3.5	32	45	56	71	11	16	22	32	9	13	18	28	63	80	100	22	32	40
	>3.5~6.3	40	56	71	90	13	20	28	40	11	16	22	36	80	100	125	28	40	50
	>6.3~10	45	63	80	100	16	22	32	45	13	19	28	45	90	112	140	32	45	56
	>10~16	50	71	90	112	18	25	36	50	16	22	32	50	100	125	160	40	50	63
>400~800	≥1~3.5	45	63	80	100	13	18	25	36	12	17	25	40	80	112	140	25	36	45
	>3.5~6.3	50	71	90	112	14	20	28	40	14	20	28	45	100	125	160	28	40	50
	>6.3~10	56	80	100	125	18	25	32	50	16	24	36	56	112	140	180	32	45	56
	>10~16	71	100	125	160	20	28	40	56	18	26	40	63	140	180	224	40	56	71
	>16~25	90	125	160	200	25	36	50	71	24	36	56	80	180	224	280	50	71	90
>800~1600	≥1~3.5	50	71	90	112	14	20	28	40	17	24	36	50	100	125	160	28	40	50
	>3.5~6.3	56	80	100	125	16	22	32	45	18	28	40	63	112	140	180	32	45	56
	>6.3~10	63	90	112	140	18	25	36	50	20	30	45	71	125	160	200	36	50	63
	>10~16	71	100	125	160	20	28	40	56	22	34	50	80	140	180	224	40	56	71
	>16~25	90	125	160	200	25	36	50	71	28	42	63	100	180	224	280	50	71	90

（2）蜗杆传动的检验公差

1）对五级和五级以下精度的非分度用蜗杆传动，可用蜗杆、蜗轮的Ⅰ、Ⅱ公差组中相应检验组中的最低结果，来评定装好的蜗杆传动的第Ⅰ、Ⅱ公差组的精度等级（表14-48）。

2）传动的接触斑点要求见表14-53。

表 14-53　蜗杆传动接触斑点的要求

精度等级	接触面积的百分比（%）		接触形状	接触位置
	沿齿高不小于	沿齿宽不小于		
5 和 6	65	50	接触斑点在齿高方向无断缺，不允许成带状条纹	接触斑点痕迹的分布位置趋近齿面中部，允许略偏于啮入端。在齿顶和啮入、啮出端的棱边不允许接触
7 和 8	55	50	不作要求	接触斑点痕迹应偏于啮出端，但不允许在齿顶和啮入、啮出端的棱边接触
9 和 10	45	40		

3）对于固定中心距传动，除接触斑点和齿侧间隙需达到要求外，还应检验蜗杆传动的

安装精度：传动中心距偏差 Δf_a、传动中心平面偏差 Δf_x 和传动轴交角偏差 Δf_{Σ}（表 14-54），但允许其中一项超差或不检验。

表 14-54　传动有关极限偏差 f_a、f_x 及 f_{Σ} 值　　　　　（单位：μm）

传动中心距 a /mm	传动中心距极限偏差 $\pm f_a$				传动中心平面极限偏差 $\pm f_x$				蜗轮齿宽 b_2 /mm	传动轴交角极限偏差 $\pm f_{\Sigma}$			
	精度等级				精度等级					精度等级			
	6	7	8	9	6	7	8	9		6	7	8	9
>50~80	23	37	60		18.5	30	48		≤30	10	12	17	24
>80~120	27	44	70		22	36	56		>30~50	11	14	19	28
>120~180	32	50	80		27	40	64		>50~80	13	16	22	32
>180~250	36	58	92		29	47	74		>80~120	15	19	24	36
>250~315	40	65	105		32	52	85		>120~180	17	22	28	42
>315~400	45	70	115		36	56	92		>180~250	20	25	32	48
>400~500	50	78	125		40	63	100		>250	22	28	36	53
>500~630	55	87	140		44	70	112						
>630~800	62	100	160		50	80	130						
>800~1000	70	115	180		56	92	145						

四、蜗杆传动副侧隙

（1）侧隙的种类　GB/T 10089—1988 按最小法向侧隙的大小将侧隙分为 8 种，从大到小依次为：a、b、c、d、e、f、g 和 h，h 侧隙最小，法向侧隙值为零。具体数值见表 14-55。

表 14-55　传动的最小法向侧隙 j_{nmin} 值　　　　　（单位：μm）

传动中心距 a /mm	侧隙种类							
	h	g	f	e	d	c	b	a
≤30	0	9	13	21	33	52	84	130
>30~50	0	11	16	25	39	62	100	160
>50~80	0	13	19	30	46	74	120	190
>80~120	0	15	22	35	54	87	140	220
>120~180	0	18	25	40	63	100	160	250
>180~250	0	20	29	46	72	115	185	290
>250~315	0	23	32	52	81	130	210	320
>315~400	0	25	36	57	89	140	230	360
>400~500	0	27	40	63	97	155	250	400
>500~630	0	30	44	70	110	175	280	440
>630~800	0	35	50	80	125	200	320	500
>800~1000	0	40	56	90	140	230	360	560

注：传动的最小圆周侧隙 $j_{tmin} \approx j_{nmin}/(\cos\gamma'\cos\alpha_n)$，其中，$\gamma'$ 为蜗杆节圆柱导程角，α_n 为蜗杆法向齿形角。

（2）蜗杆齿厚偏差和公差　蜗杆齿厚上偏差 E_{ss1} 主要考虑最小法向侧隙 j_{nmin} 和制造安装误差对侧隙影响的补偿量 $E_{s\Delta}$，一般

$$E_{ss1} = -(j_{nmin}/\cos\alpha + E_{s\Delta})$$

$$E_{s\Delta} = \sqrt{10f_{px}^2 + f_a^2}$$

式中，α 为蜗杆的齿形角。

$E_{s\Delta}$ 的值也可按 GB/T 10089—1988 来查取。

蜗杆的齿厚下偏差 E_{si1} 等于上偏差 E_{ss1} 减去蜗杆齿厚公差 T_{s1}（表 14-56）。蜗杆齿厚测量尺寸（$\bar{S}_{c1}$ 及 $\bar{h}_{c1}$）计算如下

$$\bar{S}_{c1} = 0.5m\pi\cos\gamma（轴向弦齿厚 \bar{S}_{c1} = 0.5\pi m）$$

$$\bar{h}_{c1} = h_a^* m + 0.5\bar{S}_{c1}\tan\left(0.5\arcsin\frac{\bar{S}_{c1}\sin^2\gamma}{d_1}\right)$$

（3）蜗轮齿厚偏差和公差　蜗轮齿厚上偏差 $E_{ss2} = 0$，下偏差 $E_{si2} = -T_{s2}$，蜗轮齿厚公差 T_{s2} 见表 14-56。对可调中心距传动和不要求互换的固定中心距传动，蜗轮齿厚可不规定公差。蜗轮测量齿厚尺寸 $\bar{S}_{c2}$ 及 $\bar{h}_{c2}$ 计算如下

$$\bar{S}_{c2} = d_2\sin\frac{90°}{z_2}\cos\gamma$$

$$\bar{h}_{c2} = \frac{d_{a2}}{2} - \frac{d_2}{2}\cos\frac{90°}{z_2}$$

表 14-56　蜗轮齿厚公差 T_{S2} 和蜗杆齿厚公差 T_{S1} 值　　　　（单位：μm）

精度等级	蜗轮齿厚公差 T_{S2}										
	分度圆直径/mm										
	≤125			>125~400				>400~800			
	模　数/mm										
	≥1~3.5	>3.5~6.3	>6.3~10	≥1~3.5	>3.5~6.3	>6.3~10	>10~16	≥1~3.5	>3.5~6.3	>6.3~10	>10~16
6	71	85	90	80	90	100	110	85	90	100	120
7	90	110	120	100	120	130	140	110	120	130	160
8	110	130	140	120	140	160	170	130	140	160	190
9	130	160	170	140	170	190	210	160	170	190	230

精度等级	蜗轮齿厚公差 T_{S2}				蜗杆齿厚公差 T_{S1}			
	分度圆直径/mm							
	>800~1600				任意直径			
	模　数/mm							
	≥1~3.5	3.5~6.3	>6.3~10	>10~16	≥1~3.5	>3.5~6.3	>6.3~10	>10~16
6	90	100	110	120	36	45	60	80
7	120	130	140	160	45	56	71	95
8	140	160	170	190	53	71	90	120
9	170	190	210	230	67	90	110	150

注：1. 精度等级按第 II 公差组确定。

　　2. 对传动最大法向侧隙 j_{nmax} 无要求时，允许蜗杆齿厚公差 T_{S1} 增大，最大不超过二倍。

　　3. 在最小法向侧隙能保证的条件下，蜗轮齿厚的公差 T_{S2} 公差带允许采用对称分布。

五、蜗杆传动精度等级和侧隙的图样标注

在蜗杆、蜗轮工作图上，应分别标注其精度等级、齿厚极限偏差或相应的侧隙种类代号和国标代号。

对蜗杆传动，应标注出相应的精度等级、侧隙种类代号（非标准时应标注侧隙值）和国标代号。

标注示例见表 14-57。

表 14-57　图样标注示例及含义

标记示例	标注对象	第 I 公差组精度	第 II 公差组精度	第 III 公差组精度	是否标准侧隙	标准侧隙种类	齿厚上偏差	齿厚下偏差
蜗杆 8 c GB/T 10089—1988	蜗杆		8 级	8 级	是	c		
蜗杆 9$\left(\begin{array}{c}-0.27\\-0.40\end{array}\right)$ GB/T 10089—1988	蜗杆		9 级	9 级	否		−0.27	−0.40
蜗轮 6 f GB/T 10089—1988	蜗轮	6 级	6 级	6 级	是	f		
蜗轮 7-8-8 f GB/T 10089—1988	蜗轮	7 级	8 级	8 级	是	f		
蜗轮 8-8-7（±0.1）GB/T 10089—1988	蜗轮	8 级	8 级	7 级	否		+0.10	−0.10
蜗轮 8-8-7 GB/T 10089—1988	蜗轮	8 级	8 级	7 级			对齿厚公差无要求	
传动 8 c GB/T 10089—1988	传动	8 级	8 级	8 级	是	c		
传动 6-7-7 f GB/T 10089—1988	传动	6 级	7 级	7 级	是	f		
传动 5-6-6$\left(\begin{array}{c}0.03\\0.06\end{array}\right)$GB/T 10089—1988	传动	5 级	6 级	6 级	否		最小法向侧隙 $j_{nmin}=0.03$ 最大法向侧隙 $j_{nmax}=0.06$	
传动 5-6-6$\left(\begin{array}{c}0.03\\0.06\end{array}\right)$t GB/T 10089—1988	传动	5 级	6 级	6 级	否		最小切向侧隙 $j_{tmin}=0.03$ 最大切向侧隙 $j_{tmax}=0.06$	

六、蜗杆、蜗轮的齿坯公差

蜗杆、蜗轮毛坯上要注明：基准孔或基准轴径的尺寸公差和形状公差、基准端面跳动公差、顶圆尺寸或跳动公差及各加工表面的粗糙度要求。其值见表 14-58 ~ 表 14-60。

表 14-58　蜗杆、蜗轮齿坯尺寸公差和形状公差

	精度等级	6	7	8	9	10
孔	尺寸公差	IT6		IT7		IT8
	形状公差	IT5		IT6		IT7
轴	尺寸公差	IT5		IT6		IT7
	形状公差	IT4		IT5		IT6
	齿顶圆直径公差			IT8		IT9

注：1. 当三个公差组的精度等级不同时，按最高精度等级确定公差。

　　2. 当齿顶圆不作测量基准时，尺寸公差按 IT11 确定，但不得大于 0.1 mm。

表 14-59　蜗杆、蜗轮齿坯基准面径向和轴向圆跳动公差　　　（单位：μm）

基准面直径 d/mm	精度等级		
	6	7、8	9、10
≤31.5	4	7	10
>31.5~63	6	10	16
>63~125	8.5	14	22
>125~400	11	18	28
>400~800	14	22	36

注：1. 当三个公差组精度等级不同时，按最高的精度等级查取公差值。

　　2. 当以齿顶圆作测量基准时，也即为蜗杆、蜗轮的齿坯基准面。

表 14-60　蜗杆、蜗轮的表面粗糙度 Ra 推荐值　　　（单位：μm）

蜗　　杆				蜗　　轮			
精度等级	7	8	9	精度等级	7	8	9
Ra　齿面	0.8	1.6	3.2	Ra　齿面	0.8	1.6	3.2
顶圆	1.6			齿顶	3.2	3.2	6.3

第十五章 机 械 连 接

第一节 螺 纹 联 接

一、螺纹

（1）普通螺纹（表15-1、表15-2）

表15-1 普通螺纹基本尺寸（摘自 GB/T 196—2003）　　　　　　（单位：mm）

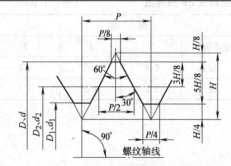

表中数值按下列公式计算，数值圆整到小数点后第三位数

$$D_1 = D - 2 \times \frac{5}{8}H, \quad D_2 = D - 2 \times \frac{3}{8}H$$

$$d_1 = d - 2 \times \frac{5}{8}H, \quad d_2 = d - 2 \times \frac{3}{8}H$$

$$H = \frac{\sqrt{3}}{2}P = 0.866025404P$$

式中，D 是内螺纹大径，d 是外螺纹大径，D_2 是内螺纹中径，d_2 是外螺纹中径，

D_1 是内螺纹小径，d_1 是外螺纹小径，P 是螺距，H 是原始三角形高度。

公称直径 D、d			螺 距	中 径	小 径
第一系列	第二系列	第三系列	P	D_2 或 d_2	D_1 或 d_1
1			0.25[①]	0.838	0.729
			0.2	0.870	0.783
		1.1	0.25[①]	0.938	0.829
			0.2	0.970	0.883
1.2			0.25[①]	1.038	0.929
			0.2	1.070	0.983
		1.4	0.3[①]	1.205	1.075
			0.2	1.270	1.183
1.6			0.35[①]	1.373	1.221
			0.2	1.470	1.383
		1.8	0.35[①]	1.573	1.421
			0.2	1.670	1.583
2			0.4[①]	1.740	1.567
			0.25	1.838	1.729
		2.2	0.45[①]	1.908	1.713
			0.25	2.038	1.929
2.5			0.45[①]	2.208	2.013
			0.35	2.273	2.121
3			0.5[①]	2.675	2.459
			0.35	2.773	2.621

（续）

公称直径 D、d			螺距 P	中径 D_2 或 d_2	小径 D_1 或 d_1
第一系列	第二系列	第三系列			
	3.5		0.6[①]	3.110	2.850
			0.35	3.273	3.121
4			0.7[①]	3.545	3.242
			0.5	3.675	3.459
	4.5		0.75[①]	4.013	3.688
			0.5	4.175	3.959
5			0.8[①]	4.480	4.134
			0.5	4.675	4.459
		5.5	0.5	5.175	4.959
6			1[①]	5.350	4.917
			0.75	5.513	5.188
		7	1[①]	6.350	5.917
			0.75	6.513	6.188
8			1.25[①]	7.188	6.647
			1	7.350	6.917
			0.75	7.513	7.188
		9	1.25[①]	8.188	7.647
			1	8.350	7.917
			0.75	8.513	8.188
10			1.5[①]	9.026	8.376
			1.25	9.188	8.647
			1	9.350	8.917
			0.75	9.513	9.188
		11	1.5[①]	10.026	9.376
			1	10.350	9.917
			0.75	10.513	10.188
12			1.75[①]	10.863	10.106
			1.5	11.026	10.376
			1.25	11.188	10.647
			1	11.350	10.917
	14		2[①]	12.701	11.835
			1.5	13.026	12.376
			1.25	13.188	12.647
			1	13.350	12.917
		15	1.5	14.026	13.376
			1	14.350	13.917
16			2[①]	14.701	13.835
			1.5	15.026	14.376
			1	15.350	14.917
		17	1.5	16.026	15.376
			1	16.350	15.917
	18		2.5[①]	16.376	15.294
			2	16.701	15.835
			1.5	17.026	16.376
			1	17.350	16.917

（续）

公称直径 D、d			螺　距	中　径	小　径
第一系列	第二系列	第三系列	P	D_2 或 d_2	D_1 或 d_1
20			2.5①	18.376	17.294
			2	18.701	17.835
			1.5	19.026	18.376
			1	19.350	18.917
	22		2.5①	20.376	19.294
			2	20.701	19.835
			1.5	21.026	20.376
			1	21.350	20.917
24			3①	22.051	20.752
			2	22.701	21.835
			1.5	23.026	22.376
			1	23.350	22.917
		25	2	23.701	22.835
			1.5	24.026	23.376
			1	24.350	23.917
		26	1.5	25.026	24.376
	27		3①	25.051	23.752
			2	25.701	24.835
			1.5	26.026	25.376
			1	26.350	25.917
		28	2	26.701	25.835
			1.5	27.026	26.376
			1	27.350	26.917
30			3.5①	27.727	26.211
			3	28.051	26.752
			2	28.701	27.835
			1.5	29.026	28.376
			1	29.350	28.917
		32	2	30.701	29.835
			1.5	31.026	30.376
	33		3.5①	30.727	29.211
			3	31.051	29.752
			2	31.701	30.835
			1.5	32.026	31.376
		35	1.5	34.026	33.376
36			4①	33.402	31.670
			3	34.051	32.752
			2	34.701	33.835
			1.5	35.026	34.376
		38	1.5	37.026	36.376
	39		4①	36.402	34.670
			3	37.051	35.752
			2	37.701	36.835
			1.5	38.026	37.376
		40	3	38.051	36.752
			2	38.701	37.835
			1.5	39.026	38.376

（续）

公称直径 D、d			螺距 P	中 径 D_2 或 d_2	小 径 D_1 或 d_1
第一系列	第二系列	第三系列			
42			4.5①	39.077	37.129
			4	39.402	37.670
			3	40.051	38.752
			2	40.701	39.835
			1.5	41.026	40.376
	45		4.5①	42.077	40.129
			4	42.402	40.670
			3	43.051	41.752
			2	43.701	42.835
			1.5	44.026	43.376
48			5①	44.752	42.587
			4	45.402	43.670
			3	46.051	44.752
			2	46.701	45.835
			1.5	47.026	46.376
		50	3	48.051	46.752
			2	48.701	47.835
			1.5	49.026	48.376
	52		5①	48.752	46.587
			4	49.402	47.670
			3	50.051	48.752
			2	50.701	49.835
			1.5	51.026	50.376

① 为粗牙螺纹，其余为细牙螺纹。

表 15-2　普通内外螺纹常用公差带和常用标记（摘自 GB/T 197—2003）

（单位：mm）

	精度	公差带位置 e			公差带位置 f			公差带位置 g			公差带位置 h		
外螺纹		S	N	L	S	N	L	S	N	L	S	N	L
	精密	—	—	—	—	—	—	—	(4g)	(5g4g)	(3h4h)	*4h	(5h4h)
	中等	—	*6e	(7e6e)	—	*6f	—	(5g6g)	*6g	(7g6g)	(5h6h)	6h	(7h6h)
	粗糙	—	(8e)	(9e8e)	—	—	—	—	8g	(9g8g)	—	—	—
	精度	公差带位置 G			公差带位置 H								
内螺纹		S	N	L	S	N	L						
	精密	—	—	—	4H	5H	6H	内外螺纹公差带位置	顶径指外螺纹大径和内螺纹小径				
	中等	(5G)	*6G	(7G)	*5H	*6H	*7H						
	粗糙	—	(7G)	(8G)	—	7H	8H						

（续）

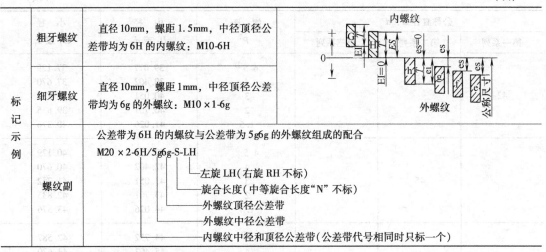

标记示例	粗牙螺纹	直径10mm，螺距1.5mm，中径顶径公差带均为6H的内螺纹：M10-6H
	细牙螺纹	直径10mm，螺距1mm，中径顶径公差带均为6g的外螺纹：M10×1-6g
	螺纹副	公差带为6H的内螺纹与公差带为5g6g的外螺纹组成的配合 M20×2-6H/5g6g-S-LH

M20×2-6H/5g6g-S-LH

左旋 LH(右旋 RH 不标)
旋合长度(中等旋合长度"N"不标)
外螺纹顶径公差带
外螺纹中径公差带
内螺纹中径和顶径公差带(公差带代号相同时只标一个)

注：1. 大量生产的紧固件螺纹，推荐采用带方框的公差带。

　2. 精密精度用于精密螺纹，当要求配合性质变动较小时采用；中等精度用于一般用途；粗糙精度在精度要求不高或制造比较困难时采用。

　3. S——短旋合长度，N——中等旋合长度，L——长旋合长度。

* 为优先选用的公差带，括号内的公差带尽可能不用。

（2）梯形螺纹基本尺寸（表15-3）

表15-3　梯形螺纹基本尺寸（摘自 GB/T 5796.3—2005）　　　　　（单位：mm）

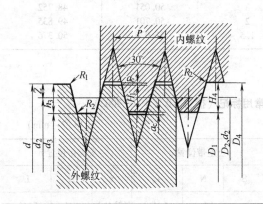

d——外螺纹大径（公称直径）
P——螺距
a_c——牙顶间隙
H_1——基本牙型高度，$H_1 = 0.5P$
h_3——外螺纹牙高，$h_3 = H_1 + a_c = 0.5P + a_c$
H_4——内螺纹牙高，$H_4 = H_1 + a_c = 0.5P + a_c$
Z——牙顶高，$Z = 0.25P = H_1/2$
d_2——外螺纹中径，$d_2 = d - 2Z = d - 0.5P$
D_2——内螺纹中径，$D_2 = d - 2Z = d - 0.5P$
d_3——外螺纹小径，$d_3 = d - 2h_3$
D_1——内螺纹小径，$D_1 = d - 2H_1 = d - P$
D_4——内螺纹大径，$D_4 = d + 2a_c$
R_1——外螺纹牙顶圆角，$R_{1max} = 0.5a_c$
R_2——牙底圆角，$R_{2max} = a_c$

公称直径 d		螺距	中径	大径	小　径	
第一系列	第二系列	P	$d_2 = D_2$	D_4	d_3	D_1
8		1.5	7.25	8.3	6.2	6.5
	9	1.5	8.25	9.3	7.2	7.5
		2	8.00	9.5	6.5	7.0
10		1.5	9.25	10.3	8.2	8.5
		2	9.00	10.5	7.5	8.0
	11	2	10.00	11.5	8.5	9.0
		3	9.50	11.5	7.5	8.0
12		2	11.00	12.5	9.5	10.0
		3	10.50	12.5	8.5	9.0
	14	2	13	14.5	11.5	12
		3	12.5	14.5	10.5	11

（续）

公称直径 d		螺距	中径	大径	小 径	
第一系列	第二系列	P	$d_2 = D_2$	D_4	d_3	D_1
16		2	15	16.5	13.5	14
		4	14	16.5	11.5	12
	18	2	17	18.5	15.5	16
		4	16	18.5	13.5	14
20		2	19	20.5	17.5	18
		4	18	20.5	15.5	16
	22	3	20.5	22.5	18.5	19
		5	19.5	22.5	16.5	17
		8	18	23	13	14
24		3	22.5	24.5	20.5	21
		5	21.5	24.5	18.5	19
		8	20	25	15	16
	26	3	24.5	26.5	22.5	23
		5	23.5	26.5	20.5	21
		8	22	27	17	18
28		3	26.5	28.5	24.5	25
		5	25.5	28.5	22.5	23
		8	24	29	19	20
	30	3	28.5	30.5	26.5	27
		6	27	31	23	24
		10	25	31	19	20
32		3	30.5	32.5	28.5	29
		6	29	33	25	26
		10	27	33	21	22
	34	3	32.5	34.5	30.5	31
		6	31	35	27	28
		10	29	35	23	24
36		3	34.5	36.5	32.5	33
		6	33	37	29	30
		10	31	37	25	26
	38	3	36.5	38.5	34.5	35
		7	34.5	39	30	31
		10	33	39	27	28
40		3	38.5	40.5	36.5	37
		7	36.5	41	32	33
		10	35	41	29	30
	42	3	40.5	42.5	38.5	39
		7	38.5	43	34	35
		10	37	43	31	32
44		3	42.5	44.5	40.5	41
		7	40.5	45	36	37
		12	38	45	31	32
	46	3	44.5	46.5	42.5	43
		8	42.0	47	37	38
		12	40.0	47	33	34
48		3	46.5	48.5	44.5	45
		8	44	49	39	40
		12	42	49	35	36
	50	3	48.5	50.5	46.5	47
		8	46	51	41	42
		12	44	51	37	38
52		3	50.5	52.5	48.5	49
		8	48	53	43	44
		12	46	53	39	40

二、螺纹的结构要素（表15-4～表15-11）。

（1）普通螺纹收尾、肩距、退刀槽、倒角（表15-4、表15-5）。

（2）通孔和沉孔尺寸（表15-6～表15-11）。

表15-4　普通外螺纹的收尾、肩距、退刀槽、倒角（摘自 GB/T 3—1997）

（单位：mm）

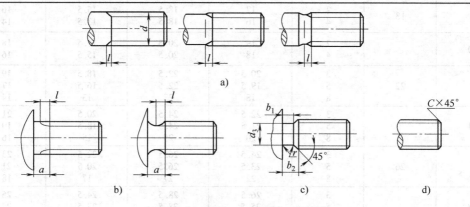

a）收尾　b）肩距　c）退刀槽　d）倒角

螺距 P	收尾 l max		肩距 a max			退　刀　槽			
	一般	短的	一般	长的	短的	b_1 min	b_2 max	d_3	r ≈
0.25	0.6	0.3	0.75	1	0.5	0.4	0.75	$d-0.4$	0.12
0.3	0.75	0.4	0.9	1.2	0.6	0.5	0.9	$d-0.5$	0.16
0.35	0.9	0.45	1.05	1.4	0.7	0.6	1.05	$d-0.6$	0.16
0.4	1	0.5	1.2	1.6	0.8	0.6	1.2	$d-0.7$	0.2
0.45	1.1	0.6	1.35	1.8	0.9	0.7	1.35	$d-0.7$	0.2
0.5	1.25	0.7	1.5	2	1	0.8	1.5	$d-0.8$	0.2
0.6	1.5	0.75	1.8	2.4	1.2	0.9	1.8	$d-1$	0.4
0.7	1.75	0.9	2.1	2.8	1.4	1.1	2.1	$d-1.1$	0.4
0.75	1.9	1	2.25	3	1.5	1.2	2.25	$d-1.2$	0.4
0.8	2	1	2.4	3.2	1.6	1.3	2.4	$d-1.3$	0.4
1	2.5	1.25	3	4	2	1.6	3	$d-1.6$	0.6
1.25	3.2	1.6	4	5	2.5	2	3.75	$d-2$	0.6
1.5	3.8	1.9	4.5	6	3	2.5	4.5	$d-2.3$	0.8
1.75	4.3	2.2	5.3	7	3.5	3	5.25	$d-2.6$	1
2	5	2.5	6	8	4	3.4	6	$d-3$	1
2.5	6.3	3.2	7.5	10	5	4.4	7.5	$d-3.6$	1.2
3	7.5	3.7	9	12	6	5.2	9	$d-4.4$	1.6
3.5	9	4.5	10.5	14	7	6.2	10.5	$d-5$	1.6
4	10	5	12	16	8	7	12	$d-5.7$	2
4.5	11	5.5	13.5	18	9	8	13.5	$d-6.4$	2.5
5	12.5	6.3	15	20	10	9	15	$d-7$	2.5
5.5	14	7	16.5	22	11	11	17.5	$d-7.7$	3.2
6	15	7.5	18	24	12	11	18	$d-8.3$	3.2
参考值	≈2.5P	≈1.25P	≈3P	=4P	=2P	—	≈3P	—	—

注：1. 应优先选用"一般"长度的收尾和肩距，"短"收尾和"短"肩距仅用于结构受限制的螺纹件上，产品等级为 B 或 C 级的螺纹紧固件可采用"长"肩距。

2. d 为螺纹公称直径代号。

3. d_3 公差为：h13（$d>3$mm）、h12（$d\leqslant3$mm）。

4. 倒角 C 应大于或等于螺纹牙型高度。

表 15-5 普通内螺纹的收尾、肩距、退刀槽、倒角（摘自 GB/T 3—1997）

（单位：mm）

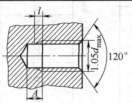

内螺纹收尾和肩距

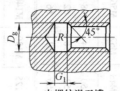

内螺纹退刀槽

螺距 P	收尾 l max		肩距 A		退刀槽			
					G_1		D_g	R ≈
	一般	短的	一般	长的	一般	短的		
0.25	1	0.5	1.5	2				
0.3	1.2	0.6	1.8	2.4				
0.35	1.4	0.7	2.2	2.8				
0.4	1.6	0.8	2.5	3.2				
0.45	1.8	0.9	2.8	3.6				
0.5	2	1	3	4	2	1		0.2
0.6	2.4	1.2	3.2	4.8	2.4	1.2		0.3
0.7	2.8	1.4	3.5	5.6	2.8	1.4	D+0.3	0.4
0.75	3	1.5	3.8	6	3	1.5		0.4
0.8	3.2	1.6	4	6.4	3.2	1.6		0.4
1	4	2	5	8	4	2		0.5
1.25	5	2.5	6	10	5	2.5		0.6
1.5	6	3	7	12	6	3		0.8
1.75	7	3.5	9	14	7	3.5		0.9
2	8	4	10	16	8	4		1
2.5	10	5	12	18	10	5		1.2
3	12	6	14	22	12	6	D+0.5	1.5
3.5	14	7	16	24	14	7		1.8
4	16	8	18	26	16	8		2
4.5	18	9	21	29	18	9		2.2
5	20	10	23	32	20	10		2.5
5.5	22	11	25	35	22	11		2.8
6	24	12	28	38	24	12		3
参考值	=4P	=2P	≈(6~5)P	≈(8~6.5)P	=4P	=2P	—	≈0.5P

注：1. 应优先选用"一般"长度的收尾和肩距，容屑需要较大空间时可选用"长"肩距，结构限制时可选用"短"收尾。

2. "短"退刀槽仅在结构受限制时采用。

3. D 为螺纹公称直径代号。

表 15-6　螺栓和螺钉通孔尺寸（摘自 GB 5277—1985）

（单位：mm）

螺纹规格 d		M1	M1.2	M1.4	M1.6	M1.8	M2	M2.5	M3	M3.5	M4	M4.5	M5	M6	M7	M8	M10	M12
螺孔直径	精装配	1.1	1.3	1.5	1.7	2	2.2	2.7	3.2	3.7	4.3	4.8	5.3	6.4	7.4	8.4	10.5	13
	中等装配	1.2	1.4	1.6	1.8	2.1	2.4	2.9	3.4	3.9	4.5	5	5.5	6.6	7.6	9	11	13.5
	粗装配	1.3	1.5	1.8	2	2.2	2.6	3.1	3.6	4.2	4.8	5.3	5.8	7	8	10	12	14.5

螺纹规格 d		M14	M16	M18	M20	M22	M24	M27	M30	M33	M36	M39	M42	M45	M48	M52	M56	M60
螺孔直径	精装配	15	17	19	21	23	25	28	31	34	37	40	43	46	50	54	58	62
	中等装配	15.5	17.5	20	22	24	26	30	32	36	39	42	45	48	52	56	62	66
	粗装配	16.5	18.5	21	24	26	28	32	35	38	42	45	48	52	56	62	66	70

螺纹规格 d		M64	M68	M76	M80	M85	M90	M95	M100	M105	M110	M115	M120	M125	M130	M140	M150
螺孔直径	精装配	66	70	78	82	87	93	98	104	109	114	119	124	129	134	144	155
	中等装配	70	74	82	86	91	96	101	107	112	117	122	127	132	137	147	158
	粗装配	74	78	86	91	96	101	107	112	117	122	127	132	137	144	155	165

表 15-7　六角螺栓和六角螺母用沉孔（摘自 GB 152.4—1988）

（单位：mm）

螺纹规格 d	M1.6	M2	M2.5	M3	M4	M5	M6	M8	M10	M12	M14	M16	M18	M20	M22	M24	M27	M30	M33	M36	M39	M42	M45	M48	M52	M56	M60	M64
d_2 (H15)	5	6	8	9	10	11	13	18	22	26	30	33	36	40	43	48	53	61	66	71	76	82	89	98	107	112	118	125
d_3	—	—	—	—	—	5.5	6.6	9.0	11.0	13.5	15.5	17.5	20.0	22.0	24	26	28	33	36	39	42	45	48	56	60	68	72	76
d_1 (H13)	1.8	2.4	2.9	3.4	4.5	5.5	6.6	9.0	11.0	13.5	15.5	17.5	20.0	22.0	24	26	30	33	36	39	42	45	48	52	56	62	66	70

表 15-8 圆柱头用沉孔尺寸（摘自 GB 152.3—1988） （单位：mm）

适用于 GB/T 70

螺纹规格 d	M4	M5	M6	M8	M10	M12	M14	M16	M20	M24	M30	M36
d_2 (H13)	8.0	10.0	11.0	15.0	18.0	20.0	24.0	26.0	33.0	40.0	48.0	57.0
t (H13)	4.6	5.7	6.8	9.0	11.0	13.0	15.0	17.5	21.5	25.5	32.0	38.0
d_3	—	—	—	—	—	16	18	20	24	28	36	42
d_1 (H13)	4.5	5.5	6.6	9.0	11.0	13.5	15.5	17.5	22.0	26.0	33.0	39.0

适用于 GB/T 6190、GB/T 6191、GB/T 65

螺纹规格 d	M4	M5	M6	M8	M10	M12	M14	M16	M20
d_2 (H13)	8	10	11	15	18	20	24	26	33
t (H13)	3.2	4.0	4.7	6.0	7.0	8.0	9.0	10.5	12.5
d_3	—	—	—	—	—	16	18	20	24
d_1 (H13)	4.5	5.5	6.6	9.0	11.0	13.5	15.5	17.5	22.0

注：GB/T 6190、GB/T 6191 已被 GB/T 2671.1—2004、GB/T 2671.2—2004 所代替。

表 15-9 沉头用沉孔尺寸（摘自 GB 152.2—1988） （单位：mm）

适用于沉头螺钉及半沉头螺钉

螺纹规格 d	M1.6	M2	M2.5	M3	M3.5	M4	M5	M6	M8	M10	M12	M14	M16	M20
d_2 (H13)	3.7	4.5	5.6	6.4	8.4	9.6	10.6	12.8	17.6	20.3	24.4	28.4	32.4	40.4
t	1	1.2	1.5	1.6	2.4	2.7	2.7	3.3	4.6	5.0	6.0	7.0	8.0	10.0
d_1 (H13)	1.8	2.4	2.9	3.4	3.9	4.5	5.5	6.6	9	11	13.5	15.5	17.5	22

适用于沉头木螺钉及半沉头木螺钉

螺纹规格 d	1.6	2	2.5	3	3.5	4	4.5	5	5.5	6	7	8	10
d_2 (H13)	3.7	4.5	5.5	6.6	7.7	8.6	10.1	11.2	12.1	13.2	15.3	17.3	21.9
t	1.0	1.2	1.4	1.7	2.0	2.2	2.7	3.0	3.2	3.5	4.0	4.5	5.8
d_1 (H13)	1.8	2.4	2.9	3.4	3.9	4.5	5.0	5.5	6.0	6.6	7.6	9.0	11.0

表 15-10　普通螺纹的内、外螺纹余留长度，钻孔余留深度，螺栓突出螺母的末端长度

（摘自 JB/ZQ 4247—2006）　　　　　　　　　（单位：mm）

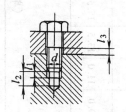

螺距 P	螺纹直径 d		余留长度（深度）			末端长度
	粗牙	细　牙	内螺纹 l_1	钻孔 l_2	外螺纹 l_3	a
0.5	3	5	1	4	2	1～2
0.7	4	—		5		
0.75	—	6	1.5		2.5	2～3
0.8	5			6		
1	6	8, 10, 14, 16, 18	2	7	3.5	2.5～4
1.25	8	12	2.5	9	4	
1.5	10	14, 16, 18, 20, 22, 24, 27, 30, 33	3	10	4.5	3.5～5
1.75	12		3.5	13	5.5	
2	14, 16	24, 27, 30, 33, 36, 39, 45, 48, 52	4	14	6	4.5～6.5
2.5	18, 20, 22	—	5	17	7	
3	24, 27	36, 39, 42, 45, 48, 56, 60, 64, 72, 76	6	20	8	5.5～8
3.5	30	—	7	23	10	
4	36	56, 60, 64, 68, 72, 76	8	26	11	7～11
4.5	42	—	9	30	12	
5	48		10	33	13	
5.5	56		11	36	16	10～15
6	64, 72, 76		12	40	18	

表 15-11　粗牙螺栓、螺钉的拧入深度、攻螺纹深度　　　　　（单位：mm）

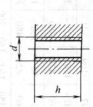

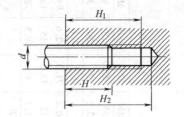

公称直径 d	钢和青铜				铸铁				铝			钻孔深度 H_2
	通孔拧入深度 h	不通孔拧入深度 H	攻螺纹深度 H_1	钻孔深度 H_2	通孔拧入深度 h	不通孔拧入深度 H	攻螺纹深度 H_1	钻孔深度 H_2	通孔拧入深度 h	不通孔拧入深度 H	攻螺纹深度 H_1	
3	4	3	4	7	6	5	6	9	8	6	7	10
4	5.5	4	5.5	9	8	6	7.5	11	10	8	10	14
5	7	5	7	11	10	8	10	14	12	10	12	16
6	8	6	8	13	12	10	12	17	15	12	15	20
8	10	8	10	16	15	12	14	20	20	16	18	24
10	12	10	13	20	18	15	18	25	24	20	23	30
12	15	12	15	24	22	18	21	30	28	24	27	36
16	20	16	20	30	28	24	28	33	36	32	36	46
20	25	20	24	36	35	30	35	47	45	40	45	57
24	30	24	30	44	42	35	42	55	55	48	54	68
30	36	30	36	52	50	45	52	68	70	60	67	84
36	45	36	44	62	65	55	64	82	80	72	80	98
42	50	42	50	72	75	65	74	95	95	85	94	115
48	60	48	58	82	85	75	85	108	105	95	105	128

三、螺纹联接件

（1）螺栓（表 15-12 ~ 表 15-14）

（2）双头螺柱（表 15-15）

（3）螺钉（表 15-16 ~ 表 15-19）

表 15-12　六角头螺栓 C 级（摘自 GB/T 5780—2000，GB/T 5781—2000）

（单位：mm）

六角头螺栓 C 级（GB/T 5780—2000）　　　六角头螺栓全螺纹 C 级（GB/T 5781—2000）

标记示例：

螺纹规格 d＝M12、公称长度 l＝80mm、性能等级为 4.8 级、不经表面处理、C 级的六角头螺栓：螺栓 GB/T 5780　M12×80

螺纹规格 d＝M12、公称长度 l＝80mm、性能等级为 4.8 级、不经表面处理、C 级的六角头螺栓全螺纹：螺栓 GB/T 5781　M12×80

螺纹规格 d		M5	M6	M8	M10	M12	(M14)	M16	(M18)	M20	(M22)	M24	(M27)	M30	M36	M42	M48	M56	M64
s（公称）		8	10	13	16	18	21	24	27	30	34	36	41	46	55	65	75	85	95
k（公称）		3.5	4	5.3	6.4	7.5	8.8	10	11.5	12.5	14	15	17	18.7	22.5	26	30	35	40
r（最小）		0.2	0.25	0.4			0.6			0.8			1			1.2	1.6		2
e（最小）		8.6	10.9	14.2	17.6	19.9	22.8	26.2	29.6	33	37.3	39.6	45.2	50.9	60.8	71.3	82.6	93.6	104.9
a（最大）		2.4	3	4	4.5	5.3	8.8	6		7.5			9	10.5	12	13.5	15	16.5	18
d_w（最小）		6.7	8.7	11.5	14.5	16.5	19.2	22	24.9	27.7	31.4	33.3	38	42.8	51.1	60	69.5	78.7	88.2
b（参考）	l≤125	16	18	22	26	30	34	38	42	46	50	54	60	66	78	96	108	124	140
	125＜l≤200	22	24	28	32	36	40	44	48	52	56	60	66	72	84	109	121	137	153
	l＞200	35	37	41	45	49	53	57	61	65	69	73	79	85	97				
l（公称）GB/T 5780—2000		25~50	30~60	40~80	45~100	55~120	60~140	65~160	80~180	80~200	90~220	100~240	110~260	120~300	140~360	180~420	200~480	240~500	260~500
全螺纹长度 l GB/T 5781—2000		10~50	12~60	16~80	20~100	25~120	30~140	30~160	35~180	40~200	45~220	50~240	55~280	60~300	70~360	80~420	100~480	110~500	120~500
l 系列（公称）		10, 12, 16, 20, 25, 30, 35, 40, 45, 50, 55, 60, 65, 70, 80, 90, 100, 110, 120, 130, 140, 150, 180, 200, 220, 240, 260, 280, 300, 320, 340, 360, 380, 400, 420, 440, 460, 480, 500																	
技术条件	材料	钢	性能等级	4.8；3.6、4.6、4.8；d＞39，按协议				表面处理	不处理；电镀，非电解锌粉覆盖						产品等级	C			
	GB/T 5780 螺纹公差	8g																	
	GB/T 5781 螺纹公差	8g																	

注：1. M5~M36 为商品规格，为销售储备的产品最通用的规格。2. M42~M64 为通用规格，较商品规格低一档，有时买不到降一档。3. 带括号的为非优选的螺纹规格（其他各表均相同），非优选螺纹规格除表中所列外还有（M33）、（M39）、（M45）、（M52）和（M60）。4. 螺纹末端按 GB/T 2 的规定。5. 本表尺寸系对原标准进行了摘录，以后各表均相同。6. 标记示例 "螺栓 GB/T 5780　M12×80" 为简化标记，它代表了标记示例的各项内容，此标准件为常用及大量供应的，与标记示例内容不同的不能用简化标记，应按 GB/T 1237—2000 的规定标记，以后各螺纹联接件均相同。7. 表面处理：电镀技术要求按 GB/T 5267 的规定，非电解锌粉覆盖技术要求按 ISO10683；如需其他表面镀层或表面处理，应由双方协议。8. GB/T 5780—2000 增加了短规格，推荐采用 GB/T 5781—2000 全螺纹螺栓。

表 15-13 六角头螺栓 A 级和 B 级

(单位: mm)

六角头螺栓 (GB/T 5782—2000)

六角头螺栓全螺纹 (GB/T 5783—2000)

六角头螺杆带孔螺栓 A 和 B 级 (GB/T 31.1—2013)

六角头带孔螺栓 A 和 B 级 (GB/T 32.1—1988)

六角头部带槽螺栓 A 和 B 级 (GB/T 29.1—2013)

其余的形式与尺寸按 GB/T 5782—2000 的规定

其余的形式与尺寸按 GB/T 5783—2000 的规定

其余的形式与尺寸按 GB/T 5783—2000 的规定，A 级的六角头螺栓

其余的形式与尺寸按 GB/T 5782—2000 的规定

其余的形式与尺寸按 GB/T 31.1 的规定：

标记示例:
螺纹规格 d = M12, 公称长度 l = 80mm, 性能等级为 8.8 级, 不经表面处理, A 级的六角头螺杆带孔螺栓:
螺栓 GB/T 31.1 M12 × 80

标记示例:
螺纹规格 d = M12, 公称长度 l = 80mm, 性能等级为 8.8 级, 表面氧化, A 级的六角头螺栓: 螺栓 GB/T 5782 M12 × 80

螺纹规格 d	M1.6	M2	M2.5	M3	M4	M5	M6	M8	M10	M12	(M14)	M16	(M18)	M20	(M22)	M24	(M27)	M30	M36	M42	M48	M56	M64
s 公称	3.2	4	5	5.5	7	8	10	13	16	18	21	24	27	30	34	36	41	46	55	65	75	85	95
k 公称	1.1	1.4	1.7	2	2.8	3.5	4	5.3	6.4	7.5	8.8	10	11.5	12.5	14	15	17	18.7	22.5	26	30	35	40
r min	0.1	0.1	0.1	0.1	0.2	0.2	0.25	0.4	0.4	0.6	0.6	0.8	0.8	0.8	0.8	1	1	1	1.2	1.2	1.6	2	2
e min A	3.41	4.32	5.45	6.01	7.66	8.79	11.05	14.38	17.77	20.03	23.36	26.75	30.14	33.53	37.72	39.98	—	—	—	—	—	—	—
B	3.28	4.18	5.31	5.88	7.50	8.63	10.89	14.20	17.59	19.85	22.78	26.17	29.56	32.95	37.29	39.55	45.2	50.85	60.79	71.3	82.6	93.56	104.86
d_w min A	2.27	3.07	4.07	4.57	5.88	6.88	8.88	11.63	14.63	16.63	19.64	22.49	25.34	28.19	31.71	33.61	—	—	—	—	—	—	—
B	2.3	2.95	3.95	4.45	5.74	6.74	8.74	11.47	14.47	16.47	19.15	22	24.85	27.7	31.35	33.25	38	42.75	51.11	59.95	69.45	78.86	88.16
b (参考) $l \le 125$	9	10	11	12	14	16	18	22	26	30	34	38	42	46	50	54	60	66	—	—	—	—	—
$125 < l \le 200$	15	16	17	18	20	22	24	28	32	36	40	44	48	52	56	60	66	72	84	96	108	—	—
$l > 200$	28	29	30	31	33	35	37	41	45	49	53	57	61	65	69	73	79	85	97	109	121	137	153
a	1.05	1.2	1.35	1.5	2.1	2.4	3	4	4.5	5.3	6	6	7.5	7.5	9	9	9	10.5	12	13.5	15	16.5	18
n	—	—	—	0.86	1.26	1.28	1.66	2.06	2.56	3.06	—	—	—	—	—	—	—	—	—	—	—	—	—

（续）

螺纹规格 d	M1.6	M2	M2.5	M3	M4	M5	M6	M8	M10	M12	(M14)	M16	(M18)	M20	(M22)	M24	(M27)	M30	M36	M42	M48	M56	M64
t	—	—	—	0.7	1	1.2	1.4	1.9	2.4	3	3.2		4		5			6.3		8.0		—	—
d_1	—	—	—	—	—	—	1.6	2.0	2.5	3.2	4		5		6.3			8.0				—	—
$h\approx$	—	—	—	—	—	—	2.0	2.6	3.2	3.7	4.4	5.0	5.7	6.2	7.0	7.5	8.5	9.3	11.2	13	15	—	—
l_b	—	—	—	—	—	—	27~57	31~76	36~96	40~115	45~135	49~154	54~174	59~194	63~213	73~233	82~292	81~291	100~290	118~288	128~288	—	—
l (GB/T 5782)	12~16	16~20	16~25	20~30	25~40	25~50	30~60	40(35)~80	45(40)~100	50(45)~120	60(50)~140	65(55)~160	70(60)~180	80(65)~200	90(70)~220	90(80)~240	100~260 (90~300)	110~300 (90~300)	140~300 (110~300)	160~300 (130~300)	180~480 (140~300)	220~500	260~500
全螺纹长度 l (GB/T 5783)	2~16	4~20	5~25	6~30	8~40	10~50	12~60	16~80	20~100	25~120	30~140	30~150	35~180	40~200	45~200	50~200	55~200	60~200	70~200	80~200	100~200	110~200	120~200

l 系列：2, 3, 4, 5, 6, 8, 10, 12, 16, 20, 25, 30, 35, 40, 45, 50, 55, 60, 65, 70, 80, 90, 100, 110, 120, 130, 140, 150, 160, 180, 200, 220, 240, 260, 280, 300, 320, 340, 360, 380, 400, 420, 440, 460, 480, 500

材料	钢	不锈钢	有色金属
性能等级	$3\le d\le 39$：5.6、8.8、10.9；$d\le 16$：9.8；$d<3$ 和 $d>39$：按协议	$d\le 24$：A2-70、A4-70；$24<d\le 39$：A2-50、A4-50；$d>39$：按协议	CU2、CU3、AL4
表面处理	氧化	简单处理	简单处理

技术条件：螺纹公差：6g　产品等级：A、B

注：
1. 产品等级 A 级用于 $d\le 24$mm 和 $l\le 10d$ 或 $l\le 150$mm 的螺栓，B 级用于 $d>24$mm 和 $l>10d$ 或 $l>150$mm 的螺栓（按较小值，A 级比 B 级精确）。
2. M3～M36 为商品规格，M42～M64 为通用规格，相同螺纹直径变量相等。非优选螺纹的规格除表中所列外，还有（M33）、（M39）、（M45）、（M52）和（M60）。
3. l_b 随 l 变化，相同螺纹直径等。l_b 的公差按 + IT14。
4. 螺纹末端按 GB/T 2 的规定。
5. 表面处理与表 15-12 注 7 相同。
6. 技术条件 GB/T 31.1—2013，GB/T 32.1—1988 与 GB/T 5782—2000 相同；GB/T 29.1—2013 与 GB/T 5783—2000 相同。
7. l 括号中数字按 GB/T 31.1—2013 的规定。

表 15-14 六角头加强杆螺栓（摘自 GB/T 27—2013）

（单位：mm）

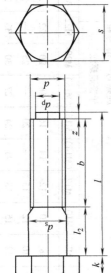

标记示例：

螺纹规格 d = M12、公称长度 l = 80mm、性能等级为 8.8 级、表面氧化处理、A 级的六角头加强杆螺栓：螺栓　GB/T 27　M12×80

d_s 按 m6 制造时应加标记 m6：螺栓　GB/T 27　M12×m6×80

螺纹规格 d		M6	M8	M10	M12	M14	M16	M18	M20	M22	M24	M27	M30	M36	M42	M48
螺距 P		1.00	1.25	1.50	1.75	2.0	2.0	2.5	2.5	2.5	3	3	3.5	4	4.5	5
d_s	公称 max	7	9	11	13	15	17	19	21	23	25	28	32	38	44	50
	min	6.964	8.964	10.957	12.957	14.957	16.957	18.948	20.948	22.948	24.948	27.948	31.938	37.938	43.938	49.938
k	公称	4	5	6	7	8	9	10	11	12	13	15	17	20	23	26
	A max	3.85	4.85	5.85	6.82	7.82	8.82	9.82	10.78	11.78	12.78	—	—	—	—	—
	A min	4.15	5.15	6.15	7.18	8.18	9.18	10.18	11.22	12.22	13.22	—	—	—	—	—
	B max	4.24	5.24	6.24	7.29	8.29	9.29	10.29	11.35	12.35	13.35	15.35	17.35	20.42	23.42	26.42
	B min	3.76	4.76	5.76	6.71	7.71	8.71	9.71	10.65	11.65	12.65	14.65	16.65	19.58	22.58	25.58
s	max	10	13	16	18	21	24	27	30	34	36	41	46	55	65	75
	min A	9.78	12.73	15.73	17.73	20.67	23.67	26.67	29.67	33.38	35.38	—	—	—	—	—
	min B	9.64	12.57	15.57	17.57	20.16	23.16	26.16	29.16	33.38	35	40	45	53.8	63.8	73.1
l_2 (±1)		l−12	l−15	l−18	l−20	l−25	l−28	l−30	l−32	l−35	l−38	l−42	l−50	l−55	l−65	l−70
d_p		4.0	5.5	7.0	8.5	10	12	13	15	17	18	21	23	28	33	38
z		1.5	1.5	2	2	3	3	4	4	4	5	5	5	6	7	8

表 15-15 双头螺柱

（单位：mm）

GB/T 897—1988 （$b_m = 1d$）　GB/T 898—1988 （$b_m = 1.25d$）　GB/T 899—1988 （$b_m = 1.5d$）　GB/T 900—1988 （$b_m = 2d$）

A型　倒角端　倒角端　p　b　l　x　b_m

B型　辗制末端　辗制末端　p　b　l　x　b_m

标记示例：

两端形式	d /mm	l /mm	性能等级	表面处理	型号	b_m /mm	标 记
两端均为粗牙普通螺纹	10	50	4.8	不处理	B	$1d$	螺柱 GB/T 897 M10×50
旋入机体一端为粗牙普通螺纹，旋螺母一端为细牙管距 $P=1$ 的通螺纹	10	50	4.8	不处理	A	$1.25d$	螺柱 GB/T 897 AM10—M10×1×50
旋入机体一端为过渡配合螺纹的第一种配合，旋螺母一端为粗牙普通螺纹	10	50	8.8	镀锌钝化	B	$1.5d$	螺柱 GB/T 897 GM10—M10×50—8.8—Zn·D
旋入机体一端为过盈配合螺纹，旋螺母一端为粗牙普通螺纹	10	50	8.8	镀锌钝化	A	$2d$	螺柱 GB/T 900 AYM10—M10×50—8.8—Zn·D

螺纹规格 d	M2	M2.5	M3	M4	M5	M6	M8	M10	M12	(M14)	M16	(M18)	M20	(M22)	M24	(M27)	M30	(M33)	M36	(M39)	M42	M48
GB/T 897	—	—	3	—	5	6	8	10	12	14	16	18	20	22	24	27	30	33	36	39	42	48
GB/T 898	—	—	—	—	6	8	10	12	15	—	20	—	25	—	30	—	38	—	45	—	52	60
b_m GB/T 899	3	3.5	4.5	6	8	10	12	15	18	21	24	27	30	33	36	40	45	49	54	58	63	72
GB/T 900	4	5	6	8	10	12	16	20	24	28	32	36	40	44	48	54	60	66	72	78	84	96

（续）

螺纹规格 d	M2	M2.5	M3	M4	M5	M6	M8	M10	M12	(M14)	M16	(M18)	M20	(M22)	M24	(M27)	M30	(M33)	M36	(M39)	M42	M48	l
																							b
12	6	8	6																				
(14)				8																			
16					10																		
(18)						10																	
20	10	11	12				12																
(22)																							
25				14	16	14	16	14	16														
(28)																							
30								16		18	20												
(32)							22		20														
35						18						22	25										
(38)										25													
40								26			30			30									
45									30			35	35		30								
50										34				40		35							
(55)											38				45								
60												42					40						
(65)													46			50							
70																	50						
(75)														50				45	45	50	50	60	
80															54								
(85)																60		60	60	65	70	80	
90																	66						
(95)																							
100																							
110																		72	78	84	90	102	
120																							
130								32															
140									36	40	44	48	52	56	60	66	72	78	84	90	96	108	
150																							
160																							
170																							
180																							
190																							
200																	85	91	97	103	109	121	
210																							
220																							
230																							
240																							
250																							
260																							
280																							
300																							

技术条件

材料	性能等级	过渡及过盈配合螺纹	螺纹公差	表面处理（GB/T 897、GB/T 898）	表面处理（GB/T 899、GB/T 900）	产品等级：B
钢	4.8、5.8、6.8、8.8、10.9、12.9	GM、C3M、YM（GB/T 900）；GM、G2M（GB/T 897）；GB/T 898、GB/T 899	6g	①不经处理；②氧化；③镀锌钝化	①不经处理；②氧化；③镀锌钝化	
不锈钢	A2-50、A2-70				不经处理	

注：1. 左边的 l 系列查左边二粗黑线之间的 b 值，右边的 l 系列查右边的粗黑线上方的 b 值。
2. 当 $b-b_m \le 5$mm 时，旋螺母一端应制成倒圆端。
3. 允许采用细牙螺纹和过渡螺纹。
4. GB/T 898—1988　$d = $ M5～M20 为商品规格，其余均为通用规格。
5. $b_m = d$ 一般用于钢对钢，$b_m = (1.25 \sim 1.5) d$ 一般用于钢对铸铁，$b_m = 2d$ 一般用于钢对铝合金。
6. 螺纹末端按 GB/T 2 的规定。

表 15-16　十字槽螺钉　　　　　　　　　（单位：mm）

十字槽盘头螺钉（GB/T 818—2000）

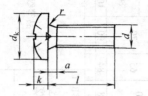

十字槽沉头螺钉（GB/T 819.1—2000）

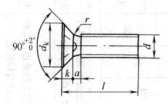

十字槽半沉头螺钉（GB/T 820—2000）

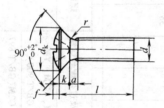

标记示例：

螺纹规格 d = M5、公称长度 l = 20mm、性能等级为 4.8 级，不经表面处理的 H 型十字槽盘头螺钉：

螺钉　GB/T 818　M5×20

螺纹规格 d		M1.6	M2	M2.5	M3	(M3.5)	M4	M5	M6	M8	M10
a	max	0.7	0.8	0.9	1	1.2	1.4	1.6	2	2.5	3
b	min		25				38				
x	max	0.9	1	1.1	1.25	1.5	1.75	2	2.5	3.2	3.8
商品规格长度 l		3~16	3~20	3~25	4~30	5~35	5~40	6~45	8~60	10~60	12~60
GB/T 818	d_k　max	3.2	4	5	5.6	7	8	9.5	12	16	20
	k　max	1.3	1.6	2.1	2.4	2.6	3.1	3.7	4.6	6	7.5
	r　min		0.1				0.2		0.25	0.4	
	全螺纹长度 b		3~25		4~25		5~40		6~40	8~40	10~40	12~40

（续）

螺纹规格 d		M1.6	M2	M2.5	M3	(M3.5)	M4	M5	M6	M8	M10
GB/T 819.1 GB/T 820	d_k max	3	3.8	4.7	5.5	7.3	8.4	9.3	11.3	15.8	18.3
	$f \approx$	0.4	0.5	0.6	0.7	0.8	1	1.2	1.4	2	2.3
	k max	1	1.2	1.5	1.65	2.35	2.7		3.3	4.65	5
	r max	0.4	0.5	0.6	0.8	0.9	1	1.3	1.5	2	2.5
	全螺纹 长度 b	3~30			4~30		5~45		6~45	8~45	10~45	12~45
l 系列		3、4、5、6、8、10、12、(14)、16、20、25、30、35、40、45、50、(55)、60										
技术条件	材料	钢		不锈钢		有色金属		螺纹公差： 6g		产品等级： A		
	性能等级	4.8		A2-50、A2-70		CU2、CU3、AL4						
	表面处理	不经处理		简单处理		简单处理						

注：1. GB/T 819.1—2000 仅有钢制、4.8 级螺钉。

2. 全螺纹长度 $b = L - a$。

表 15-17　内六角圆柱头螺钉（摘自 GB/T 70.1—2008）　　（单位：mm）

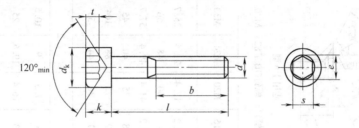

标记示例：

螺纹规格 d = M5、公称长度 l = 20mm、性能等级为 8.8 级、表面氧化的内六角圆柱头螺钉：

螺钉　GB/T 70.1　M5×20

螺纹规格 d	M5	M6	M8	M10	M12	M16	M20	M24	M30	M36
b（参考）	22	24	28	32	36	44	52	60	72	84
d_k max	8.5	10	13	16	18	24	30	36	45	54
e min	4.58	5.72	6.86	9.15	11.43	16	19.44	21.73	25.15	30.85
k max	5	6	8	10	12	16	20	24	30	36
s 公称	4	5	6	8	10	14	17	19	22	27
t min	2.5	3	4	5	6	8	10	12	15.5	19
l 范围（公称）	8~50	10~60	12~80	16~100	20~120	25~160	30~200	40~200	45~200	55~200
制成全螺纹时 $l \leqslant$	25	30	35	40	45	55	65	80	90	110
l 系列（公称）	8、10、12、(14)、16、20~50（5 进位）、(55)、60、(65)、70~160（10 进位）、180、200									
技术条件	材料		力学性能等级		螺纹公差		产品等级		表面处理	
	钢		8.8、12.9		12.9 级为 5g6g， 其他等级为 6g		A		氧化或镀锌钝化	

注：括号内的规格尽可能不采用。

表 15-18　吊环螺钉（摘自 GB/T 825—1988）

（单位：mm）

A型　　B型　　适用于A型

规格 d		M8	M10	M12	M16	M20	M24	M30	M36	M42	M48	M56	M64	M72×6	M80×6	M100×6
d_1/mm	max	9.1	11.1	13.1	15.2	17.4	21.4	25.7	30	34.4	40.7	44.7	51.4	63.8	71.8	79.2
D_1/mm	公称	20	24	28	34	40	48	56	67	80	95	112	125	140	160	200
d_2/mm	max	21.1	25.1	29.1	35.2	41.4	49.4	57.7	69	82.4	97.7	114.7	128.4	143.8	163.8	204.2
l/mm	公称	16	20	22	28	35	40	45	55	65	70	80	90	100	115	140
d_4/mm	(参考)	36	44	52	62	72	88	104	123	144	171	196	221	260	296	350
h/mm	公称	18	22	26	31	36	44	53	63	74	87	100	115	130	150	175
r/mm	min	1	1	1	1	2	2	2	3	3	3	4	4	4	5	5
a_1/mm	max	3.75	4.5	5.25	6	7.5	9	10.5	12	13.5	15	16.5	18	18	18	18
d_3/mm	公称	6	7.7	9.4	13	16.4	19.6	25	30.8	35.6	41	48.3	55.7	63.7	71.7	91.7
a/mm	max	2.5	3	3.5	4	5	6	7	8	9	10	11	12	12	12	12
b/mm	公称	10	12	14	16	19	24	28	32	38	46	50	58	72	80	88
D_2/mm	公称	13	15	17	22	28	32	38	45	52	60	68	75	85	95	115
h_2/mm	公称	2.5	3	3.5	4.5	5	7	8	9.5	10.5	11.5	12.5	13.5	14	14	14

标记示例：

规格为20，材料20钢，经正火处理，不经表面处理的A型吊环螺钉：螺钉GB/T 825 M20

（续）

规格 d	M8	M10	M12	M16	M20	M24	M30	M36	M42	M48	M56	M64	M72 ×6	M80 ×6	M100 ×6	技术条件
最大起重量/t（平稳起吊） 单螺钉起吊	0.16	0.25	0.4	0.63	1	1.6	2.5	4	6.3	8	10	16	20	25	40	材料：20 钢或 25 钢 螺纹公差 8g 热处理：整体锻造 正火处理 表面处理：①不处理，②镀锌钝化，③镀铬按 GB/T 5267 的规定
双螺钉起吊	0.08	0.125	0.2	0.32	0.5	0.8	1.25	2	3.2	4	5	8	10	12.5	20	

注：M8 ~ M36 为商品规格。吊环螺钉应进行硬度试验，其硬度值应符合 67 ~ 95HRB。

表 15-19　紧定螺钉

开槽锥端紧定螺钉
GB/T 71—1985

开槽平端紧定螺钉
GB/T 73—1985

开槽长圆柱端紧定螺钉
GB/T 75—1985

标记示例：

螺纹规格 d = M5，公称长度 l = 12mm，性能等级为 14H 级，表面氧化的开槽锥端紧定螺钉（或开槽平端，或开槽长圆柱紧定螺钉）：

螺钉　GB/T 71—1985　M5×12（或 GB/T 73—1985　M5×12，或 GB/T 75—1985　M5×12）

螺纹规格 d		M3	M4	M5	M6	M8	M10	M12
螺距 P		0.5	0.7	0.8	1	1.25	1.5	1.75
$d_f \approx$		螺 纹 小 径						
d_t	max	0.3	0.4	0.5	1.5	2	2.5	3
d_p	max	2	2.5	3.5	4	5.5	7	8.5
n	公称	0.4	0.6	0.8	1	1.2	1.6	2
t	min	0.8	1.12	1.28	1.6	2	2.4	2.8
z	max	1.75	2.25	2.75	3.25	4.3	5.3	6.3
不完整螺纹的长度 u		$\leq 2P$						
l 范围（商品规格）	GB/T 71—1985	4~16	6~20	8~25	8~30	10~40	12~50	14~60
	GB/T 73—1985	3~16	4~20	5~25	6~30	8~40	10~50	12~60
	GB/T 75—1985	5~16	6~20	8~25	8~30	10~40	12~50	14~60
短螺钉	GB/T 73—1985	3	4	5	6	—		—
	GB/T 75—1985	5	6	8	8, 10	10, 12, 14	12, 14, 16	14, 16, 20
公称长度 l 的系列		3、4、5、6、8、10、12、(14)、16、20、25、30、35、40、45、50、(55)、60						

技术条件	材料	机械性能等级	螺纹公差	公差产品等级	表面处理
	Q235，15 钢，35 钢，45 钢	14H，22H	6g	A	氧化或镀锌钝化

注：1. 尽可能不采用括号内的规格。

　　2. 表图中标有 * 者，公称长度在表中 l 范围内的短螺钉应制成120°；标有 ＊＊ 者，90°或120°和45°仅适用于螺纹小径以内的末端部分。

（4）螺母（表 15-20、表 15-21）

（单位：mm）

表 15-20 六角螺母

六角螺母 C 级（GB/T 41—2000）
标记示例：
螺纹规格 D=M12、性能等级为 5 级、不经表面处理、产品等级为 C 级的六角螺母：
螺母 GB/T 41 M12

1 型六角螺母 （GB/T 6170—2000）
六角薄螺母 （GB/T 6172.1—2000）
标记示例：
螺纹规格 D=M12、性能等级为 10 级、不经表面处理、A 级的 1 型六角螺母：
螺母 GB/T 6170 M12
螺纹规格 D=M12、性能等级为 04 级、不经表面处理、A 级的六角薄螺母：
螺母 GB/T 6172.1 M12

六角薄螺母无倒角（GB/T 6174—2000）
标记示例：
螺纹规格 D=M6、力学性能为 110HV、不经表面处理、B 级的六角薄螺母：
螺母 GB/T 6174 M6

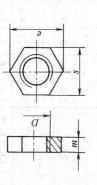

（续）

螺纹规格 D		M1.6	M2	M2.5	M3	(M3.5)	M4	M5	M6	M8	M10	M12	(M14)	M16	(M18)	M20	(M22)	M24	(M27)	M30	M36	M42	M48	M56	M64
e_{min}	1①	3.3	4.2	5.3	5.9	6.4	7.5	8.6	10.9	14.2	17.6	19.9	22.8	26.2	29.6	33	37.3	39.6	45.2	50.9	60.8	71.3	82.6	93.6	104.9
	2②	3.4	4.3	5.5	6	6.6	7.7	8.8	11	14.4	17.8	20	23.4	26.8	29.6	33	37.3	39.6	45.2	50.9	60.8	71.3	82.6	93.6	104.9
s 公称		3.2	4	5	5.5	6	7	8	10	13	16	18	21	24	27	30	34	36	41	46	55	65	75	85	95
$d_{w\,min}$	GB/T 6170, GB/T 6172.1	2.4	3.1	4.1	4.6	5.1	5.9	6.9	8.9	11.6	14.6	16.6	19.6	22.5	24.9	27.7	31.4	33.3	38	42.8	51.1	60	69.5	78.7	88.2
	GB/T 41	—	—	—	—	—	—	6.7	8.7	11.5	14.5	16.5	19.2	22	24.9	27.7	31.4	33.3	38	42.8	51.1	60	69.5	78.7	88.2
m max	GB/T 6170	1.3	1.6	2	2.4	2.8	3.2	4.7	5.2	6.8	8.4	10.8	12.8	14.8	15.8	18	19.4	21.5	23.8	25.6	31	34	38	45	51
	GB/T 6172.1	1	1.2	1.6	1.8	2	2.2	2.7	3.2	4	5	6	7	8	9	10	11	12	13.5	15	18	21	24	28	32
	GB/T 6174	1	1.2	1.6	1.8	2	2.2	2.7	3.2	4	5														
	GB/T 41	—	—	—	—	—	—	5.6	6.4	7.9	9.5	12.2	13.9	15.9	16.9	19	20.2	22.3	24.7	26.4	31.9	34.9	38.9	45.9	52.4

技术条件

标准	材料	性能等级	公差等级	表面处理③	产品等级
GB/T 41	钢	$D≤M3$: 按协议; $M3<D≤M39$: 4、5; $D>M39$: 按协议	7H	不经处理③	C
	不锈钢	$D≤M24$: A2-70、A4-70; $M24<D≤M39$: A2-50、A4-50; $D>M39$: 按协议	6H	简单处理③	
	有色金属	CU2、CU3、AL4	6H	简单处理③	
GB/T 6172.1	钢	$D≤M3$: 按协议; $M3<D≤M39$: 04、05; $D>M39$: 按协议	6H	不经处理③	A（$D≤16$）, B（$D>16$）
	不锈钢	$D≤M24$: A2-035、A4-035; $M24<D≤M39$: A2-035、A4-025; $D>M39$: 按协议	6H	简单处理③	
	有色金属	CU2、CU3、AL4	6H	简单处理③	
GB/T 6174	钢	硬度110HV30, min	6H	不经处理③	B
	有色金属	CU2、CU3、AL4	6H	简单处理③	
GB/T 6170	钢	$D≤M16$: 5; $M16<D≤M39$: 8、10; $D>M39$: 按协议	6H	不经处理③	A（$D≤16$）, B（$D>16$）
	不锈钢	$D≤M24$: A2-70、A4-70; $M24<D≤M39$: A2-50、A4-50; $D>M39$: 按协议	6H	简单处理③	
	有色金属	CU2、CU3、AL4	6H	简单处理③	

注: 1. A级用于 $D≤16\,mm$，B级用于 $D>16\,mm$ 的螺母。

2. 尽量不采用括号中的尺寸，除表中所列外，还有（M33）、（M39）、（M45）、（M52）和（M60）。

3. GB/T 41 的螺纹规格为 M5～M60，GB/T 6174 的螺纹规格为 M1.6～M10，且无 $d_{w\,min}$ 尺寸。

① 为 GB/T 41 及 GB/T 6174 的尺寸。

② 为 GB/T 6170 及 GB/T 6172.1 的尺寸。

③ 为各种规格的表面处理要求，详细要求（如电镀及锌粉覆盖等）请查阅国标。

表 15-21 圆螺母（摘自 GB/T 812—1988） （单位：mm）

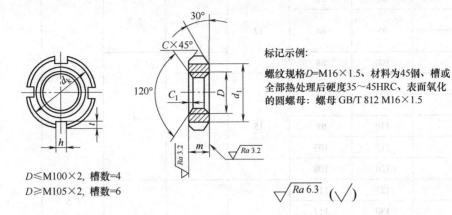

标记示例：

螺纹规格 D=M16×1.5、材料为45钢、槽或全部热处理后硬度35~45HRC、表面氧化的圆螺母：螺母 GB/T 812 M16×1.5

D≤M100×2，槽数=4
D≥M105×2，槽数=6

螺纹规格 $D \times P$	d_k	d_1	m	h min	t min	C	C_1
M10 × 1	22	16	8	4	2	0.5	0.5
M12 × 1.25	25	19					
M14 × 1.5	28	20					
M16 × 1.5	30	22					
M18 × 1.5	32	24					
M20 × 1.5	35	27					
M22 × 1.5	38	30		5	2.5		
M24 × 1.5	42	34					
M25 × 1.5[①]							
M27 × 1.5	45	37				1	
M30 × 1.5	48	40					
M33 × 1.5	52	43	10				
M35 × 1.5[①]							
M36 × 1.5	55	46					
M39 × 1.5	58	49		6	3		
M40 × 1.5[①]							
M42 × 1.5	62	53					
M45 × 1.5	68	59					
M48 × 1.5	72	61				1.5	
M50 × 1.5[①]							
M52 × 1.5	78	67	12	8	3.5		
M55 × 2[①]							
M56 × 2	85	74					1

（续）

螺纹规格 $D \times P$	d_k	d_1	m	h min	t min	C	C_1
M60×2	90	79					
M64×2	95	84	12	8	3.5		
M65×2①							
M68×2	100	88					
M72×2	105	93					
M75×2①				10	4		
M76×2	110	98	15				
M80×2	115	103					
M85×2	120	108					
M90×2	125	112					
M95×2	130	117		12	5	1.5	1
M100×2	135	122	18				
M105×2	140	127					
M110×2	150	135					
M115×2	155	140					
M120×2	160	145	22	14	6		
M125×2	165	150					
M130×2	170	155					
M140×2	180	165					
M150×2	200	180	26				
M160×3	210	190					
M170×3	220	200		16	7	2	1.5
M180×3	230	210					
M190×3	240	220	30				
M200×3	250	230					

技术条件	材料	螺纹公差	热处理及表面处理
	45 钢	6H	(1) 槽或全部热处理后 35~45HRC, (2) 调质 24~30HRC, (3) 氧化

① 多用于滚动轴承锁紧装置，易于买到。

（5）垫圈和挡圈（表15-22～表15-26）

表 15-22　弹簧垫圈　　　　　　　（单位：mm）

标准型弹簧垫圈（GB 93—1987）、轻型弹簧垫圈（GB 859—1987）、重型弹簧垫圈（GB 7244—1987）

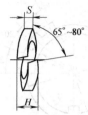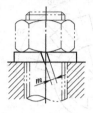

标记示例：

规格16、材料为65Mn、表面氧化的标准型弹簧垫圈：

垫圈　GB 93　16

规格（螺纹大径）	d min	GB 93			GB 859				GB 7244			
		S (b) 公称	H max	$m\leqslant$	S 公称	b 公称	H max	$m\leqslant$	S 公称	b 公称	H max	$m\leqslant$
2	2.1	0.5	1.25	0.25	—				—			
2.5	2.6	0.65	1.63	0.33	—				—			
3	3.1	0.8	2	0.4	0.6	1	1.5	0.3	—			
4	4.1	1.1	2.75	0.55	0.8	1.2	2	0.4	—			
5	5.1	1.3	3.25	0.65	1.1	1.5	2.75	0.55	—			
6	6.1	1.6	4	0.8	1.3	2	3.25	0.65	1.8	2.6	4.5	0.9
8	8.1	2.1	5.25	1.05	1.6	2.5	4	0.8	2.4	3.2	6	1.2
10	10.2	2.6	6.5	1.3	2	3	5	1	3	3.8	7.5	1.5
12	12.2	3.1	7.75	1.55	2.5	3.5	6.25	1.25	3.5	4.3	8.75	1.75
(14)	14.2	3.6	9	1.8	3	4	7.5	1.5	4.1	4.8	10.25	2.05
16	16.2	4.1	10.25	2.05	3.2	4.5	8	1.6	4.8	5.3	12	2.4
(18)	18.2	4.5	11.25	2.25	3.6	5	9	1.8	5.3	5.8	13.25	2.65
20	20.2	5	12.5	2.5	4	5.5	10	2	6	6.4	15	3
(22)	22.2	5.5	13.75	2.75	4.5	6	11.25	2.25	6.6	7.2	16.5	3.3
24	24.5	6	15	3	5	7	12.5	2.5	7.1	7.5	17.75	3.55
(27)	27.5	6.8	17	3.4	5.5	8	13.75	2.75	8	8.5	20	4
30	30.5	7.5	18.75	3.75	6	9	15	3	9	9.3	22.5	4.5
(33)	33.5	8.5	21.25	4.25	—				9.9	10.2	24.75	4.95
36	36.5	9	22.5	4.5	—				10.8	11	27	5.4
(39)	39.5	10	25	5	—				—			
42	42.5	10.5	26.25	5.25	—				—			
(45)	45.5	11	27.5	5.5	—				—			
48	48.5	12	30	6	—				—			

注：1. 标记示例中的材料为最常用的主要材料，其他技术条件按GB/T 94.1的规定。

2. 为商品紧固件品种，应优先选用。尽量不采用括号内的规格。

3. m 应大于零。

表 15-23　　圆螺母用止动垫圈（摘自 GB 858—1988）　　　　　　（单位：mm）

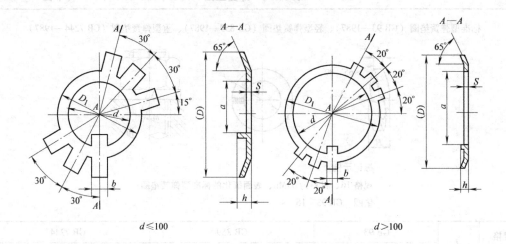

d≤100　　　　　　　　　　　　　　　　　　　　d＞100

标记示例：

规格为 16mm、材料为 Q215、经退火，表面氧化的圆螺母用止动垫圈：垫圈　GB 858—1988　16

规格（螺纹大径）	d	D（参考）	D_1	S	b	a	h
10	10.5	25	16			8	
12	12.5	28	19		3.8	9	3
14	14.5	32	20			11	
16	16.5	34	22			13	
18	18.5	35	24			15	
20	20.5	38	27	1		17	
22	22.5	42	30		4.8	19	4
24	24.5	45	34			21	
25①	25.5	45	34			22	
27	27.5	48	37			24	
30	30.5	52	40			27	
33	33.5	56	43			30	
35①	35.5	56	43			32	
36	36.5	60	46			33	
39	39.5	62	49		5.7	36	5
40①	40.5	62	49			37	
42	42.5	66	53			39	
45	45.5	72	59	1.5		42	
48	48.5	76	61			45	
50①	50.5	76	61			47	
52	52.5	82	67			49	
55①	56	82	67		7.7	52	6
56	57	90	74			53	
60	61	94	79			57	

规格（螺纹大径）	d	D（参考）	D_1	S	b	a	h
64	65	100	84			61	
65①	66	100	84		7.7	62	6
68	69	105	88			65	
72	73	110	93	1.5		69	
75①	76	110	93			71	
76	77	115	98		9.6	72	
80	81	120	103			76	
85	86	125	108			81	
90	91	130	112			86	
95	96	135	117		11.6	91	
100	101	140	122			96	7
105	106	145	127			101	
110	111	156	135			106	
115	116	160	140	2		111	
120	121	166	145		13.5	116	
125	126	170	150			121	
130	131	176	155			126	
140	141	186	165			136	
150	151	206	180			146	
160	161	216	190			156	
170	171	226	200		15.5	166	
180	181	236	210	2.5		176	8
190	191	246	220			186	
200	201	256	230			196	

① 仅用于滚动轴承锁紧装置。

（单位：mm）

表15-24 轴端挡圈

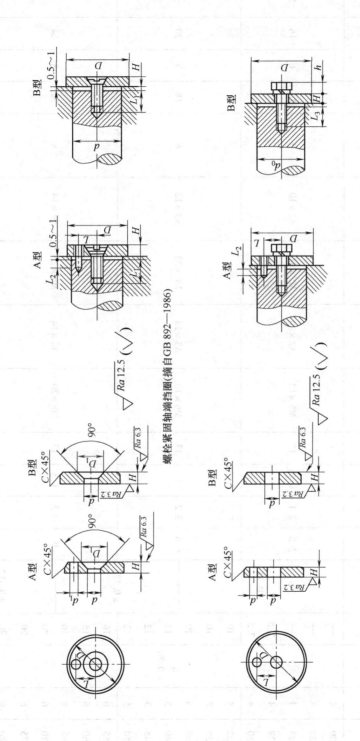

螺钉紧固轴端挡圈(摘自GB 891—1986)

螺栓紧固轴端挡圈(摘自GB 892—1986)

标记示例：

公称直径D=45mm，材料为Q215，不经表面处理的A型螺栓紧固轴端挡圈：

挡圈 GB 891 45

按B型制造时，应加标记B：

挡圈 GB 891 B45

（续）

轴径 ≤	公称直径 D	H 公称尺寸	H 极限偏差	L 公称尺寸	L 极限偏差	d	d_1	C	D_1	GB 891 螺钉 GB/T 819（推荐）	GB 891 圆柱销 GB/T 119（推荐）	GB 892 螺栓 GB/T 5783（推荐）	GB 892 圆柱销 GB/T 119（推荐）	GB 892 垫圈 GB/T 93（推荐）	安装尺寸 L_1	安装尺寸 L_2	安装尺寸 L_3	安装尺寸 h
14	20	4		—														
16	22	4		—														
18	25	4		—		5.5	2.1	0.5	11	M5×12	A2×10	M5×16	A2×10	5	14	6	16	5.1
20	28	4	0 −0.30	7.5	±0.11													
22	30	4		7.5														
25	32	5		10														
28	35	5		10														
30	38	5		10		6.6	3.2	1	13	M6×16	A3×12	M6×20	A3×12	6	18	7	20	6
32	40	5		12														
35	45	5		12														
40	50	5		12	±0.135													
45	55	6		16														
50	60	6		16														
55	65	6	0 −0.36	16		9	4.2	1.5	17	M8×20	A4×14	M8×25	A4×14	8	22	8	24	8
60	70	6		20														
65	75	6		20														
70	80	6		20	±0.165													
75	90	8		25		13	5.2	2	25	M12×25	A5×16	M12×30	A5×16	12	26	10	28	11.5
85	100	8		25														

注：当挡圈装在带中心孔的轴端时，紧固用螺钉（螺栓）允许加长。

表 15-25　轴用弹性挡圈—A 型（摘自 GB 894.1—1986） （单位：mm）

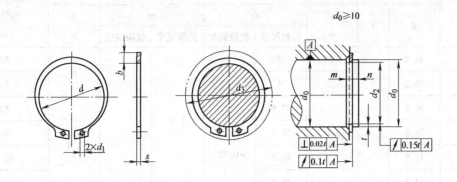

标记示例：

轴径 $d_0 = 50$、材料 65Mn、热处理硬度 44～51HRC、经表面氧化处理的 A 型轴用弹性挡圈的标记为：

挡圈　GB 894.1—1986　50

轴径 d_0	挡　圈			沟　槽（推荐）					允许套入孔径 d_3
	d	s	b $\approx$	d_2		m		n $\geqslant$	$\leqslant$
				公称尺寸	极限偏差	公称尺寸	极限偏差		
14	12.9		1.88	13.4				0.9	22
15	13.8		2.00	14.3				1.1	23.2
16	14.7		2.32	15.2	0 −0.11			1.2	24.4
17	15.7			16.2					25.6
18	16.5	1	2.48	17		1.1			27
19	17.5			18					28
20	18.5			19				1.5	29
21	19.5		2.68	20	0 −0.13				31
22	20.5			21					32
24	22.2			22.9			+0.14 0		34
25	23.2		2.32	23.9				1.7	35
26	24.2			24.9	0 −0.21				36
28	25.9	1.2	3.60	26.6		1.3			38.4
29	26.9		3.72	27.6				2.1	39.8
30	27.9			28.6					42
32	29.6		3.92	30.3				2.6	44
34	31.5		4.32	32.3	0 −0.25				46
35	32.2	1.5		33		1.7			48
36	33.2		4.52	34				3	49

（续）

轴径 d_0	挡圈			沟槽（推荐）					允许套入孔径 d_3
	d	s	b $\approx$	d_2		m		n	
				公称尺寸	极限偏差	公称尺寸	极限偏差	$\geq$	$\leq$
37	34.2		4.52	35					50
38	35.2			36				3	51
40	36.5			37.5					53
42	38.5	1.5	5.0	39.5	0	1.7			56
45	41.5			42.5	−0.25			3.8	59.4
48	44.5			45.5					62.8
50	45.8			47					64.8
52	47.8		5.48	49					67
55	50.8			52					70.4
56	51.8	2		53		2.2			71.7
58	53.8			55					73.6
60	55.8			57					75.8
62	57.8		6.12	59					79
63	58.8			60			+0.14	4.5	79.6
65	60.8			62			0		81.6
68	63.5			65	0				85
70	65.5			67	−0.30				87.2
72	67.5		6.32	69					89.4
75	70.5			72					92.8
78	73.5			75					96.2
80	74.5	2.5		76.5		2.7			98.2
82	76.5		7.0	78.5					101
85	79.5			81.5					104
88	82.5			84.5				5.3	107.3
90	84.5		7.6	86.5	0				110
95	89.5		9.2	91.5	−0.35				115
100	94.5			96.5					121

注：1. 挡圈尺寸 d_1：当 14mm $\leq d_0 \leq$ 18mm 时，$d_1 = 1.7$mm；当 19mm $\leq d_0 \leq$ 30mm 时，$d_1 = 2$mm；当 32mm $\leq d_0 \leq$ 40mm 时，$d_1 = 2.5$mm；当 42mm $\leq d_0 \leq$ 100mm 时，$d_1 = 3$mm。

2. 材料：65Mn，60Si2MnA。热处理硬度：当 $d_0 \leq$ 48mm 时，47～54HRC；当 $d_0 >$ 48mm 时，44～51HRC。

表 15-26　孔用弹性挡圈—A 型（摘自 GB 893.1—1986）　　　　（单位：mm）

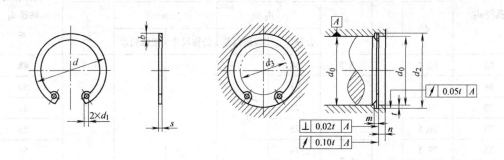

标记示例：

孔径 $d_0 = 50$mm、材料 65Mn、热处理硬度 44～51HRC、经表面氧化处理的 A 型孔用弹性挡圈的标记为：

挡圈　GB 893.1—1986　50

孔径 d_0	挡圈			沟槽（推荐）					允许套入轴径 d_3
	d	s	b ≈	d_2		m		n ≥	≤
				公称尺寸	极限偏差	公称尺寸	极限偏差		
32	34.4	1.2	3.2	33.7		1.3		2.6	·20
34	36.5			35.7					22
35	37.8			37					23
36	38.8		3.6	38				3	24
37	39.8			39	+0.25 0				25
38	40.8	1.5		40					26
40	43.5			42.5		1.7			27
42	45.5		4	44.5					29
45	48.5			47.5				3.8	31
47	50.5			49.5			+0.14 0		32
48	51.5		4.7	50.5					33
50	54.2			53					36
52	56.2			55					38
55	59.2			58					40
56	60.2	2		59	+0.30 0			4.5	41
58	62.2			61		2.2			43
60	64.2		5.2	63					44
62	66.2			65					45
63	67.2			66					46

（续）

表 15-26 孔用弹性挡圈—A 型（摘自 GB 893.1—1986） （mm）

孔径 d_0	挡圈			沟 槽（推荐）					允许套入轴径 d_3
	d	s	b ≈	d_2		m		n ≥	≤
				公称尺寸	极限偏差	公称尺寸	极限偏差		
65	69.2	2.5	5.2	68	+0.3 / 0	2.7	+0.14 / 0	4.5	48
68	72.5			71					50
70	74.5		5.7	73					53
72	76.5			75					55
75	79.5		6.3	78					56
78	82.5			81					60
80	85.5			83.5				5.3	63
82	87.5		6.8	85.5					65
85	90.5			88.5					68
88	93.5		7.3	91.5	+0.35 / 0				70
90	95.5			63.5					72
92	97.5			95.5					73
95	100.5		7.7	98.5					75
98	103.5			101.5					78
100	105.5			103.5					80
102	108	3	8.1	106		3.2	+0.18 / 0	6	82
105	112			109					83
108	115		8.8	112	+0.54 / 0				86
110	117			114					88
112	119			116					89
115	122		9.3	119					90
120	127			124					95
125	132		10	129					100
130	137			134	+0.63 / 0				105
135	142		10.7	139					110
140	147			144					115
145	152		10.9	149					118

注：1. 挡圈尺寸 d_1：当 $32\text{mm} \leqslant d_0 \leqslant 40\text{mm}$ 时，$d_1 = 2.5\text{mm}$；当 $42\text{mm} \leqslant d_0 \leqslant 100\text{mm}$ 时，$d_1 = 3\text{mm}$；当 $102\text{mm} \leqslant d_0 \leqslant 145\text{mm}$ 时，$d_1 = 4\text{mm}$。

2. 材料：65Mn，60Si2MnA。热处理硬度：当 $d_0 \leqslant 48\text{mm}$ 时，$47 \sim 54\text{HRC}$；当 $d_0 > 48\text{mm}$ 时，$44 \sim 51\text{HRC}$。

第二节 键、销联接

一、键联接（表 15-27 ~ 表 15-33）

（单位：mm）

表 15-27 平键

平键键槽的剖面尺寸（摘自GB/T 1095—2003）

普通型 平键（摘自GB/T 1096—2003）

标记示例：

宽度 $b=16$mm，高度 $h=10$mm，长度 $L=100$mm普通A型平键：GB/T 1096 键 16×10×100

宽度 $b=16$mm，高度 $h=10$mm，长度 $L=100$mm普通B型平键：GB/T 1096 键B 16×10×100

宽度 $b=16$mm，高度 $h=10$mm，长度 $L=100$mm普通C型平键：GB/T 1096 键C 16×10×100

（续）

轴的直径[*] d	平键 宽度 b(h8)	平键 高度 h(h11)	平键 倒角或倒圆 s	平键 长度 L(h14)	键槽 宽度 b 公称尺寸	正常联接 轴 N9	正常联接 毂 JS9	紧密联接 轴和毂 P9	松联接 轴 H9	松联接 毂 D10	深度 轴 t_1 公称尺寸	深度 轴 t_1 极限偏差	深度 毂 t_2 公称尺寸	深度 毂 t_2 极限偏差	圆角 r min	圆角 r max
6~8	2	2	0.16~0.25	6~20	2	−0.004 −0.029	±0.0125	−0.006 −0.031	+0.025 0	+0.060 +0.020	1.2	+0.1 0	1.0	+0.1 0	0.08	0.16
>8~10	3	3	0.16~0.25	6~36	3	−0.004 −0.029	±0.0125	−0.006 −0.031	+0.025 0	+0.060 +0.020	1.8	+0.1 0	1.4	+0.1 0	0.08	0.16
>10~12	4	4	0.25~0.4	8~45	4	0 −0.030	±0.015	−0.012 −0.042	+0.030 0	+0.078 +0.030	2.5	+0.1 0	1.8	+0.1 0	0.08	0.16
>12~17	5	5	0.25~0.4	10~56	5	0 −0.030	±0.015	−0.012 −0.042	+0.030 0	+0.078 +0.030	3.0	+0.1 0	2.3	+0.1 0	0.08	0.16
>17~22	6	6	0.25~0.4	14~70	6	0 −0.030	±0.015	−0.012 −0.042	+0.030 0	+0.078 +0.030	3.5	+0.1 0	2.8	+0.1 0	0.08	0.16
>22~30	8	7	0.4~0.6	18~90	8	0 −0.036	±0.018	−0.015 −0.051	+0.036 0	+0.098 +0.040	4.0	+0.2 0	3.3	+0.2 0	0.16	0.25
>30~38	10	8	0.4~0.6	22~110	10	0 −0.036	±0.018	−0.015 −0.051	+0.036 0	+0.098 +0.040	5.0	+0.2 0	3.3	+0.2 0	0.16	0.25
>38~44	12	8	0.4~0.6	28~140	12	0 −0.043	±0.0215	−0.018 −0.061	+0.043 0	+0.120 +0.050	5.0	+0.2 0	3.3	+0.2 0	0.25	0.40
>44~50	14	9	0.6~0.8	36~160	14	0 −0.043	±0.0215	−0.018 −0.061	+0.043 0	+0.120 +0.050	5.5	+0.2 0	3.8	+0.2 0	0.25	0.40
>50~58	16	10	0.6~0.8	45~180	16	0 −0.043	±0.0215	−0.018 −0.061	+0.043 0	+0.120 +0.050	6.0	+0.2 0	4.3	+0.2 0	0.25	0.40
>58~65	18	11	0.6~0.8	50~200	18	0 −0.043	±0.0215	−0.018 −0.061	+0.043 0	+0.120 +0.050	7.0	+0.2 0	4.4	+0.2 0	0.25	0.40
>65~75	20	12	0.6~0.8	56~220	20	0 −0.052	±0.026	−0.022 −0.074	+0.052 0	+0.149 +0.065	7.5	+0.2 0	4.9	+0.2 0	0.40	0.60
>75~85	22	14	0.6~0.8	63~250	22	0 −0.052	±0.026	−0.022 −0.074	+0.052 0	+0.149 +0.065	9.0	+0.2 0	5.4	+0.2 0	0.40	0.60
>85~95	25	14	0.6~0.8	70~280	25	0 −0.052	±0.026	−0.022 −0.074	+0.052 0	+0.149 +0.065	9.0	+0.2 0	5.4	+0.2 0	0.40	0.60
>95~110	28	16	0.6~0.8	80~320	28	0 −0.062	±0.031	−0.026 −0.088	+0.062 0	+0.180 +0.080	10.0	+0.2 0	6.4	+0.2 0	0.40	0.60
>110~130	32	18	0.6~0.8	90~360	32	0 −0.062	±0.031	−0.026 −0.088	+0.062 0	+0.180 +0.080	11.0	+0.2 0	7.4	+0.2 0	0.40	0.60

（续）

轴的直径* d	平键 宽度 b(h8)	平键 高度 h(h11)	倒角或倒圆 s	长度 L(h14)	键槽 宽度 b 公称尺寸	正常联接 轴 N9	正常联接 毂 JS9	紧密联接 轴和毂 P9	松联接 轴 H9	松联接 毂 D10	深度 轴 t_1 公称尺寸	轴 t_1 极限偏差	深度 毂 t_2 公称尺寸	毂 t_2 极限偏差	圆角 r min	圆角 r max
>130～150	36	20		100～400	36						12.0		8.4			
>150～170	40	22	1.0～1.2	100～400	40	0 −0.062	±0.031	−0.026 −0.088	+0.062 0	+0.180 +0.080	13.0	+0.3 0	9.4	+0.3 0	0.70	1.0
>170～200	45	25		110～450	45						15.0		10.4			
>200～230	50	28		125～500	50						17.0		11.4			
>230～260	56	32		140～500	56						20.0		12.4			
>260～290	63	32	1.6～2.0	160～500	63	0 −0.074	±0.037	−0.032 −0.106	+0.074 0	+0.220 +0.100	20.0	+0.3 0	12.4	+0.3 0	1.2	1.6
>290～330	70	36		180～500	70						22.0		14.4			
>330～380	80	40		200～500	80						25.0		15.4			
>380～440	90	45	2.5～3.0	220～500	90	0 −0.087	±0.0435	−0.037 −0.124	+0.087 0	+0.260 +0.120	28.0		17.4		2.0	2.5
>440～500	100	50		250～500	100						31.0		19.5			

L 系列：6、8、10、12、14、16、18、20、22、25、28、32、36、40、45、50、56、63、70、80、90、100、110、125、140、160、180、200、220、250、280、320、360、400、450、500

注：1. 在图样中，轴槽深用 t_1 或（$d-t_1$）标注，轮毂槽深用 t_2 或（$d+t_2$）标注。（$d-t_1$）和（$d+t_2$）两组组合尺寸的极限偏差按相应的 t_1 和 t_2 的极限偏差选取，但（$d-t_1$）的极限偏差应为负偏差。

2. 当键长大于 500mm 时，其长度公差应用 H14。平键键槽长度公差用 H14。

3. 轴槽及轮毂槽宽度 b 两侧面的表面粗糙度 Ra 值推荐为 1.6～3.2μm，轴槽和轮毂槽底的表面粗糙度 Ra 值推荐为 6.3μm。

4. 轴槽及轮毂槽宽度 b 对轴及轮毂槽轴心线的对称度，一般可按 GB/T 1184—1996 对称度公差 7～9 级选取。

5. 当需要时，键允许带起键螺孔。

6. 键的材料技术条件按 GB/T 1568—2008 的规定。

7. 轴的技术条件按 GB/T 1095—2003 和 GB/T 1096—2003 内容，供选用时参考。

8. "*" 轴的直径一列非 GB/T 1095—2003 和 GB/T 1096—2003 内容，供选用时参考。

表 15-28　半圆键　　　　　　　　　　　　　　　　　　（单位：mm）

半圆键键槽的剖面尺寸（摘自 GB/T 1098—2003）

普通型半圆键（摘自GB/T1099.1—2003）

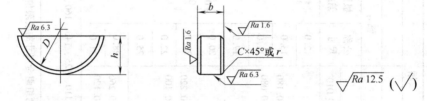

$\sqrt{Ra\,12.5}\ (\sqrt{\ })$

标记示例：

宽度 b=6mm，高度 h=10mm，直径 D=25mm，普通型半圆键：GB/T 1099.1—2003 键 6×10×25

键 尺 寸				键 槽				
				轴		轮毂 t_1		
b	h（h12）	D（h12）	c	t	极限偏差	t_1	极限偏差	半径 r
1.0	1.4	4		1.0		0.6		
1.5	2.6	7		2.0		0.8		
2.0	2.6	7		1.8	+0.1　0	1.0		
2.0	3.7	10	0.16~0.25	2.9		1.0		0.08~0.16
2.5	3.7	10		2.7		1.2		
3.0	5.0	13		3.8		1.4	+0.1　0	
3.0	6.5	16		5.3		1.4		
4.0	6.5	16		5.0	+0.2　0	1.8		
4.0	7.5	19		6.0		1.8		
5.0	6.5	16		4.5		2.3		
5.0	7.5	19	0.25~0.40	5.5		2.3		0.16~0.25
5.0	9.0	22		7.0		2.3		
6.0	9.0	22		6.5	+0.3　0	2.8		
6.0	10.0	25		7.5		2.8	+0.2　0	
8.0	11.0	28	0.40~0.60	8.0		3.3		0.25~0.40
10.0	13.0	32		10.0		3.3		

注：1. 在图样中，轴槽深用 t 或（$d-t$）标注，轮毂槽深用（$d+t_1$）标注。（$d-t$）和（$d+t_1$）两个组合尺寸的极限偏差按相应 t 和 t_1 的极限偏差选取，但（$d-t$）极限偏差应为负偏差。

2. 键长 L 的两端允许倒成圆角，圆角半径 R=0.5~1.5mm。材料见表15-27注4。

3. 键宽 b 的下偏差统一为"−0.025"。

表 15-29 楔键 （单位：mm）

楔键键槽的剖面尺寸(摘自GB/T 1563—2003)

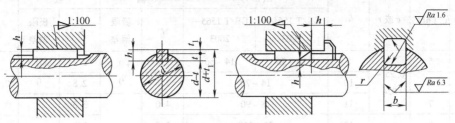

普通型楔键(摘自GB/T 1564—2003)

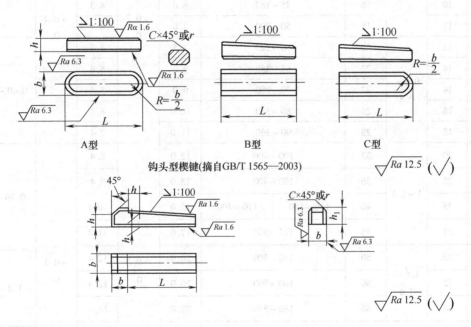

A型　　　　　　　　B型　　　　　　　　C型

钩头型楔键(摘自GB/T 1565—2003)

标记示例：

宽度b=16mm，高度h=10mm，长度L=100mm,普通A型楔键： GB/T 1564—2003 键16×100

宽度b=16mm，高度h=10mm，长度L=100mm,普通B型楔键： GB/T 1564—2003 键B16×100

宽度b=16mm，高度h=10mm，长度L=100mm,普通C型楔键： GB/T 1564—2003 键C16×100

宽度b=16mm，高度h=10mm，长度L=100mm,钩头型楔键： GB/T 1565—2003 键16×100

键的公称尺寸						键 槽				
$b^{①}$(h8)	$h^{①}$(h11)	c 或 r	h_1	L(h14)		轴		毂		半径 r
				GB/T 1564—2003	GB/T 1565—2003	t	极限偏差	t_1	极限偏差	
2	2	0.16 ~ 0.25		6 ~ 20	—	1.2	+0.1 0	1.0	+0.1 0	0.08 ~ 0.16
3	3			6 ~ 36	—	1.8		1.4		
4	4		7	8 ~ 45	14 ~ 45	2.5		1.8		

（续）

b[①](h8)	h[①](h11)	c 或 r	h₁	L(h14) GB/T 1564—2003	L(h14) GB/T 1565—2003	轴 t	轴 极限偏差	毂 t₁	毂 极限偏差	半径 r
5	5	0.25 ~ 0.4	8	10 ~ 56	14 ~ 56	3.0	+0.1 0	2.3	+0.1 0	0.16 ~ 0.25
6	6		10	14 ~ 70		3.5		2.8		
8	7		11	18 ~ 90		4.0		3.3		
10	8	0.4 ~ 0.6	12	22 ~ 110		5.0	+0.2 0	3.3	+0.2 0	0.25 ~ 0.40
12	8		12	28 ~ 140		5.0		3.3		
14	9		14	36 ~ 160		5.5		3.8		
16	10		16	45 ~ 180		6.0		4.3		
18	11		18	50 ~ 200		7.0		4.4		
20	12	0.6 ~ 0.8	20	56 ~ 220		7.5		4.9		0.40 ~ 0.60
22	14		22	63 ~ 250		9.0		5.4		
25	14		22	70 ~ 280		9.0		5.4		
28	16		25	80 ~ 320		10.0		6.4		
32	18		28	90 ~ 360		11.0		7.4		
36	20	1 ~ 1.2	32	100 ~ 400		12.0		8.4		0.70 ~ 1.0
40	22		36	100 ~ 400		13.0		9.4		
45	25		40	110 ~ 450	110 ~ 400	15.0		10.4		
50	28		45	125 ~ 500		17.0		11.4		
56	32	1.6 ~ 2.0	50	140 ~ 500		20.0	+0.3 0	12.4	+0.3 0	1.2 ~ 1.6
63	32		50	160 ~ 500		20.0		12.4		
70	36		56	180 ~ 500		22.0		14.4		
80	40	2.5 ~ 3.0	63	200 ~ 500		25.0		15.4		2.0 ~ 2.5
90	45		70	220 ~ 500		28.0		17.4		
100	50		80	250 ~ 500		31.0		19.5		

注：1. 在图样中，轴槽深用 t 或 (d−t) 标注，轮毂槽深用 (d+t₁) 标注。(d+t₁) 及 t₁ 表示大端轮毂槽深度。(d−t) 和 (d+t₁) 的两个组合尺寸的极限偏差按相应 t 和 t₁ 的极限偏差选取，但 (d−t) 极限偏差应为负偏差。

2. 安装时，键的斜面和轮毂槽的斜面必需紧密贴合。

3. 当键长大于 500mm 时，其长度应按 GB/T 321—2005《优先数和优先数系》的 R20 系列选取。

4. 材料：普通型楔键的抗拉强度应不小于 600MPa。一般用途时，推荐用 45 钢或 35 钢。

5. GB/T 1563 的键槽宽度 b（轴和毂）的极限偏差为 D10，其两侧的表面粗糙度 Ra 值推荐为 6.3μm，轴槽底面、轮毂槽底面的表面粗糙度 Ra 值为 1.6 ~ 3.2μm。

6. 当键长 L 和键宽 b 之比大于或等于 8 时，b 在长度方向上的平行度应符合 GB/T 1184—1996 的规定。

① GB/T 1565—2003 只适用于键的截面尺寸。

表 15-30 矩形花键的公称尺寸和键槽的公称尺寸（摘自 GB/T 1144—2001）

（单位：mm）

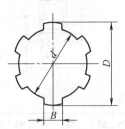

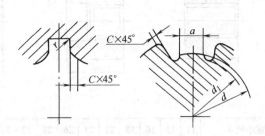

小径 d	轻系列						中系列				
	规格 $N \times d \times D \times B$	C	r	d_{1min}	a_{min}		规格 $N \times d \times D \times B$	C	r	d_{1min}	a_{min}
				参考						参考	
11							$6 \times 11 \times 14 \times 3$	0.2	0.1	—	—
13							$6 \times 13 \times 16 \times 3.5$			—	—
16	—	—	—	—	—		$6 \times 16 \times 20 \times 4$	0.3	0.2	14.4	1.0
18							$6 \times 18 \times 22 \times 5$			16.6	1.0
21							$6 \times 21 \times 25 \times 5$			19.5	2.0
23	$6 \times 23 \times 26 \times 6$	0.2	0.1	22	3.5		$6 \times 23 \times 28 \times 6$			21.2	1.2
26	$6 \times 26 \times 30 \times 6$			24.5	3.8		$6 \times 26 \times 32 \times 6$			23.6	1.2
28	$6 \times 28 \times 32 \times 7$			26.6	4.0		$6 \times 28 \times 34 \times 7$			25.8	1.4
32	$6 \times 32 \times 36 \times 6$	0.3	0.2	30.3	2.7		$8 \times 32 \times 38 \times 6$	0.4	0.3	29.4	1.0
36	$8 \times 36 \times 40 \times 7$			34.4	3.5		$8 \times 36 \times 42 \times 7$			33.4	1.0
42	$8 \times 42 \times 46 \times 8$			40.5	5.0		$8 \times 42 \times 48 \times 8$			39.4	2.5
46	$8 \times 46 \times 50 \times 9$			44.6	5.7		$8 \times 46 \times 54 \times 9$			42.6	1.4
52	$8 \times 52 \times 58 \times 10$			49.6	4.8		$8 \times 52 \times 60 \times 10$	0.5	0.4	48.6	2.5
56	$8 \times 56 \times 62 \times 10$			53.5	6.5		$8 \times 56 \times 65 \times 10$			52.0	2.5
62	$8 \times 62 \times 68 \times 12$			59.7	7.3		$8 \times 62 \times 72 \times 12$			57.7	2.4
72	$10 \times 72 \times 78 \times 12$	0.4	0.3	69.6	5.4		$10 \times 72 \times 82 \times 12$			67.7	1.0
82	$10 \times 82 \times 88 \times 12$			79.3	8.5		$10 \times 82 \times 92 \times 12$			77.0	2.9
92	$10 \times 92 \times 98 \times 14$			89.6	9.9		$10 \times 92 \times 102 \times 14$	0.6	0.5	87.3	4.5
102	$10 \times 102 \times 108 \times 16$			99.6	11.3		$10 \times 102 \times 112 \times 16$			97.7	6.2
112	$10 \times 112 \times 120 \times 18$	0.5	0.4	108.8	10.5		$10 \times 112 \times 125 \times 18$			106.2	4.1

注：d_1 和 a 值仅适用于展成法加工。

表 15-31　矩形内花键的长度系列（摘自 GB/T 10081—2005）　　（单位：mm）

　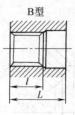　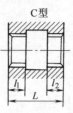　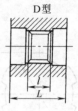

花键小径 d	11	13	16	18	21	23	26	28	32	36	42	46	52	56	62	72	82	92	102	112
花键长度 l 或 $l_1 + l_2$	10~50			10~80							22~120					32~120	32~200			
孔的最大长度 L	50		80			120				200						250		300		
l 或 $l_1 + l_2$ 系列	10, 12, 15, 18, 22, 25, 28, 30, 32, 36, 38, 42, 45, 48, 50, 56, 60, 63, 71, 75, 80, 85, 90, 95, 100, 110, 120, 130, 140, 160, 180, 200																			

表 15-32　矩形花键的尺寸公差带和表面粗糙度（摘自 GB/T 1144—2001）

内花键				外花键			装配形式
d ($Ra/\mu m$)	D ($Ra/\mu m$)	B ($Ra/\mu m$) 拉削后 不热处理	拉削后 热处理	d ($Ra/\mu m$)	D ($Ra/\mu m$)	B ($Ra/\mu m$)	
精密传动用							
H5 (0.4)				f5		d8	滑动
				g5	(0.4)	f7	紧滑动
	H10 (3.2)	H7、H9 (3.2)		h5	a11 (3.2)	h8	固定
				f6		d8	滑动
H6 (0.8)				g6	(0.8)	f7	紧滑动
				h6		h8	固定
一般用							
H7 (8~1.6)	H10 (3.2)	H9 (3.2)	H11 (3.2)	f7	a11 (3.2)	d10	滑动
				g7	(0.8~ 1.6)	f9	紧滑动
				h7		h10 (1.6)	固定

注：1. 精密传动用的内花键，当需要控制键侧配合间隙时，槽宽可选用 H7，一般情况下可选用 H9。

　　2. d 为 H6 或 H7 的内花键，允许与提高一级的外花键相配合。

　　3. 小径的极限尺寸遵守包容原则。

表 15-33 矩形花键的位置度和对称度公差（摘自 GB/T 1144—2001）（单位：mm）

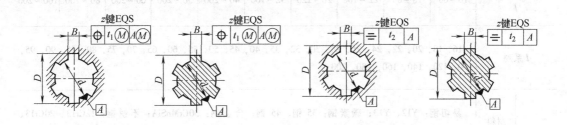

位置度公差					对称度公差				
键槽宽或键宽 B	3	3.5 ~ 6	7 ~ 10	12 ~ 18	键槽宽或键宽 B	3	3.5 ~ 6	7 ~ 10	12 ~ 18
	位置度公差 t_1					键宽对称度公差 t_2			
键槽宽	0.010	0.015	0.020	0.025	一般用	0.010	0.012	0.015	0.018
键宽 滑动、固定	0.010	0.015	0.020	0.025	精密传动用	0.006	0.008	0.009	0.011
键宽 紧滑动	0.006	0.010	0.013	0.016					

注：花键的等分度公差值等于键宽的对称度公差值。

二、销联接（表 15-34 ~ 表 15-37）

表 15-34 内螺纹圆锥销（摘自 GB/T 118—2000） （单位：mm）

A 型（磨削）：锥表面粗糙度值 $Ra = 0.8\mu m$
B 型（切削或冷镦）：锥表面粗糙度值 $Ra = 3.2\mu m$

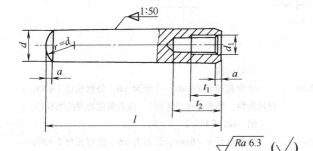

标记示例：
　　公称直径 $d = 6$mm、公称长度 $l = 30$mm、材料为 35 钢、热处理硬度 28 ~ 38HRC、表面氧化处理 A 型内螺纹圆锥销：
　　销　GB/T 118　6×30

d　h10	6	8	10	12	16	20	25	30	40	50
$a \approx$	0.8	1	1.2	1.6	2	2.5	3	4	5	6.3
d_1	M4	M5	M6	M8	M10	M12	M16	M20	M20	M24
螺距 P	0.7	0.8	1	1.25	1.5	1.75	2	2.5	2.5	3
t_1	6	8	10	12	16	18	24	30	30	36
t_2　min	10	12	16	20	25	28	35	40	40	50

（续）

商品规格 l	16 ~ 60	18 ~ 80	22 ~ 100	26 ~ 120	32 ~ 160	40 ~ 200	50 ~ 200	60 ~ 200	80 ~ 200	100 ~ 200
l系列	16, 18, 20, 22, 24, 26, 28, 30, 32, 35, 40, 45, 50, 55, 60, 65, 70, 75, 80, 85, 90, 95, 100, 120, 140, 160, 180, 200									
技术条件	材料	易切钢：Y12、Y13；碳素钢：35 钢、45 钢；合金钢：30CrMnSiA；不锈钢：12Cr13、20Cr13、14Cr17Ni2、0Cr18Ni9Ti								
	表面处理	①钢：不经处理、氧化、磷化、镀锌钝化。②不锈钢：简单处理。③其他表面镀层或表面处理，由供需双方协议。④所有公差仅适用于涂、镀前的公差								

注：1. d 的其他公差，如 a11、c11、f8 由供需双方协议。

2. 公称长度大于 200mm 时，按 20mm 递增。

3. 0Cr18Ni9Ti 为旧牌号，新牌号中无对应牌号。

表 15-35　圆柱销 　　　　　　　　　　　　　　　　　　　　（单位：mm）

圆柱销　不淬硬钢和奥氏体不锈钢（摘自 GB/T 119.1—2000）	圆柱销　淬硬钢和马氏体不锈钢（摘自 GB/T 119.2—2000）末端形状，由制造者确定

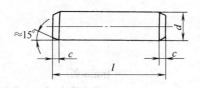

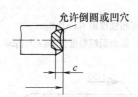

允许倒圆或凹穴

标记示例：

公称直径 $d = 6$mm、公差为 m6、公称长度 $l = 30$mm、材料为钢、不经淬火、不经表面处理的圆柱销：

销　GB/T 119.1　6m6×30

公称直径 $d = 6$mm、公差为 m6、公称长度 $l = 30$mm、材料为 A1 组奥氏体不锈钢、表面简单处理的圆柱销：

销　GB/T 119.1　6m6×30—A1

标记示例：

公称直径 $d = 6$mm、公差为 m6、公称长度 $l = 30$mm、材料为钢、普通淬火（A 型）、表面氧化处理的圆柱销：

销　GB/T 119.2　6×30

公称直径 $d = 6$mm、公差为 m6、公称长度 $l = 30$mm、材料为 C1 组马氏体不锈钢、表面简单处理的圆柱销：

销　GB/T 119.2　6×30—C1

dm6/h8	0.6	0.8	1	1.2	1.5	2	2.5	3	4	5	6	8	10	12	16	20	25	30	40	50
c≈	0.12	0.16	0.2	0.25	0.3	0.35	0.4	0.5	0.63	0.8	1.2	1.6	2	2.5	3	3.5	4	5	6.3	8
商品规格 l	2 ~ 6	2 ~ 8	4 ~ 10	4 ~ 12	4 ~ 16	6 ~ 20	6 ~ 24	8 ~ 30	8 ~ 40	10 ~ 50	12 ~ 60	14 ~ 80	18 ~ 95	22 ~ 140	26 ~ 180	35 ~ 200	50 ~ 200	60 ~ 200	80 ~ 200	95 ~ 200

表 15-37 开口销（摘自 GB/T 91—2000） （续）（单位：mm）

l 系列	2，3，4，5，6，8，10，12，14，16，18，20，22，24，26，28，30，32，35，40，45，50，55，60，65，70，75，80，85，90，95，100，120，140，160，180，200

<table>
<tr><td rowspan="3">技术
条件</td><td>材料</td><td>GB/T 119.1 钢：A₁ 组奥氏体不锈钢。GB/T 119.2 钢：A 型，普通淬火；B 型，表面淬火；C₁ 组马氏体不锈钢</td></tr>
<tr><td>表面
粗糙度</td><td>GB/T 119.1 公差 m6：$Ra ≤ 0.8 μm$，h8：$Ra ≤ 1.6 μm$。GB/T 119.2 $Ra ≤ 0.8 μm$</td></tr>
<tr><td>表面
处理</td><td>①钢：不经处理、氧化、磷化、镀锌钝化。②不锈钢：简单处理。③其他表面镀层或表面处理，应由供需双方协议。④所有公差仅适用于涂、镀前的公差</td></tr>
</table>

注：1. d 的其他公差由供需双方协议。

　　2. GB/T 119.2　d 的尺寸范围为 1～20mm。

　　3. 公称长度大于 200mm（GB/T 119.1）和大于 100mm（GB/T 119.2）时，按 20mm 递增。

表 15-36　圆锥销（摘自 GB/T 117—2000） （单位：mm）

A 型（磨削）：锥面表面粗糙度值 $Ra = 0.8 μm$

B 型（切削或冷镦）：锥面表面粗糙度值 $Ra = 3.2 μm$

$$r_2 = \frac{a}{2} + d + \frac{(0.02l)^2}{8a}$$

标记示例：

　　公称直径 $d = 6mm$、公称长度 $l = 30mm$、材料为 35 钢、热处理硬度 28～38HRC、表面氧化处理 A 型圆锥销的标记：销　GB/T 117
6×30

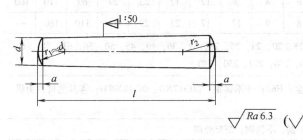

$\sqrt{Ra 6.3}$ $\left(\sqrt{} \right)$

d h10	0.6	0.8	1	1.2	1.5	2	2.5	3	4	5	6	8	10	12	16	20	25	30	40	50
$a ≈$	0.08	0.1	0.12	0.16	0.2	0.25	0.3	0.4	0.5	0.63	0.8	1	1.2	1.6	2	2.5	3	4	5	6.3
商品规格 l	4～8	5～12	6～16	6～20	8～24	10～35	10～35	12～45	14～55	18～60	22～90	22～120	26～160	32～180	40～200	45～200	50～200	55～200	60～200	65～200

l 系列	2，3，4，5，6，8，10，12，14，16，18，20，22，24，26，28，30，32，35，40，45，50，55，60，65，70，75，80，85，90，95，100，120，140，160，180，200

<table>
<tr><td rowspan="2">技术
条件</td><td>材料</td><td>易切钢：Y12、Y15；碳素钢：35 钢、45 钢；合金钢：30CrMnSiA；不锈钢：12Cr13、20Cr13、14Cr17Ni2、0Cr18Ni9Ti</td></tr>
<tr><td>表面
处理</td><td>①钢：不经处理、氧化、磷化、镀锌钝化。②不锈钢：简单处理。③其他表面镀层或表面处理，由供需双方协议。④所有公差仅适用于涂、镀前的公差</td></tr>
</table>

注：1. d 的其他公差，如 a11、c11、f8 由供需双方协议。

　　2. 公称长度大于 200mm 时，按 20mm 递增。

　　3. 0Cr18Ni9Ti 为旧牌号，新牌号中无对应牌号。

表 15-37　开口销（摘自 GB/T 91—2000）　　　　　　　　（单位：mm）

允许制造的形式

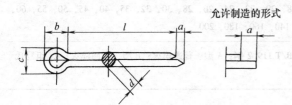

标记示例：
公称规格为 5、公称长度 $l = 50$ mm、材料为 Q215 或 Q235、不经表面处理的开口销：
销　GB/T 91　5×50

公称规格		0.6	0.8	1	1.2	1.6	2	2.5	3.2	4	5	6.3	8	13	16	20
d	max	0.5	0.7	0.9	1.0	1.4	1.8	2.3	2.9	3.7	4.6	5.9	7.5	12.4	15.4	19.3
	min	0.4	0.6	0.8	0.9	1.3	1.7	2.1	2.7	3.5	4.4	5.7	7.3	12.1	15.1	19.0
a max		1.6	1.6	1.6	2.5	2.5	2.5	2.5	3.2	4	4	4	4	6.3	6.3	6.3
$b \approx$		2	2.4	3	3	3.2	4	5	6.4	8	10	12.6	16	26	32	40
c max		1	1.4	1.8	2	2.8	3.6	4.6	5.8	7.4	9.2	11.8	15	24.8	30.8	38.5
商品规格 l		4~12	5~16	6~20	8~25	8~32	10~40	12~50	14~63	18~80	22~100	32~125	40~160	71~250	112~280	160~280
使用的直径	螺栓 >	—	2.5	3.5	4.5	5.5	7	9	11	14	20	27	39	80	120	170
	螺栓 ≤	2.5	3.5	4.5	5.5	7	9	11	14	20	27	39	56	120	170	—
	U形销 >	—	2	3	4	5	6	8	9	12	17	23	29	69	110	160
	U形销 ≤	2	3	4	5	6	8	9	12	17	23	29	44	110	160	—

l 系列	4，5，6，8，10，12，14，16，18，20，22，25，28，32，36，40，45，50，56，63，71，80，90，100，112，125，140，160，180，200，224，250，280
材料	①碳素钢：Q215、Q235；②铜合金：H63；③不锈钢：12Cr17Ni7、0Cr18Ni9Ti；④其他材料由供需双方协议
表面处理	钢：不经处理、镀锌钝化、磷化。铜、不锈钢：简单处理
工作质量	①眼圈应尽可能制成圆形；②开口销两脚的横截面应为圆形，但允许开口销两脚平面与圆周交接处有圆角 $r = (0.05 \sim 0.1) d_{max}$；③开口销两脚的间隙和两脚的错移量，应不大于开口销公称规格与 d_{max} 的差值；④开口销允许制成开口的（一两脚内平面的夹角）：当公称规格 ≤1.6 时，$\alpha \leqslant 8°$；当 2 ≤公称规格 ≤6.3 时，$\alpha \leqslant 4°$；当公称规格 >8 时，$\alpha \leqslant 2°$

注：1. 公称规格等于开口销孔直径。对销孔直径推荐的公差：公称规格 ≤1.2：H13；公称规格 >1.2：H14。根据供需双方协议，允许采用公称规格为 3mm、6mm 和 12mm 的开口销。

　　2. 用于铁道和在 U 形销中开口销承受交变横向力的场合，推荐使用的开口销规格，应较本表规定的规格加大一档。

　　3. 0Cr18Ni9Ti 为旧牌号，新牌号中无对应牌号。

第十六章 机 械 传 动

第一节 普通 V 带传动

一、普通 V 带轮的结构形式与尺寸

带轮由轮缘、轮辐和轮毂三部分组成。普通 V 带轮轮辐部分的典型结构有实心式、辐板式、孔板式和椭圆辐式四种，其结构尺寸如图 16-1 所示。带轮结构形式和辐板厚度可根

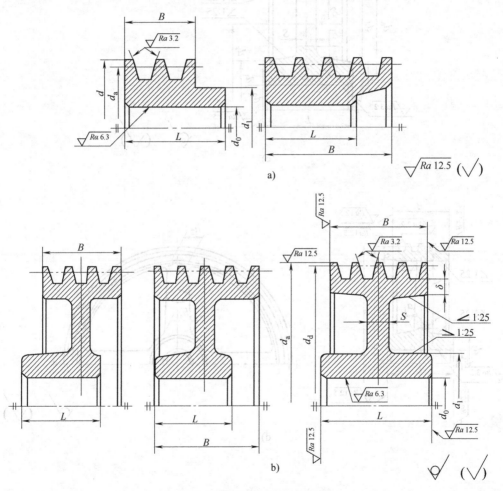

图 16-1 V 带轮的典型结构和尺寸

a) 实心轮 b) 辐板轮

$d_1 = (1.8 \sim 2)d_0$，$L = (1.5 \sim 2)d_0$，S 查表 16-1，$S_1 > 1.5S$，$S_2 > 0.5S$，

$h_1 = 290 \sqrt[3]{\dfrac{P}{nA}}$ mm（P 为传递的功率，单位为 kW；n 为带轮的转速，单位为 r/min，

A 为轮辐数），$h_2 = 0.8h_1$，$a_1 = 0.4h_1$，$a_2 = 0.8a_1$，$f_1 = 0.2h_1$，$f_2 = 0.2h_2$

据带轮的基准直径 d_d 及孔径 d_0 查表 16-1 确定。

基准宽度制 V 带轮槽形尺寸及最小基准直径 d_{min} 见表 16-2。

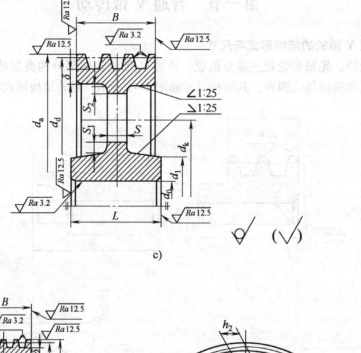

c)

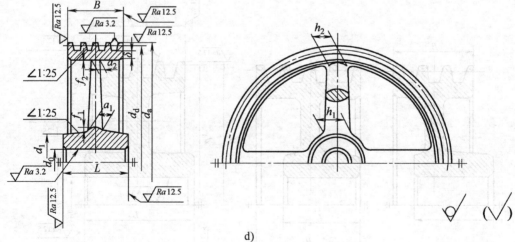

d)

图 16-1 V 带轮的典型结构和尺寸（续）

c）孔板轮 d）椭圆辐轮

表 16-1 V 带轮的结构形式和辐板厚度 （单位：mm）

槽型	孔径 d_0		带轮基准直径 d_d — 辐板厚度 S	槽数 Z
Z	12 14		6 ～ 7（实心辐）	1～2
	16 18		7	1～3
	20 22		8 9	1～4
	24 25		10	1～4
	28 30		10 四孔	1～4
	32 35			2～4
A	16 18		10 11 12 13	1～3
	20 22		12	1～4
	24 25		13 心	1～5
	28 30		12 13 14 15 16 板轮	1～6
	32 35		14 16 四 椭圆辐轮	2～6
	38 40		18	2～6
	42 45		14	2～6
B	32 35		14 16 18 18 20	2～6
	38 40		16 孔	2～6
	42 45		18 18 20 22 24 六	3～8
	50 55		板轮	3～8
	60 65			3～8
C	42 45		18 20 20轮 24 25 26 椭圆	3～6
	50 55		22 22 24	3～6
	60 65		实心轮 22 24	3～7
	70 75		24 25 28 30 圆辐轮	3～7
	80 85		20 轮	5～9
D	60 65		22	3～6
	70 75		25	3～6
	80 85		26 28 28 30	3～7
	90 95		32	3～7
	100 110		30 32 34 辐轮	5～9
E	80 85		辐板	3～6
	90 95		28	3～6
	100 110		30轮	5～7
	120 130		板轮 32	5～7
	140 150		34	6～9

带轮基准直径 d_d（列）：63 71 75 80 90 95 100 106 112 118 125 132 140 150 160 170 180 200 212 224 236 250 265 280 300 315 355 375 400 425 450 475 500 530 560 600 630 710 750~2500

表 16-2 基准宽度制 V 带轮槽形尺寸及最小基准直径 d_{dmin}（摘自 GB/T 10412—2002）

（单位：mm）

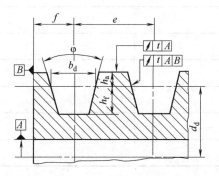

（续）

槽型		b_d	h_a min	h_f min	e			f_{min}	d_d				d_{dmin}
普通 V 带轮	窄 V 带轮				基本值	极限偏差	累积极限偏差		$\varphi=32°$	$\varphi=34°$	$\varphi=36°$	$\varphi=38°$	
Y	—	5.3	1.60	4.7	8	±0.3	±0.6	6	≤60	—	>60	—	20
Z		8.5	2.00	7.0	12	±0.3	±0.6	7	—	≤80	—	>80	50
	SPZ			9.0									63
A		11.0	2.75	8.7	15	±0.3	±0.6	9	—	≤118	—	>118	75
	SPA			11									90
B		14.0	3.50	10.8	19	±0.4	±0.8	11.5	—	≤190	—	>190	125
	SPB			14									140
C		19.0	4.80	14.3	25.5	±0.5	±1.0	16	—	≤315	—	>315	200
	SPC			19									224
D	—	27.0	8.10	19.9	37	±0.6	±1.2	23	—	—	≤475	>475	355

注：φ 的极限偏差为 ±0.5°。

二、普通 V 带轮的技术要求

1）V 带轮轮槽工作表面粗糙度 Ra 值为 1.6μm 或 3.2μm。轮槽的棱边要倒圆或倒钝。

2）带轮的基准直径按 $c11$ 确定尺寸公差，外圆直径按 $h12$ 确定尺寸公差。

3）带轮外圆的径向圆跳动或基准圆的斜向圆跳动公差 t 不得大于表 16-3 的规定。

表 16-3　V 带轮圆跳动要求（摘自 GB/T 10412—2002）　　　（单位：mm）

基准直径 d_a	径向圆跳动或斜向圆跳动 t
≥20～100	0.2
≥106～160	0.3
≥170～250	0.4
≥265～400	0.5
≥425～630	0.6
≥670～1000	0.8
≥1060～1600	1.0
≥1800～2500	1.2

4）轮槽对称平面与带轮轴线垂直度为 ±30′。

5）当 $v>5$m/s 时要进行静平衡，当 $v>25$m/s 时要进行动平衡。

三、普通 V 带轮工作图示例（图 16-2）

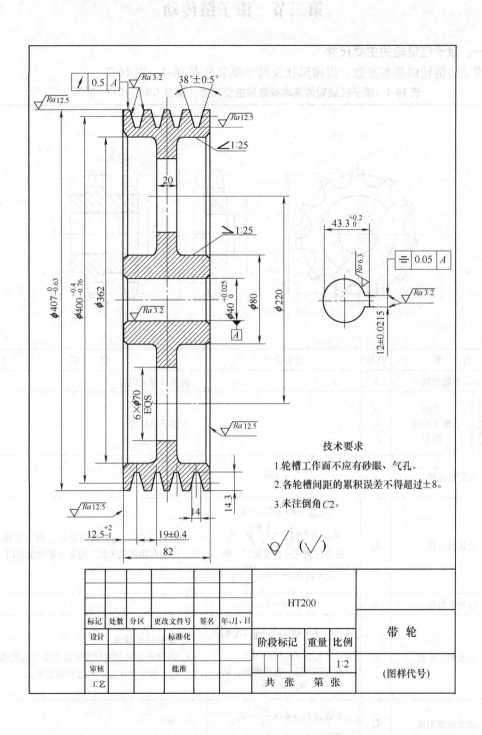

技术要求

1.轮槽工作面不应有砂眼、气孔。

2.各轮槽间距的累积误差不得超过±8。

3.未注倒角 C2。

					HT200			带　轮
标记	处数	分区	更改文件号	签名	年、月、日			
设计			标准化		阶段标记	重量	比例	
							1:2	（图样代号）
审核			批准		共　张　第　张			
工艺								

图 16-2　V 带轮工作图

第二节　滚子链传动

一、滚子链链轮的主要尺寸

滚子链链轮的基本参数、齿槽形状及尺寸要求见表16-4～表16-7。

表16-4　滚子链链轮的基本参数和主要尺寸（摘自GB/T 1243—2006）

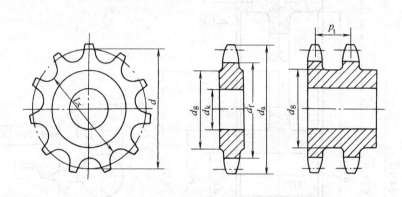

名　称		符号	计算公式	说　明
基本参数	链轮齿数	z		查教材相关内容
	配用链条的 节距 滚子外径 排距	p d_r p_t		查滚子链标准
主要尺寸	分度圆直径	d	$d = \dfrac{p}{\sin\dfrac{180°}{z}}$	
	齿顶圆直径	d_a	$d_{amax} = d + 1.25p - d_r$ $d_{amin} = d + \left(1 - \dfrac{1.6}{z}\right)p - d_r$ 若为三圆弧—直线齿形，则 $d_a = p\left(0.54 + \cot\dfrac{180°}{z}\right)$	可在d_{amax}与d_{amin}范围内选取，但当选用d_{amax}时，应注意用展成法加工时有可能发生顶切
	齿根圆直径	d_f	$d_f = d - d_r$	
	分度圆弦齿高	h_a	$h_{amax} = \left(0.625 + \dfrac{0.8}{z}\right)p - 0.5d_r$ $h_{amin} = 0.5(p - d_r)$ 若为三圆弧—直线齿形，则 $h_a = 0.27p$	h_a 查表16-6插图 h_a 是为简化放大齿形图的绘制而引入的辅助尺寸，h_{amax}相应于d_{amax}，h_{amin}相应于d_{amin}
	最大齿根距离	L_x	奇数齿 $L_x = d\cos\dfrac{90°}{z} - d_r$ 偶数齿 $L_x = d_f = d - d_r$	
	齿侧凸缘（或排间槽）直径	d_g	$d_g \leq p\cot\dfrac{180°}{z} - 1.04h - 0.76$	h 为内链板高度，查滚子链标准

表 16-5 最大和最小齿槽形状（摘自 GB/T 1243—2006） （单位：mm）

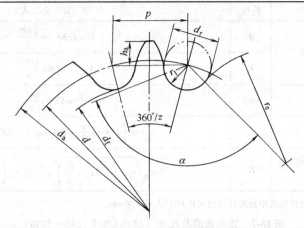

名　　称	符号	计 算 公 式	
		最大齿槽形状	最小齿槽形状
齿侧圆弧半径	r_e	$r_{emin} = 0.008d_r(z^2 + 180)$	$r_{emax} = 0.12d_r(z + 2)$
齿沟圆弧半径	r_1	$r_{imax} = 0.505d_r + 0.069\sqrt[3]{d_r}$	$r_{imin} = 0.505d_r$
齿沟角	α	$\alpha_{min} = 120° - \dfrac{90°}{z}$	$\alpha_{max} = 140° - \dfrac{90°}{z}$

表 16-6 三圆弧—直线齿槽形状 （单位：mm）

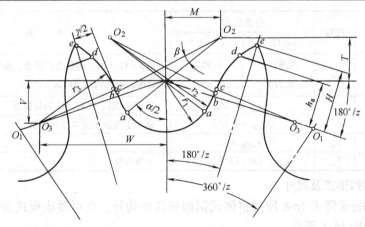

名　　称	符号	计 算 公 式
齿沟圆弧半径	r_1	$r_1 = 0.5025d_r + 0.05$
齿沟半角/（°）	$\alpha/2$	$\dfrac{\alpha}{2} = 55° - \dfrac{60°}{z}$
工作段圆弧中心 O_2 的坐标	M	$M = 0.8d_r\sin\dfrac{\alpha}{2}$
	T	$T = 0.8d_r\cos\dfrac{\alpha}{2}$
工作段圆弧半径	r_2	$r_2 = 1.3025d_r + 0.05$
工作段圆弧中心角/（°）	β	$\beta = 18° - \dfrac{56°}{z}$

（续）

名　称	符号	计　算　公　式
齿顶圆弧中心 O_3 的坐标	W	$W = 1.3d_r\cos\dfrac{180°}{z}$
	V	$V = 1.3d_r\sin\dfrac{180°}{z}$
齿形半角	$\gamma/2$	$\dfrac{\gamma}{2} = 17° - \dfrac{64°}{z}$
齿顶圆弧半径	r_3	$r_3 = d_r\left(1.3\cos\dfrac{\gamma}{2} + 0.8\cos\beta - 1.3025\right) - 0.05$
e 点至齿沟圆弧中心连线的距离	H	$H = \sqrt{r_3^2 - \left(1.3d_r - \dfrac{p_0}{2}\right)^2}, \quad p_0 = p\left(1 + \dfrac{2r_1 - d_r}{d}\right)$

注：齿沟圆弧半径 r_1 允许比表中公式计算的大 $0.0015d_r + 0.06$ mm。

表 16-7　轴向齿廓及尺寸（摘自 GB/T 1243—2006）

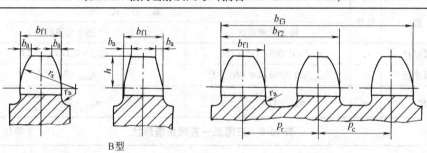

B 型

名　称		符号	计算公式		备　注
			$p \leqslant 12.7$	$p > 12.7$	
齿宽	单排	b_{f1}	$0.93b_1$	$0.95b_1$	当 $p > 12.7$ 时，经制造厂同意，亦可使用 $p \leqslant 12.7$ 时
	双排、三排		$0.91b_1$	$0.93b_1$	的齿宽。b_1 为内链节内宽
齿边倒角宽		b_a	$b_{a公称} = 0.06p$		适用于 081、083、084 规格链条
			$b_{a公称} = 0.13p$		适用于其余 A 或 B 系列链条
齿侧半径		r_x	$r_{x公称} = p$		
齿全宽		b_{fm}	$b_{fm} = (m-1)p_t + b_{f1}$		m 为排数

二、链轮结构形式及尺寸

中等尺寸的链轮除表 16-8 所列整体式钢制链轮结构外，也可做成板式齿圈的焊接结构或装配结构，如图 16-3 所示。

表 16-8　整体式钢制链轮主要结构尺寸　　　　　　（单位：mm）

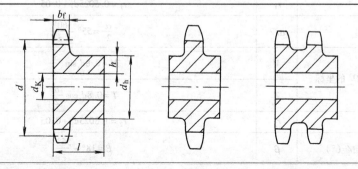

（续）

名　称	符号	结构尺寸（参考）			
轮毂厚度	h	$h = K + \dfrac{d_K}{6} + 0.01d$ 常数 K:			
		d	< 50	$50 \sim 100$	$100 \sim 150$	> 150
		K	3.2	4.8	6.4	9.5
轮毂长度	l	$l = 3.3h$ $l_{\min} = 2.6h$			
轮毂直径	d_h	$d_h = d_K + 2h$ $d_{h\max} < d_g$，d_g 见表 16-4			
齿宽	b_f	见表 16-7			

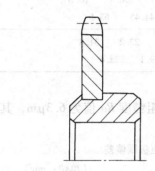

周缘另设
周向固定

螺钉或
铆钉联接

图 16-3　组合式链轮结构

　　大型链轮除采用表 16-9 所列结构外，也可采用轮辐式铸造结构。轮辐断面可用椭圆形或十字形，可参考铸造齿轮结构。

表 16-9　腹板式、单排铸造链轮主要结构尺寸　　　　　　　　　　（单位：mm）

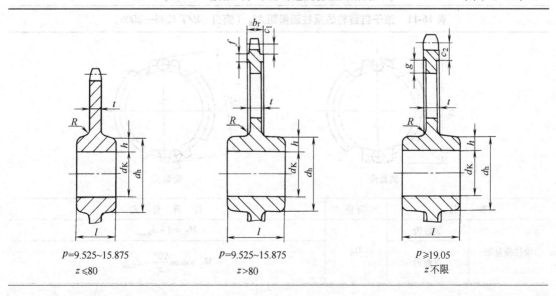

$p = 9.525 \sim 15.875$
$z \leqslant 80$

$p = 9.525 \sim 15.875$
$z > 80$

$p \geqslant 19.05$
z 不限

（续）

名　　称	符号	结构尺寸（参考）					
轮毂厚度	h	$h = 9.5 + \dfrac{d_K}{6} + 0.01d$					
轮毂长度	l	$l = 4h$					
轮毂直径	d_h	$d_h = d_K + 2h$；$d_{hmax} < d_g$，d_g 查表16-4					
齿侧凸缘宽度	b_r	$b_r = 0.625p + 0.93b_1$，b_1 为内链节内宽，查滚子链标准					
轮缘部分尺寸	c_1	$c_1 = 0.5p$					
	c_2	$c_2 = 0.9p$					
	f	$f = 4 + 0.25p$					
	g	$g = 2t$					
圆角半径	R	$R = 0.04p$					
腹板厚度	p	9.525　15.875　25.4　38.1　50.8　76.2 12.7　19.05　31.75　44.45　63.5					
	t	7.9　10.3　12.7　15.9　22.2　31.8 9.5　11.1　14.3　19.1　28.6					

三、链轮公差

对于一般用途的滚子链链轮，其轮齿经机械加工后，齿表面粗糙度 Ra 值为 $6.3\,\mu m$，其余公差要求见表16-10 ~ 表16-12。

表16-10　滚子链链轮齿根圆直径极限偏差及量柱测量距极限偏差

（摘自 GB/T 1243—2006）　　　　　　　　　　　　　（单位：mm）

项　　目	尺寸段	上极限偏差	下极限偏差	备　　注
齿根圆极限偏差、量柱测量距极限偏差	$d_f \leqslant 127$	0	-0.25	链轮齿根圆直径下极限偏差为负值。它可以用量柱法间接测量，量柱测量距 M_R 的公称尺寸见表16-11
	$127 < d_f \leqslant 250$	0	-0.30	
	$250 < d_f$	0	h11	

表16-11　滚子链链轮的量柱测量距 M_R（摘自 GB/T 1243—2006）

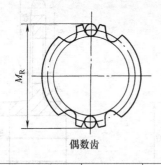

偶数齿

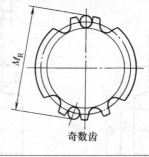

奇数齿

项　　目		符号	计　算　公　式
量柱测量距	偶数齿	M_R	$M_R = d + d_{Rmin}$
	奇数齿		$M_R = d\cos\dfrac{90°}{z} + d_{Rmin}$

表 16-12　滚子链链轮齿根圆径向圆跳动和轴向圆跳动

（摘自 GB/T 1243—2006）

项　目	要　求
轴孔和齿根圆之间的径向圆跳动量	不应超过下列两数值中的较大值 $0.0008d_f + 0.08$ mm 或 0.15 mm，最大到 0.76 mm
轴孔和齿部侧面的平面部分的轴向圆跳动量	不应超过下列计算值 $0.0009d_f + 0.08$ mm，最大到 1.14 mm

四、链轮常用材料及热处理（表 16-13）

表 16-13　链轮常用材料及热处理

材　料	热处理	齿面硬度	应用范围
15 钢、20 钢	渗碳、淬火、回火	50~60HRC	$z \leqslant 25$ 有冲击载荷的链轮
35 钢	正火	160~200HBS	$z > 25$ 的主、从动链轮
45 钢、50 钢、45Mn、ZG310-570	淬火、回火	40~50HRC	无剧烈冲击振动和要求耐磨损的主、从动链轮
15Cr、20Cr	渗碳、淬火、回火	55~60HRC	$z < 30$ 传递较大功率的重要链轮
40Cr、35SiMn、35CrMo	淬火、回火	40~50HRC	要求强度较高和耐磨损的重要链轮
Q235、Q275	焊接后退火	≈140HBW	中低速、功率不大的较大链轮
不低于 HT200 的灰铸铁	淬火、回火	260~280HBW	$z > 50$ 的从动链轮以及外形复杂或强度要求一般的链轮
夹布胶木			$P < 6$ kW，速度较高，要求传动平稳、噪声小的链轮

五、滚子链链轮工作图示例（图 16-4）

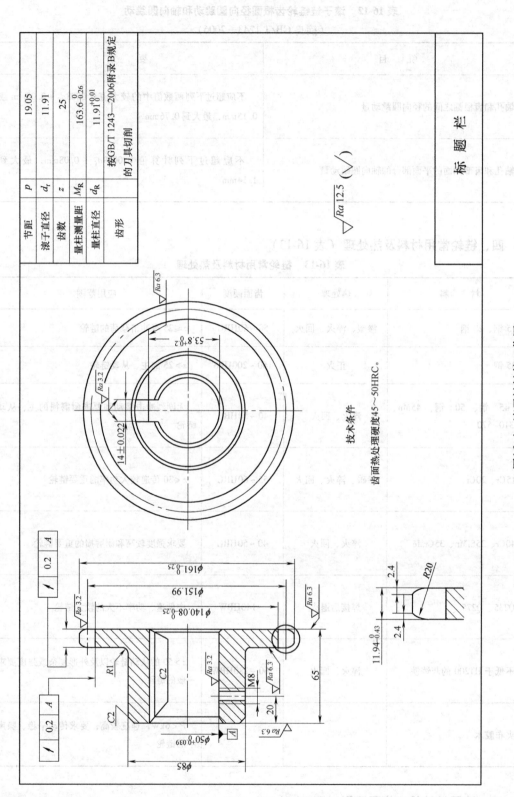

节距	p	19.05
滚子直径	d_r	11.91
齿数	z	25
量柱测量距	M_R	$163.6_{-0.26}^{0}$
量柱直径	d_R	$11.91_{0}^{+0.01}$
齿形		按GB/T 1243—2006附录B规定的刀具切削

$\sqrt{Ra\,12.5}\ (\sqrt{\ })$

标　题　栏

技术条件

齿面热处理硬度45～50HRC。

图16-4　滚子链链轮工作图

第三节 齿轮及蜗杆传动

一、圆柱齿轮的结构（表16-14）

表16-14 圆柱齿轮的结构

齿坯		结构形式	结构尺寸
	齿轮轴		当 $d_a < 2d$ 或 $\delta < (2 \sim 2.5) m_t$ 时，应将齿轮做成齿轮轴
锻造齿轮	实心式	 $d_a \leqslant 200mm$	$d_1 = 1.6d$ $l = (1.2 \sim 1.5)d, \ l \geqslant b$ $\delta_0 = 2.5 m_t$，但不小于 $8 \sim 10mm$ $n = 0.5 m_t$ $D_0 = 0.5(d_1 + d_2)$ $d_0 = 10 \sim 29mm$，当 d_0 较小时不钻孔
	腹板式	 模锻 $d_a \leqslant 500mm$ 自由锻	$d_1 = 1.6d$ $l = (1.2 \sim 1.5)d, \ l \geqslant b$ $\delta_0 = (2.5 \sim 4) m_t$，但不小于 $8 \sim 10mm$ $D_0 = 0.5(d_1 + d_2)$ $d_0 = 15 \sim 25mm$ $c = 0.2b(模锻)$，$c = 0.3b(自由锻)$ $n = 0.5 m_t$ $r \approx 0.5c$

齿坯	结构形式	结构尺寸
锻造齿轮	**腹板式** $d_a < 500mm$	$d_1 = 1.6d($铸钢$)$、$d_1 = 1.8d($铸铁$)$ $l = (1.2 \sim 1.5)d$，$l \geqslant b$ $\delta_0 = (3 \sim 4)m_t$，但不小于 8mm $c = 0.2b$，但不小于 10mm $D_0 = 0.5(d_1 + d_2)$ $d_0 = (0.25 \sim 0.35)(d_2 - d_1)$ $n = 0.5m_t$ $r \approx 0.5c$
	轮辐式 $d_a = 400 \sim 100mm, b \leqslant 240mm$	$d_1 = 1.6d($铸钢$)$、$d_1 = 1.8d($铸铁$)$ $l = (1.2 \sim 1.5)d$，$l \geqslant b$ $\delta_0 = (3 \sim 4)m_t$，但不小于 8mm $H = 0.8d($铸钢$)$、$H = 0.9d($铸铁$)$ $H_1 = 0.8H$ $c = (1 \sim 1.3)\delta_0$、$s = 0.8c$ $e = (1 \sim 1.2)\delta_0$ $n = 0.5m_t$ $r \approx 0.5c$
焊接齿轮	 $d_a > 400mm, b \leqslant 240mm$	$d_1 = 1.6d$ $l = (1.2 \sim 1.5)d$，$l \geqslant b$ $\delta_0 = 3m_t$，但不小于 8mm $D_0 = 0.5(d_1 + d_2)$ $d_0 = (0.25 \sim 0.35)(d_2 - d_1)$ $c = (0.7 \sim 0.9)\delta_0$ $s = 0.8c$ $n = 0.5m_t$ $K_1 = 2c/3$，$K_2 = c/3$

二、锥齿轮的结构（表 16-15）

表 16-15 锥齿轮结构

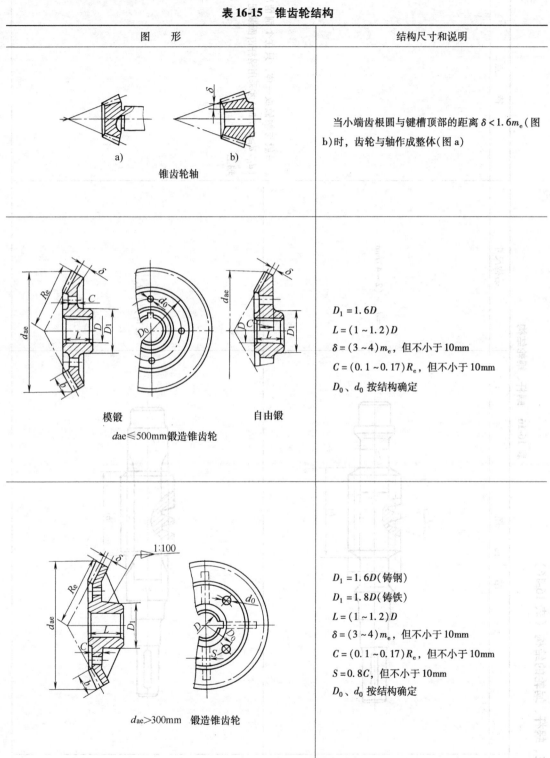

图 形	结构尺寸和说明

锥齿轮轴

当小端齿根圆与键槽顶部的距离 $\delta < 1.6m_{\mathrm{e}}$（图 b）时，齿轮与轴作成整体（图 a）

模锻 **自由锻**

$d_{\mathrm{ae}} \leqslant 500\mathrm{mm}$ 锻造锥齿轮

$D_1 = 1.6D$

$L = (1 \sim 1.2)D$

$\delta = (3 \sim 4)m_{\mathrm{e}}$，但不小于 10mm

$C = (0.1 \sim 0.17)R_{\mathrm{e}}$，但不小于 10mm

D_0、d_0 按结构确定

$d_{\mathrm{ae}} > 300\mathrm{mm}$ 锻造锥齿轮

$D_1 = 1.6D$（铸钢）

$D_1 = 1.8D$（铸铁）

$L = (1 \sim 1.2)D$

$\delta = (3 \sim 4)m_{\mathrm{e}}$，但不小于 10mm

$C = (0.1 \sim 0.17)R_{\mathrm{e}}$，但不小于 10mm

$S = 0.8C$，但不小于 10mm

D_0、d_0 按结构确定

三、蜗杆、蜗轮的结构（表 16-16）

表 16-16 蜗杆、蜗轮结构

类型		结　构　图	结构尺寸	特　点
蜗杆	车制	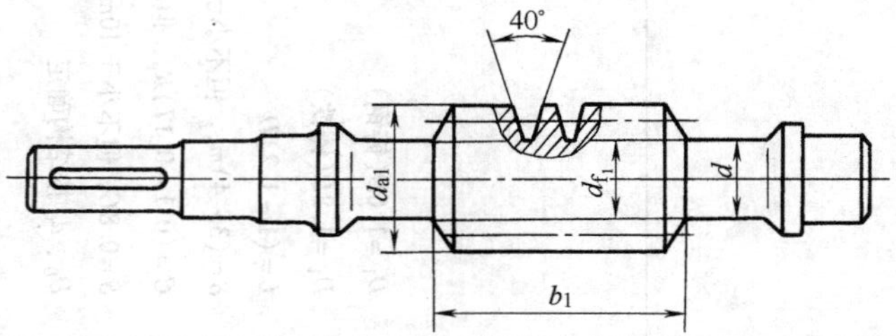	$d = d_{f_1} - (2 \sim 4)\,\text{mm}$	一般与轴做成一体，只在个别情况（$d_{f_1}/d \geqslant 1.7$ 时）才采用蜗杆齿圈装配于轴上
	铣制	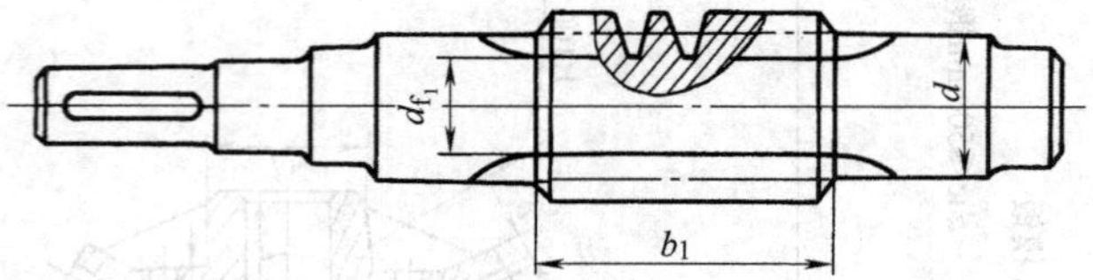	d 可大于 d_{f_1}	

（续）

类型	结构图	结构尺寸	特点
蜗轮 整体式		$L=(1.2\sim1.8)d$ $c_1=1.5m\geq10mm$ $c_1=0.25b_2$ $a=b=2m\geq10mm$ $d_3=(1.2\sim1.8)d$ $d_4=(1.2\sim1.5)m\geq6mm$ $L_1=3d_4$ $x=2\sim3mm$ $y=4\sim5mm$ $f\geq1.7m$ $n=2\sim3mm$ $d_5,\ n_1,\ D_0,\ d_0$ 等由结构确定	当直径小于100mm时，可用青铜铸成整体。当滑动速度 $v_s\leq2m/s$ 时，可用铸铁铸成整体
蜗轮 轮箍式		d_{a2}值： 当 $z_1=1$ 时，$d_{e2}\leq d_{a2}+2m$ 当 $z_1=2\sim3$ 时，$d_{e2}\leq d_{a2}+1.5m$ 当 $z_1=4\sim6$ 时，$d_{e2}\leq d_{a2}+m$ b_2值： 当 $z_1\leq3$ 时，$b_2\leq0.75d_{a1}$ 当 $z_1=4\sim6$ 时，$b_2\leq0.67d_{a1}$	青铜轮缘与铸铁轮心通常采用H7/s6配合，并加台肩和螺钉固定。螺钉数6~12个

（续）

类型		结构图	结构尺寸	特点
蜗轮	螺栓联接式		$L=(1.2\sim1.8)d$ $c=1.5m\geqslant10\text{mm}$ $c_1=0.25b_2$ $a=b=2m\geqslant10\text{mm}$ $d_3=(1.2\sim1.8)d$ $d_4=(1.2\sim1.5)m\geqslant6\text{mm}$ $l_1=3d_4$ $x=2\sim3\text{mm}$ $y=4\sim5\text{mm}$ $f\geqslant1.7m$ $n=2\sim3\text{mm}$ d_5、n_1、D_0、d_0 等由结构确定	以配合螺栓联接，螺栓孔要同时铰制，其配合为 H7/m6。螺栓数按剪切计算确定，并以轮缘受挤压校核轮缘材料
	镶铸式		d_{a2} 值： 当 $z_1=1$ 时，$d_{a2}\leqslant d_{a2}+2m$ 当 $z_1=2\sim3$ 时，$d_{a2}\leqslant d_{a2}+1.5m$ 当 $z_1=4\sim6$ 时，$d_{a2}\leqslant d_{a2}+m$ b_2 值： 当 $z_1\leqslant3$ 时，$b_2\leqslant0.75d_{a1}$ 当 $z_1=4\sim6$ 时，$b_2\leqslant0.67d_{a1}$	青铜轮缘镶铸在转铁轮上，并在轮心上预制出棒槽，以防止滑动。适用于大批量生产

第十七章 联 轴 器

第一节 联轴器性能、轴孔形式与配合

联轴器按其性能可分为刚性联轴器和挠性联轴器，挠性联轴器中又分有弹性元件和无弹性元件两种。常用联轴器的性能、特点和应用见表17-1。

表 17-1　常用联轴器的性能、特点和应用

类别	联轴器名称	公称转矩范围 T_n/N·m	轴孔直径范围 d/mm	许用转速范围[n] /r·min^{-1}	许用相对位移			特点及应用
					轴向 ΔX /mm	径向 ΔY /mm	角向 $\Delta\alpha$	
刚性联轴器	凸缘联轴器（GB/T 5843—2003）	25 ~ 100000	12 ~ 250	1600 ~ 12000	同轴度按 GB/T 1184—1996 中9级规定			结构简单，制造成本较低，装拆和维护均较简便，能保证两轴有较高的对中性，传递转矩较大，应用较广，但不能消除由于冲击和两轴的不对中而引起的不良后果。主要用于载荷较平稳的场合
无弹性元件的挠性联轴器	滑块联轴器（JB/ZQ 4384—2006）	16 ~ 5000	10 ~ 100	1500 ~ 10000	1 ~ 2	≤0.2	≤40′	结构简单，径向外形尺寸较小，允许两轴径向位移大，但对角位移较敏感。由于受滑块偏心产生离心力的限制，不宜用于高速
	TGL 鼓形齿式联轴器（JB/T 5514—2007）	10 ~ 2500	6 ~ 125	2120 ~ 10000	±1	TGL1：0.3 TGL2：0.3 TGL3 ~ TGL8：0.4 TGL9：0.6 TGL10：0.7 TGL11：0.8	每半联轴器1°	外形尺寸较小，承载能力高，能在高转速下可靠工作，补偿两轴相对位移性能好，但制造相当困难，工作中需要良好的润滑。适用于正反转多变、起动频繁和大功率水平传动的联接

（续）

类别	联轴器名称	公称转矩范围 T_n/N·m	轴孔直径范围 d/mm	许用转速范围 [n] /r·min^{-1}	许用相对位移			特点及应用
					轴向 ΔX /mm	径向 ΔY /mm	角向 $\Delta\alpha$	
无弹性元件的挠性联轴器	滚子链联轴器（GB/T 6069—2002）	40～25000	16～190	900～4500	1.4～9.5	0.19～1.27	1°	结构简单，尺寸紧凑，质量较轻，维护、装拆方便。当用于高速或可逆传动时，由于链节与链齿间的间隙，会引起冲击，故不宜用于冲击载荷很大的逆向传动，也不宜用于垂直传动轴
	十字轴万向联轴器（JB/T 5901—1991）	11.2～1120	8～42				≤45°	结构紧凑，维修方便，可在两轴有较大角位移的条件下工作，但两轴不在同一轴线、主动轴等速回转时，从动轴不等速转动，故有附加动载荷。为消除这一缺点，常成对使用
有弹性元件的挠性联轴器	弹性套柱销联轴器（GB/T 4323—2002）	6.3～16000	9～170	1150～8800	较大	0.2～0.6	30′～1°30′	结构紧凑，装配方便，具有一定弹性和缓冲性能，补偿两轴相对位移量不大。当位移量过大时，弹性件易损坏。主要用于一般的中、小功率传动轴系的联接
	弹性柱销联轴器（GB/T 5014—2003）	250～180000	12～340	950～8500	±0.5～±3.0	0.15～0.25	30′	结构简单，制造容易，更换方便，柱销较耐磨，但弹性差，补偿两轴相对位移量小。主要用于载荷较平稳，起动频繁，轴向窜动量较大，对缓冲要求不高的传动
	梅花形弹性联轴器（GB/T 5272—2002）	25～25000	12～160	950～15300	1.2～5.0	0.5～1.8	1°～2°	结构简单，零件数量少，外形尺寸小，弹性元件容易制造，承载能力强，适用范围广，可用于中、小功率的水平和垂直传动轴系

联轴器与轴一般采用键联接。轴孔与键槽的联接形式、尺寸及标记见表 17-2。

表17-2　轴孔和键槽的联接形式、代号及系列尺寸（摘自 GB/T 3852—2008）　　　（单位：mm）

圆柱形轴孔

	圆柱形轴孔	有沉孔的短圆柱形轴孔	有沉孔的长圆柱形轴孔	圆锥形轴孔
轴孔形式及代号	Y型	J型	Z型	Z₁型

	平键单键槽	120°布置平键双键槽	180°布置平键双键槽	普通切向键键槽	圆锥形轴孔平键单键槽
联接形式及代号	A型	B型	B₁型	D型	C型

圆柱形轴孔系列尺寸

直径 d(H7) 公称尺寸	极限偏差	长度 L 长系列	短系列	L₁	沉孔 d₁	R	b(P9) 公称尺寸	极限偏差	t 公称尺寸	极限偏差	t₁ 公称尺寸	极限偏差	T 位置度公差	D型键槽 t₃ 公称尺寸	极限偏差	b₁
16	+0.018 / 0	42	30	42	38	1.5	5	-0.012 / -0.042	18.3	+0.10 / 0	20.6	+0.20 / 0	0.03	—	—	—
18	+0.018 / 0	42	30	42	38	1.5	5	-0.012 / -0.042	20.8	+0.10 / 0	23.6	+0.20 / 0	0.03	—	—	—
19	+0.018 / 0	42	30	42	38	1.5	6	-0.012 / -0.042	21.8	+0.10 / 0	24.6	+0.20 / 0	0.03	—	—	—
20	+0.021 / 0	52	38	52	38	1.5	6	-0.012 / -0.042	22.8	+0.10 / 0	25.6	+0.20 / 0	0.03	—	—	—
22	+0.021 / 0	52	38	52	38	1.5	6	-0.012 / -0.042	24.8	+0.10 / 0	27.6	+0.20 / 0	0.03	—	—	—
24	+0.021 / 0	62	44	62	48	1.5	8	-0.015 / -0.051	27.3	+0.20 / 0	30.6	+0.40 / 0	0.04	—	—	—
25	+0.021 / 0	62	44	62	48	1.5	8	-0.015 / -0.051	28.3	+0.20 / 0	31.6	+0.40 / 0	0.04	—	—	—

（续）

d 公称尺寸	d 极限偏差 (H7)	L 短系列	L 长系列	L_1	d_1	R	b 公称尺寸 (P9)	b 极限偏差 (P9)	t 公称尺寸	t 极限偏差	t_1 公称尺寸	t_1 极限偏差	T 位置度公差	t_3 公称尺寸	t_3 极限偏差	b_1
28	+0.021 / 0	44	62	62	48	1.5	8	−0.015 / −0.051	31.3	+0.20 / 0	34.6	+0.40 / 0	0.04	—		—
30									33.3		36.6					
32		60	82	82	55		10		35.3		38.6					
35									38.3		41.6					
38									41.3		44.6					
40	+0.025 / 0				65	2.0	12	−0.018 / −0.061	43.3		46.6					
42									45.3		48.6					
45									48.8		52.6					
48		84	112	112	80		14		51.8		55.6					
50									53.8		57.6		0.05			
55	+0.030 / 0				95		16		59.3		63.6					
56									60.3		64.6					
60					105	2.5	18	−0.022 / −0.074	64.4		68.8			7	0 / −0.20	19.3
63									67.4		71.8					19.8
65									69.4		73.8					20.1
70	+0.035 / 0	107	142	142	120		20		74.9		79.8		0.06			21.0
71									75.9		80.8					22.4
75									79.9		84.8			8		23.2
80					140		22		85.4		90.8					24.0
85		132	172	172					90.4		95.8					24.8
90					160	3.0	25		95.4		100.8					25.6
95									100.4		105.8			9		27.8
100		167	212	212	180		28	−0.026 / −0.088	106.4		112.8		0.08			28.6
110									116.4		122.8			10		30.1
120					210		32		127.4		134.8					33.2

（续）

圆锥形轴孔系列尺寸

直径 d (H10)		长度 L		L_1	沉孔		b (P9)		C型键槽 t_2		
公称尺寸	极限偏差	长系列	短系列		d_1	R	公称尺寸	极限偏差	长系列	短系列	极限偏差
16	+0.070 / 0	30	18	42	38	1.5	3	-0.006 / -0.031	8.7	9.0	+0.100 / 0
18		30	18	42					10.1	10.4	
19	+0.084 / 0	38	24	52					10.6	10.9	
20		38	24	52					10.9	11.2	
22		44	26	62	48		4	-0.012 / -0.042	11.9	12.2	
24		44	26	62					13.4	13.7	
25		44	26	62					13.7	14.2	
28		44	26	62	55		5		15.2	15.7	
30		60	38	82					15.8	16.4	
32	+0.100 / 0	60	38	82	65				17.3	17.9	
35		60	38	82			6		18.8	19.4	
38		60	38	82					20.3	20.9	
40		84	56	112	80	2.0	10	-0.015 / -0.051	21.2	21.9	+0.200 / 0
42		84	56	112					22.2	22.9	
45		84	56	112					23.7	24.4	
48		84	56	112	95		12	-0.018 / -0.061	25.2	25.9	
50		84	56	112					26.2	26.9	
55	+0.120 / 0	107	72	142		2.5	14		29.2	29.9	
56		107	72	142	105				29.7	30.4	
60		107	72	142			16		31.7	32.5	

（续）

圆锥形轴孔系列尺寸

直径 d (H10) 公称尺寸	极限偏差	长度 L 长系列	L 短系列	L1	沉孔 d1	R	b (P9) 公称尺寸	b 极限偏差	C 型键槽 长系列	C 型键槽 短系列 t2	t2 极限偏差
63	+0.120 / 0	107	72	142	105	2.5	16	−0.018 / −0.061	32.2	34.0	+0.200 / 0
65									34.2	35.0	
70					120		18		36.8	37.6	
71									37.3	38.1	
75					140	3.0	20	−0.022 / −0.074	39.3	40.1	
80	+0.140 / 0	132	92	172					41.6	42.6	
85					160		22		44.1	45.1	
90									47.1	48.1	
95					180	4.0	25		49.6	50.6	
100		167	122	212					51.3	52.4	
110					210		28		56.3	57.4	
120									62.3	63.4	

注：
1. 轴孔型式推荐选用 J 型，Y 型限用于长圆柱形轴伸形轴伸电动机端。
2. 键槽宽度 b 的极限偏差也可采用 Js9。
3. 标记方法：

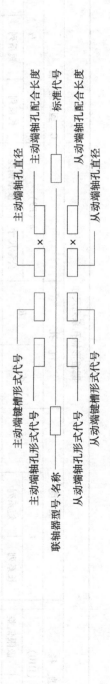

联轴器圆柱形轴孔与轴伸的配合可按表 17-3 确定。若采用无键过盈联接，其配合按照联接要求由计算确定。若选用过盈大于表 17-3 中规定的配合时，应验算联轴器轮毂的强度。

表 17-3　联轴器圆柱形轴孔与轴伸的配合

直径 d/mm		配 合 代 号
6 ~ 30	H7/j6	
>30 ~ 50	H7/k6	根据使用要求也可选用 H7/r6、H7/p6 或 H7/n6 配合
>50	H7/m6	

第二节　常用联轴器的标准

常用联轴器的标准见表 17-4 ~ 表 17-12。

表 17-4　凸缘联轴器（摘自 GB/T 5843—2003）

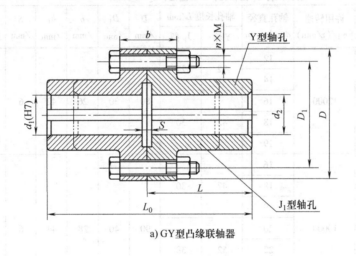

a) GY 型凸缘联轴器

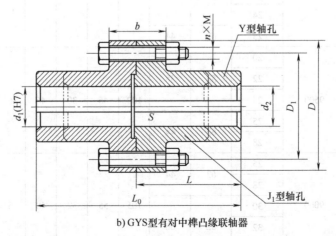

b) GYS 型有对中榫凸缘联轴器

（续）

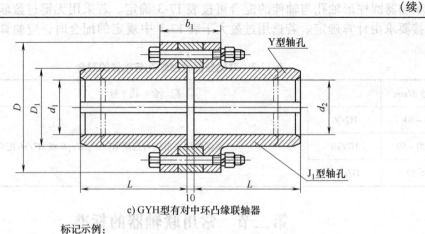

c) GYH型有对中环凸缘联轴器

标记示例：

GY4 联轴器 $\dfrac{J_1 30 \times 60}{J_1 B28 \times 44}$ GB/T 5843—2003

主动端：J_1 型轴孔，A 型键槽，$d_1 = 30\text{mm}$，$L = 60\text{mm}$

从动端：J_1 型轴孔，B 型键槽，$d_2 = 28\text{mm}$，$L = 44\text{mm}$

型号	公称转矩 $T_n/(\text{N}\cdot\text{m})$	许用转速 $[n]/(\text{r/min})$	轴孔直径 $d_1 \setminus d_2/\text{mm}$	轴孔长度 L/mm		D /mm	D_1 /mm	b /mm	b_1 /mm	S /mm	转动惯量 $J/(\text{kg}\cdot\text{m}^2)$	质量 m/kg
				Y 型	J_1 型							
GY1 GYS1 GYH1	25	12000	12	32	27	80	30	26	42	6	0.0008	1.16
			14									
			16									
			18	42	30							
			19									
GY2 GYS2 GYH2	63	10000	16			90	40	28	44	6	0.0015	1.72
			18	42	30							
			19									
			20									
			22	52	38							
			24									
			25	62	44							
GY3 GYS3 GYH3	112	9500	20			100	45	30	46	6	0.0025	2.38
			22	52	38							
			24									
			25									
			28	62	44							
GY4 GYS4 GYH4	224	9000	25	62	44	105	55	32	48	6	0.003	3.15
			28									
			30									
			32	82	60							
			35									

（续）

| 型号 | 公称转矩 T_n/(N·m) | 许用转速 [n]/(r/min) | 轴孔直径 d_1、d_2/mm | 轴孔长度 L/mm | | D /mm | D_1 /mm | b /mm | b_1 /mm | S /mm | 转动惯量 J/(kg·m²) | 质量 m/kg |
				Y 型	J_1 型							
GY5 GYS5 GYH5	400	8000	30	82	60	120	68	36	52	8	0.007	5.43
			32									
			35									
			38									
			40	112	84							
			42									
GY6 GYS6 GYH6	900	6800	38	82	60	140	80	40	56	8	0.015	7.59
			40	112	84							
			42									
			45									
			48									
			50									
GY7 GYS7 GYH7	1600	6000	48	112	84	160	100	40	56	8	0.031	13.1
			50									
			55									
			56									
			60	142	107							
			63									
GY8 GYS8 GYH8	3150	4800	60	142	107	200	130	50	68	10	0.103	27.5
			63									
			65									
			70									
			71									
			75									
			80	172	132							
GY9 GYS9 GYH9	6300	3600	75	142	107	260	160	66	84	10	0.319	47.8
			80	172	132							
			85									
			90									
			95									
			100	212	167							
GY10 GYS10 GYH10	10000	3200	90	172	132	300	200	72	90	10	0.720	82.0
			95									
			100	212	167							
			110									

（续）

型号	公称转矩 T_n/(N·m)	许用转速 $[n]$/(r/min)	轴孔直径 d_1、d_2/mm	轴孔长度 L/mm Y 型	J₁ 型	D/mm	D_1/mm	b/mm	b_1/mm	S/mm	转动惯量 J/(kg·m²)	质量 m/kg
GY10 GYS10 GYH10	10000	3200	120	212	167	300	200	72	90	10	0.720	82.0
			125									
GY11 GYS11 GYH11	25000	2500	120	212	167	380	260	80	98	10	2.278	162.2
			125									
			130	252	202							
			140									
			150									
			160	302	242							
GY12 GYS12 GYH12	50000	2000	150	252	202	460	320	92	112	12	5.923	285.6
			160	302	242							
			170									
			180									
			190	352	282							
			200									
GY13 GYS13 GYH13	100000	1600	190	352	282	590	400	110	130	12	19.978	611.9
			200									
			220									
			240	410	330							
			250									

表 17-5　滑块联轴器（摘自 JB/ZQ 4384—2006）

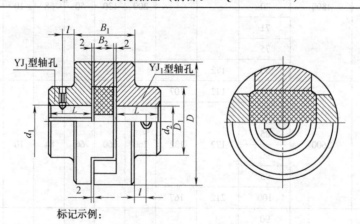

标记示例：

WH6 联轴器 $\dfrac{45 \times 112}{J_1 42 \times 84}$ JB/ZQ 4384—2006

主动端：Y 型轴孔，A 型键槽，$d_1 = 45$ mm，$L = 112$ mm

从动端：J₁ 型轴孔，A 型键槽，$d_2 = 42$ mm，$L = 84$ mm

（续）

型号	公称转矩 T_n/N·m	许用转速 [n]/ (r/min)	轴孔直径 d_1,d_2/mm	轴孔长度 Y型	轴孔长度 J_1型	D	D_1	B_1	B_2	l	转动惯量 J/kg·m²	质量 m/kg
				L						mm		
WH1	16	10000	10,11 12,14	25 32	22 27	40	30	52	13	5	0.0007	0.6
WH2	31.5	8200	12,14 16,(17),18	32 42	27 30	50	32	56	18	5	0.0038	1.5
WH3	63	7000	(17),18,19 20,22	42 52	30 38	70	40	60	18	5	0.0063	1.8
WH4	160	5700	20,22,24 25,28	52 62	38 44	80	50	64	18	8	0.013	2.5
WH5	280	4700	25,28 30,32,35	62 82	44 60	100	70	75	23	10	0.045	5.8
WH6	500	3800	30,32,35,38 40,42,45	82 112	60 84	120	80	90	33	15	0.12	9.5
WH7	900	3200	40,42,45,48 50,55	112	84	150	100	120	38	25	0.43	25
WH8	1800	2400	50,55 60,63,65,70	112 142	84 107	190	120	150	48	25	1.98	55
WH9	3550	1800	65,70,75 80,85	142 172	107 132	250	150	180	58	25	4.9	85
WH10	5000	1500	80,85,90,95 100	172 212	132 167	330	190	180	58	40	7.5	120

注：1. 表中联轴器质量和转动惯量是按最小轴孔直径和最大长度计算的近似值。

2. 括号内的数值尽量不选用。

3. 工作环境温度为 −20℃ ～ +70℃。

表 17-6 鼓形齿式联轴器 (摘自 JB/T 5514—2007)

A型　B型　C型

标记示例:

TGLA4 联轴器 $\dfrac{J_1 20 \times 38}{J_1 28 \times 44}$ JB/T 5514—2007

主动端：J_1 型轴孔，A 型键槽，$d=20\text{mm}$，$L=38\text{mm}$
从动端：J_1 型轴孔，A 型键槽，$d=28\text{mm}$，$L=44\text{mm}$

型号	公称转矩 T_n /N·m	许用转速 $[n]$/ r·min⁻¹	轴孔直径 d_1, d_2 /mm	轴孔长度 J_1型 L/mm	D /mm A型 B型	C型	D_1 /mm	B /mm A型 B型	C型	B_1 /mm A型 B型	C型	S /mm	d /mm	质量 m/kg A型 B型	C型	转动惯量 J/kg·m² A型 B型	C型
TGLA1 TGLB1	10	10000	6, 7	16	40	—	25	38	—	17	—	4	— / M5	0.200	—	0.00003	—
			8, 9	20													
			10, 11	22													
			12, 14	27													
TGLA2 TGLB2	16	9000	8, 9	20	48	—	32	38	—	17	—	4	— / M5	0.278	—	0.00006	—
			10, 11	22													
			12, 14	27													
			16, 18, 19	30													

（续）

型号	公称转矩 T_n/N·m	许用转速 [n]/r·min^{-1}	轴孔直径 d_1, d_2/mm	轴孔长度 J_1型 L/mm	D/mm A型 B型	D/mm C型	D_1/mm	B/mm A型 B型	B/mm C型	B_1/mm A型 B型	B_1/mm C型	S/mm	d/mm	质量 m/kg A型 B型	质量 m/kg C型	转动惯量 J/kg·m² A型 B型	转动惯量 J/kg·m² C型
TGLA3	31.5	8500	10, 11	22	56	58	36	42	52	19	—	4	M5	0.482	0.533	0.00012	0.00015
TGLB3			12, 14	27							24						
			16, 18, 19	30													
TGLC3			20, 22, 24	28													
TGLA4	45	8000	12, 14	27	66	70	45	46	56	21	—	4	M8	0.815	0.869	0.00033	0.0004
TGLB4			16, 18, 19	30							26						
			20, 22, 24	38													
TGLC4			25, 28	44													
TGLA5	63	7500	14	27	75	85	50	48	58	22	—	4	M8	1.39	1.52	0.00072	0.00088
TGLB5			16, 18, 19	30							27						
			20, 22, 24	38													
			25, 28	44													
TGLC5			30, 32	60													
TGLA6	80	6700	16, 18, 19	30	82	90	58	48	58	22	27	4	M8	2.02	2.15	0.0012	0.0015
TGLB6			20, 22, 24	38													
			25, 28	44													
TGLC6			30, 32, 35, 38	60													
TGLA7	100	6000	20, 22, 24	38	92	100	65	50	60	23	28	4	M8	3.01	3.14	0.0024	0.0027
TGLB7			25, 28	44													
TGLC7			30, 32, 35, 38	60													
			40, 42	84													
TGLA8	140	5600	22, 24	38	100	100	72	50	60	23	28	4	M8	4.06	4.18	0.0037	0.0039
TGLB8			25, 28	44													
TGLC8																	

（续）

型号	公称转矩 T_n /N·m	许用转速 $[n]$/ r·min⁻¹	轴孔直径 d_1, d_2 /mm	轴孔长度 J_1型 L/mm	D /mm A型 B型	D /mm C型	D_1 /mm	B /mm A型 B型	B /mm C型	B_1 /mm A型 B型	B_1 /mm C型	S /mm	d /mm	质量 m/kg A型 B型	质量 m/kg C型	转动惯量 J/kg·m² A型 B型	转动惯量 J/kg·m² C型
TGLA8	140	5600	30, 32, 35, 38	60	100	100	72	50	60	23	28	4	M8	4.06	4.18	0.0037	0.0039
TGLB8			40, 42, 45, 48	84													
TGLC8																	
TGLA9	355	4000	30, 32, 35, 38	60	140	140	96	72	85	34	41	4	M10	8.25	8.51	0.0155	0.0166
TGLB9			40, 42, 45, 48, 50, 55, 56	84													
TGLC9			60, 63, 65, 70	107													
TGLA10	710	3150	40, 42, 45, 48, 50, 55, 56	84	175	175	128	95	95	45	45	6	M10	16.92	17.10	0.0520	0.0535
TGLB10			60, 63, 65, 70, 71, 75	107													
TGLC10			80, 85	132													
TGLA11	1250	3000	40, 42, 45, 48, 50, 55, 56	84	210	210	165	102	102	48	48	8	M10	34.26	34.56	0.1624	0.165
TGLB11			60, 63, 65, 70, 71, 75	107													
TGLC11			80, 85, 90, 95	132													
			100, 110	167													

注：
1. 瞬时过载转矩不得大于联轴器公称转矩的二倍。
2. 质量和转动惯量是各型号中最大值的近似计算值。
3. B_1 是保证原动机或工作机安装所必需的最小尺寸。
4. 推荐 TGL10～TGL11 采用 B 型。
5. 目前生产厂：四川德阳市二重基础件厂、陕西齿轮厂、浙江乐清机械厂。

表 17-7　滚子链联轴器（摘自 GB/T 6069—2002）

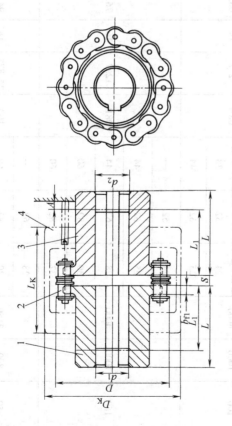

1、3—半联轴器　2—双排滚子链　4—罩壳

标记示例：

GL7 联轴器 $\dfrac{J_1 B45 \times 84}{J_1 B_1 50 \times 84}$ GB/T 6069—2002

主动端：J_1 型轴孔，B 型键槽，$d_1 = 45\text{mm}$，$L = 84\text{mm}$

从动端：J_1 型轴孔，B_1 型键槽，$d_2 = 50\text{mm}$，$L_1 = 84\text{mm}$

型号	公称转矩 T_n /N·m	许用转速 $[n]$/r·min^{-1} 不安罩壳	许用转速 $[n]$/r·min^{-1} 安装罩壳	轴孔直径 d_1、d_2 /mm	轴孔长度 Y 型 L /mm	轴孔长度 J_1 型 L_1 /mm	链号	链条节距 p	齿数 z	D /mm	b_{f1} /mm	S /mm	A /mm	D_K (max)	L_K (max)	质量 m/kg	转动质量 J /kg·m^2
GL1	40	1400	4500	16	42	—	06B	9.525	14	51.06	5.3	4.9	—	70	70	0.40	0.00010
				18	42	—							—				
				19	42	—							—				
				20	52	38							4				

（续）

型号	公称转矩 T_n /N·m	许用转速 $[n]$/r·min^{-1} 不安罩壳	许用转速 安装罩壳	轴孔直径 d_1,d_2 /mm	轴孔长度 Y型 L /mm	轴孔长度 J_1型 L_1 /mm	链号	链条节距 p	齿数 z	D /mm	b_{f1} /mm	S /mm	A /mm	D_K (max)	L_K (max)	质量 m/kg	转动惯量 J /kg·m^2
GL2	63	1250	4500	19	42	—	06B	9.525	16	57.08	5.3	4.9	—	75	75	0.70	0.00020
				20	52	38							4				
				22	52	38							4				
				24	52	38							4				
GL3	100	1000	4000	20	52	38	08B	12.7	14	68.88	7.2	6.7	12	85	80	1.1	0.00038
				22	52	38							12				
				24	52	38							12				
				25	62	44							6				
GL4	160	1000	4000	24	52	—	08B	12.7	16	76.91	7.2	6.7	—	95	88	1.8	0.00086
				25	62	44							6				
				28	62	44							6				
				30	82	60							—				
				32	82	60							—				
GL5	250	800	3150	28	62	—	10A	15.875	16	94.46	8.9	9.2	—	112	100	3.2	0.0025
				30	82	60							—				
				32	82	60							—				

（续）

型号	公称转矩 T_n /N·m	许用转速 $[n]$/r·min⁻¹		轴孔直径 d_1、d_2 /mm	轴孔长度		链号	链条节距 p	齿数 z	D /mm	b_{f1} /mm	S /mm	A /mm	D_K (max)	L_K (max)	质量 m/kg	转动惯量 J /kg·m²
		不安罩壳	安装罩壳		Y型 L /mm	J_1型 L_1 /mm											
GL5	250	800	3150	35	82	60	10A	15.875	16	94.46	8.9	9.2	—	112	100	3.2	0.0025
				38	82	60							—				
				40	112	84							—				
GL6	400	630	2500	32	82	60	10A	15.875	20	116.57	8.9	9.2	—	140	105	5.0	0.0058
				35	82	60							—				
				38	82	60							—				
				40	112	84							—				
				42	112	84							—				
				45	112	84							—				
				48	112	84							—				
				50	112	84							—				
GL7	630	630	2500	40	112	84	12A	19.05	18	127.78	11.9	10.9	—	150	122	7.4	0.012
				42	112	84							—				
				45	112	84							—				
				48	112	84							—				
				50	112	84							—				
				55	112	84							—				
				60	142	107							—				

（续）

型号	公称转矩 T_n /N·m	许用转速 $[n]$/r·min⁻¹ 不安罩壳	许用转速 $[n]$/r·min⁻¹ 安装罩壳	轴孔直径 d_1、d_2 /mm	轴孔长度 Y型 L /mm	轴孔长度 J_1型 L_1 /mm	链号	链条节距 p	齿数 z	D /mm	b_n /mm	S /mm	A /mm	D_K (max)	L_K (max)	质量 m/kg	转动惯量 J /kg·m²
GL8	1000	500	2240	45	112	84	16A	25.40	16	154.33	15.0	14.3	12	180	135	11.1	0.025
				48	112	84							12				
				50	112	84							12				
				55	112	84							12				
				60	142	107							—				
				65	142	107							—				
				70	142	107							—				
GL9	1600	400	2000	50	112	84	16A	25.40	20	186.50	15.0	14.3	12	215	145	20.0	0.061
				55	112	84							12				
				60	142	107							—				
				65	142	107							—				
				70	142	107							—				
				75	142	107							—				
				80	172	132							—				
GL10	2500	315	1600	60	142	107	20A	31.75	18	213.02	18.0	17.8	6	245	165	26.1	0.079
				65	142	107							6				
				70	142	107							6				

（续）

型号	公称转矩 T_n /N·m	许用转速 $[n]$/r·min⁻¹ 不安罩壳	许用转速 安装罩壳	轴孔直径 d_1、d_2 /mm	轴孔长度 Y型 L /mm	轴孔长度 J_1型 L_1 /mm	链号	链条节距 p	齿数 z	D /mm	b_{f1} /mm	S /mm	A /mm	D_K (max)	L_K (max)	质量 m/kg	转动惯量 J /kg·m²
GL10	2500	315	1600	75	142	107	20A	31.75	18	213.02	18.0	17.8	6	245	165	26.1	0.079
				80	172	132							—				
				85	172	132							—				
				90	172	132							—				
GL11	4000	250	1500	75	142	107	24A	38.1	16	231.49	24.0	21.5	35	270	195	39.2	0.188
				80	172	132							10				
				85	172	132							10				
				90	172	132							10				
				95	172	132							10				
				100	212	167							10				

注：1. 有罩壳时，在型号后加"F"，例如 GL5 型联轴器，有罩壳时改为 GL5F。
2. 表中联轴器的质量、转动惯量是近似值。
3. 许用相对位移补偿量列于下表：

项　目　　型　号	GL1, GL2	GL3, GL4	GL5, GL6	GL7	GL8, GL9	GL10	GL11
径向 ΔY/mm	0.19	0.25	0.32	0.38	0.50	0.63	0.76
轴向 ΔX/mm	1.4	1.9	2.3	2.8	3.8	4.7	5.7
角向 $\Delta\alpha$	1°						

4. 目前生产厂：浙江省诸暨链条总厂。

表17-8　十字轴万向联轴器（摘自 JB/T 5901—1991）

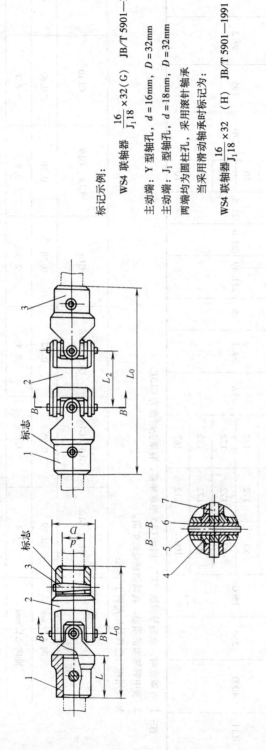

标记示例：

WS4 联轴器：Y 型轴孔，$d=16\,mm$，$D=32\,mm$　　JB/T 5901—1991

主动端：Y 型轴孔，$d=16\,mm$，$D=32\,mm$

主动端：J_1 型轴孔，$d=18\,mm$，$D=32\,mm$

两端均为圆柱孔，采用滚针轴承时标记为：

WS4 联轴器 $\dfrac{16}{J_1 18}\times 32$ （H）　JB/T 5901—1991

当采用滑动轴承时标记为：

WS4 联轴器 $\dfrac{16}{J_1 18}\times 32$（G）　JB/T 5901—1991

WSD 型单十字轴万向联轴器

1、2—半联轴器　3—圆锥销　4—十字轴
5—销钉　6—套筒　7—圆柱销

WS 型双十字轴万向联轴器

1、3—半联轴器　2—叉形接头　4—十字轴
5—销钉　6—套筒　7—圆柱销

型号	公称转矩 T_n /N·m	d/mm (H7)	D/mm	L_0/mm WSD 型 Y 型	L_0/mm WSD 型 J_1 型	L_0/mm WS 型 Y 型	L_0/mm WS 型 J_1 型	L/mm WSD 型 Y 型	L/mm WSD 型 J_1 型	L/mm WS 型 Y 型	L/mm WS 型 J_1 型	L_2/mm	质量 m/kg WSD 型 Y 型	质量 m/kg WSD 型 J_1 型	质量 m/kg WS 型 Y 型	质量 m/kg WS 型 J_1 型	转动惯量 J/kg·m² WSD 型 Y 型	转动惯量 J/kg·m² WSD 型 J_1 型	转动惯量 J/kg·m² WS 型 Y 型	转动惯量 J/kg·m² WS 型 J_1 型
WS1	11.2	8	16	60	—	66	60	20	—	80	80	20	0.23	0.20	0.32	0.29	0.06	0.05	0.08	0.07
WSD1		9						25	22	86										
		10																		

（续）

型号	公称转矩 T_n /N·m	d/mm (H7)	D/mm	L_0/mm WSD型 Y型	L_0/mm WSD型 J1型	L_0/mm WS型 Y型	L_0/mm WS型 J1型	L/mm Y型	L/mm J1型	L_2/mm	质量 m/kg WSD型 Y型	质量 m/kg WSD型 J1型	质量 m/kg WS型 Y型	质量 m/kg WS型 J1型	转动惯量 J/kg·m² WSD型 Y型	转动惯量 J/kg·m² WSD型 J1型	转动惯量 J/kg·m² WS型 Y型	转动惯量 J/kg·m² WS型 J1型
WS2 / WSD2	22.4	10, 11, 12	20	70	64	96	90	25	22	26	0.64	0.57	0.93	0.88	0.10	0.09	0.15	0.15
WS3 / WSD3	45	12, 14	25	84	74	110	100	32	27	32	1.45	1.30	2.10	1.95	0.17	0.15	0.24	0.22
WS4 / WSD4	71	16, 18	32	90	80	122	112	42	30	38	5.92	4.86	8.56	8.48	0.39	0.32	0.56	0.49
WS5 / WSD5	140	19, 20, 22	40	116	82	154	130	52	38	48	16.3	12.9	24.0	20.6	0.72	0.59	1.04	0.91
				144	116	192	164											
WS6 / WSD6	280	24, 25, 28	50	152	124	210	182	62	44	58	45.7	36.7	68.9	59.7	1.28	1.03	1.89	1.64
				172	136	330	194											
WS7 / WSD7	560	30, 32, 35	60	226	182	296	252	82	60	70	148	117	207	177	2.82	2.31	3.90	3.38
				240	196	332	288											
WS8 / WSD8	1120	38, 40, 42	75	300	244	392	336	112	84	92	396	338	585	525	5.03	4.41	7.25	6.63

注：1. 表中联轴器质量、转动惯量是近似值。

2. 当轴线夹角 $\alpha \neq 0$ 时，联轴器的许用转矩 $[T] = T_n\cos\alpha$。

3. 中间轴尺寸 L_2 可根据需要选取。

4. 要保证旋转运动的等角速角速，从动轴之间的同步转动，应选用双十字轴万向联轴器或两个单十字轴万向联轴器组合在一起使用，并满足以下三个条件：

  a. 中间轴与主动轴、从动轴间的夹角相等，即 $\alpha_1 = \alpha_2$。

  b. 中间轴两端叉头的对称面在同一平面内。

  c. 中间轴与主动轴、从动轴三轴线在同一平面内。

表17-9 弹性套柱销联轴器（摘自GB/T 4323—2002）

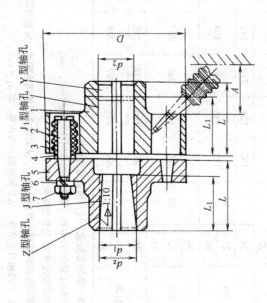

1、5—半联轴器　2—柱销　3—弹性套　4—挡圈　6—垫圈　7—螺母

标记示例：
例1：LT6联轴器 40×112 GB/T 4323—2002
主动端：Y型轴孔，A型键槽，d_1=40mm，L=112mm
从动端：Y型轴孔，A型键槽，d_2=40mm，L=112mm

例2：LT3联轴器 $\dfrac{\text{ZC16}\times30}{\text{JB18}\times30}$ GB/T 4323—2002
主动端：d_1=16mm，Z型轴孔，L=30mm，C型键槽
从动端：d_2=18mm，J型轴孔，L=30mm，B型键槽

型号	公称转矩 T_n /N·m	许用转速 $[n]$/r·min^{-1} 钢	轴孔直径 d_1,d_2,d_z /mm 钢	轴孔长度 Y型 L/mm	J,J_1,Z型 L_1/mm	J,J_1,Z型 L/mm	D /mm	A /mm	质量 m/kg	转动惯量 J /kg·m^2	许用相对位移 径向 /mm	许用相对位移 角向
LT1	6.3	8800	9	20	14	—	71	18	0.82	0.0005	0.2	1°30'
			10,11	25	17	—						
LT2	16	7600	12,14	32	20	—	80	18	1.20	0.0008	0.2	1°30'
			12,14	32	20	42						
			16,18,19	42	30	42						

（续）

型号	公称转矩 T_n/N·m	许用转速 $[n]$/r·min⁻¹ 钢	轴孔直径 d_1,d_2,d_z/mm 钢	轴孔长度 Y型 L/mm	轴孔长度 J,J₁,Z型 L_1/mm	轴孔长度 J,J₁,Z型 L/mm	D/mm	A/mm	质量 m/kg	转动惯量 J/kg·m²	许用相对位移 径向/mm	许用相对位移 角向
LT3	31.5	6300	16,18,19	42	30	42	95	35	2.20	0.0023	0.2	1°30'
			20,22	52	38	52						
LT4	63	5700	20,22,24	52	38	52	106	35	2.84	0.0037	0.2	1°30'
			25,28	62	44	62						
LT5	125	4600	25,28	62	44	62	130	45	6.05	0.0120	0.3	1°30'
			30,32,35	82	60	82						
LT6	250	3800	32,35,38	82	60	82	160	45	9.57	0.0280	0.3	1°00'
			40,42	112	84	112						
LT7	500	3600	40,42,45,48	112	84	112	190	45	14.01	0.0550	0.3	1°00'
LT8	710	3000	45,48,50,55,56	112	84	112	224	65	23.12	0.1340	0.4	1°00'
			60,63	142	107	142						
LT9	1000	2850	50,55,56	112	84	112	250	65	30.69	0.2130	0.4	1°00'
			60,63,65,70,71	142	107	142						
LT10	2000	2300	63,65,70,71,75	142	107	142	315	80	61.4	0.6600	0.4	1°00'
			80,85,90,95	172	132	172						
LT11	4000	1800	80,85,90,95	172	132	172	400	100	120.7	2.1220	0.5	0°30'
			100,110	212	167	212						

注：1. 表中联轴器质量、转动惯量是近似值。
2. 轴孔型式及长度 L、L_1 可根据需要选取。
3. 短时过载不得超过许用转矩 T_P 值的二倍。
4. 联轴器圆柱形轴孔与轴伸的配合见表 17-3。

表 17-10 带制动轮弹性套柱销联轴器（摘自 GB/T 4323—2002）

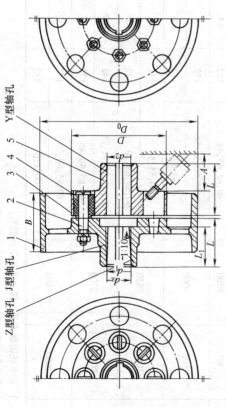

1—制动轮半联轴器　2—柱销　3—挡圈
4—弹性套　5—半联轴器

标记示例：

LTZ/0 联轴器 $\dfrac{\text{JB65}\times142}{\text{J}_1\text{B70}\times107}$　GB/T 4323—2002

主动端：J 型轴孔，B 型键槽，$d_1=65\text{mm}$，$L=142\text{mm}$

从动端：J 型轴孔，B 型键槽，$d_2=70\text{mm}$，$L_1=107\text{mm}$

型号	公称转矩 T_n/N·m	许用转速 $[n]$/r·min⁻¹	轴孔直径 d_1,d_2,d_z/mm	Y型 L/mm	J,J₁,Z型 L₁/mm	J,J₁,Z型 L/mm	D_0/mm	D/mm	B/mm	A/mm	质量 m/kg	转动惯量/kg·m²	径向 ΔY	角向 Δα
LTZ5	125	3800	25,28	64	44	62	200	130	85	45	13.38	0.0416	0.3	1°30′
			30,32,35	82	60	82								
LTZ6	250	3000	30,32,35	82	60	82	250	160	105	45	21.25	0.1053	0.3	1°30′
			32,35,38											
LTZ7	500	2400	40,42	112	84	112	315	190	132		35.00	0.2522	0.3	1°00′
			40,42,45,48											

（续）

型号	公称转矩 T_n/N·m	许用转速 $[n]$/r·min^{-1}	轴孔直径 d_1,d_2,d_z/mm	轴孔长度 Y型 L/mm	轴孔长度 J,J$_1$,Z型 L_1/mm	轴孔长度 L/mm	D_0/mm	D/mm	B/mm	A/mm	质量 m/kg	转动惯量 /kg·m^2	许用位移 径向 ΔY	许用位移 角向 $\Delta\alpha$
LTZ8	710	2400	45,48,50,55,56	112	84	112	315	224	132	65	45.14	0.3470	0.4	1°00′
			60,63	142	107	142								
LTZ9	1000	2400	50,55,56	112	84	112	315	250	132	65	58.67	0.4070	0.4	1°00′
			60,63,65,70	142	107	142								
LTZ10	2000	1900	63,65,70,71,75	142	107	142	400	315	168	80	100.30	1.3050	0.4	0°30′
			80,85,90,95	172	132	172								
LTZ11	4000	1500	80,85,90,95	172	132	172	500	400	210	100	198.73	4.3300	0.5	0°30′
			100,110	212	167	212								
LTZ12	8000	1200	100,110,120,125	212	167	212	630	475	265	130	370.60	12.4900	0.5	0°30′
			130	252	202	252								
LTZ13	16000	1000	120,125	212	167	212	710	600	298	180	641.13	30.4800	0.6	0°30′
			130,140,150	252	202	252								
			160,170	302	242	302								

注：1. 联轴器圆柱形轴孔与轴伸的配合见表17-3。
2. 表中联轴器质量、转动惯量是近似值。
3. 短时过载不得超过许用转矩 $[T]$ 的二倍。
4. 轴孔型式及长度 L、L_1 可根据需要选取。

表 17-11 弹性柱销联轴器（摘自 GB/T 5014—2003）

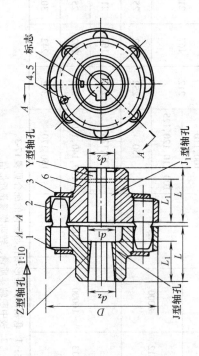

1、6—半联轴器　2—柱销　3—挡板　4、5—螺钉

标记示例：

LX7 联轴器 $\dfrac{ZC75 \times 107}{JB70 \times 107}$ GB/T 5014—2003

主动端：Z 型轴孔，C 型键槽，$d_1 = 75\text{mm}$，$L = 107\text{mm}$

从动端：J 型轴孔，B 型键槽，$d_2 = 70\text{mm}$，$L = 107\text{mm}$

型号	公称转矩 T_n/N·m	许用转速 $[n]$/r·min^{-1}	轴孔直径 d_1, d_2, d_z/mm	轴孔长度			D/mm	质量 m/kg	转动惯量 J/kg·m^2	许用相对位移		
				Y型 L/mm	J,J$_1$,Z型 L_1/mm	J,J$_1$,Z型 L/mm				轴向 /mm	径向 /mm	角向
LX1	250	8500	12,14	32	27	—	90	2	0.002	±0.5	0.15	0°30'
			16,18,19	42	30	42						
			20,22,24	52	38	52						
LX2	560	6300	20,22,24	52	38	52	120	5	0.009	±1	0.15	0°30'
			25,28	62	44	62						
			30,32,35	82	60	82						

（续）

型号	公称转矩 T_n/N·m	许用转速 $[n]$/r·min^{-1}	轴孔直径 d_1,d_2,d_z/mm	轴孔长度			D/mm	质量 m/kg	转动惯量 J/kg·m²	许用相对位移		
				Y型 L/mm	J,J_1,Z型 L_1/mm	L/mm				轴向 /mm	径向 /mm	角向
LX3	1250	4750	30,32,35,38	82	60	82	160	8	0.026	±1	0.15	0°30'
			40,42,45,48	112	84	112						
LX4	2500	3870	40,42,45,48,50,55,56	112	84	112	195	22	0.109	±1.5	0.15	0°30'
			60,63	142	107	142						
LX5	3150	3450	50,55,56	112	84	112	220	30	0.191	±1.5	0.15	0°30'
			60,63,65,70,71,75	142	107	142						
LX6	6300	2720	60,63,65,70,71,75	142	107	142	280	53	0.543	±2	0.20	0°30'
			80,85	172	132	172						
LX7	11200	2360	70,71,75	142	107	142	320	98	1.314	±2	0.20	0°30'
			80,85,90,95	172	132	172						
			100,110	212	167	212						
LX8	16000	2120	80,85,90,95	172	132	172	360	119	2.023	±2	0.20	0°30'
			100,110,120,125	212	167	212						

注：1. 联轴器质量和转动惯量是近似值。
　　2. 轴孔型式及长度 L、L_1 可根据需要选取。
　　3. 联轴器圆柱形轴孔与轴伸的配合见表 17-3。

表 17-12　带制动轮弹性柱销联轴器（摘自 GB/T 5014—2003）

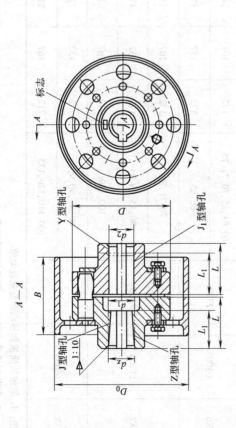

标记示例：

LXZ5 联轴器 $\dfrac{\text{JB}60\times107}{\text{JB}55\times84}$　GB/T 5014—2003

主动端：J 型轴孔、B 型键槽，$d_1=60\text{mm}$，$L_1=107\text{mm}$
从动端：J 型轴孔、B 型键槽，$d_2=55\text{mm}$，$L_1=84\text{mm}$

型号	公称转矩 T_n/N·m	许用转速 $[n]$/r·min^{-1}	轴孔直径 d_1,d_2,d_z/mm	轴孔长度 Y型 L/mm	L_1/mm	J,J$_1$,Z型 L/mm	D_0/mm	D/mm	B/mm	质量 m/kg	转动惯量 J/kg·m²	许用相对位移 轴向/mm	径向/mm	角向
LXZ1	560	5600	20,22,24	52	38	52	200	120	85	11	0.055	±1	0.15	0°30'
			25,28	62	44	62								
			30,32,35	82	60	82								
LXZ2	1250	3750	30,32,35,38	82	60	82	200	160	85	14	0.072	±1	0.15	0°30'
			40,42,45,48	112	84	112								
LXZ3	1250	2430	30,32,35,38	82	60	82	315	160	132	25	0.313	±1	0.15	0°30'
			40,42,45,48	112	84	112								

（续）

型号	公称转矩 T_n/N·m	许用转速 $[n]$/r·min^{-1}	轴孔直径 d_1,d_2,d_z/mm	轴孔长度 Y型 L/mm	J,J_1,Z型 L_1/mm	L/mm	D_0/mm	D/mm	B/mm	质量 m/kg	转动惯量 J/kg·m^2	许用相对位移 轴向/mm	径向/mm	角向
LXZ4	2500	2430	40,42,45,48,50,55,56	112	84	112	315	195	132	40	0.504	±1.5	0.15	0°30′
			60,63	142	107	142								
LXZ5	2500	1900	40,42,45,48,50,55,56	112	84	112	400	195	168	59	1.192	±1.5	0.15	0°30′
			60,63	142	107	142								
LXZ6	3150	1900	50,55,56	112	84	112	400	220	168	69	1.402	±1.5	0.15	0°30′
			60,63,65,70,71,75	142	107	142								
LXZ7	3150	1500	50,55,56	112	84	112	500	220	210	91	2.872	±1.5	0.15	0°30′
			60,63,65,70,71,75	142	107	142								
LXZ8	6300	1900	60,63,65,70,71,75	142	107	142	400	280	168	88	1.800	±2	0.2	0°30′
			80,85	172	132	172								
LXZ9	6300	1500	60,63,65,70,71,75	142	107	142	500	280	210	113	3.582	±2	0.2	0°30′
			80,85	172	132	172								
LXZ10	11200	1500	70,71,75	142	107	142	500	320	210	156	4.970	±2	0.2	0°30′
			80,85,90,95	172	132	172								
			100,110	212	167	212								
LXZ11	11200	1220	70,71,75	142	107	142	630	320	265	187	9.392	±2	0.2	0°30′
			80,85,90,95	172	132	172								
			100,110	212	167	212								
LXZ12	16000	1220	80,85,90,95	172	132	172	630	360	265	326	16.43	±2	0.2	0°30′
			100,110,120,125	212	167	212								

注：1. 联轴器质量和转动惯量是近似值。

2. 轴孔型式及长度L、L_1可根据需要选取。

3. 联轴器圆柱形轴孔与轴伸的配合见表17-3。

第十八章 滚 动 轴 承

第一节 常用滚动轴承的尺寸及性能参数

参照国标要求和轴承产品样本，常用滚动轴承的尺寸及性能参数见表18-1～表18-4。

表18-1 深沟球轴承（摘自 GB/T 276—1994）

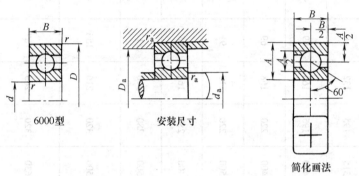

6000型　　　　安装尺寸　　　　简化画法

标记示例：滚动轴承　6210　GB/T 276—1994

F_a/C_{0r}	e	Y	径向当量动载荷	径向当量静载荷
0.014	0.19	2.30		
0.028	0.22	1.99		
0.056	0.26	1.71		
0.084	0.28	1.55	当 $\dfrac{F_a}{F_r} \le e, P_r = F_r$	$P_{0r} = F_r$
0.11	0.30	1.45		$P_{0r} = 0.6F_r + 0.5F_a$
0.17	0.34	1.31	当 $\dfrac{F_a}{F_r} > e, P_r = 0.56F_r + YF_a$	取上列两式计算结果的较大值
0.28	0.38	1.15		
0.42	0.42	1.04		
0.56	0.44	1.00		

轴承代号	公称尺寸/mm				安装尺寸/mm			基本额定动载荷 C_r/kN	基本额定静载荷 C_{0r}/kN	极限转速 /r·min⁻¹	
	d	D	B	r_{min}	d_{amin}	D_{amax}	r_{amax}			脂润滑	油润滑
(1) 0尺寸系列											
6000	10	26	8	0.3	12.4	23.6	0.3	4.58	1.98	20000	28000
6001	12	28	8	0.3	14.4	25.6	0.3	5.10	2.38	19000	26000
6002	15	32	9	0.3	17.4	29.6	0.3	5.58	2.85	18000	24000
6003	17	35	10	0.3	19.4	32.6	0.3	6.00	3.25	17000	22000
6004	20	42	12	0.6	25	37	0.6	9.38	5.02	15000	19000
6005	25	47	12	0.6	30	42	0.6	10.0	5.85	13000	17000

（续）

轴承代号	公称尺寸/mm				安装尺寸/mm			基本额定动载荷 C_r/kN	基本额定静载荷 C_{0r}/kN	极限转速 /r·min^{-1}	
	d	D	B	r_{min}	d_{amin}	D_{amax}	r_{amax}			脂润滑	油润滑
(1) 0 尺寸系列											
6006	30	55	13	1	36	49	1	13.2	8.30	10000	14000
6007	35	62	14	1	41	56	1	16.2	10.5	9000	12000
6008	40	68	15	1	46	62	1	17.0	11.8	8500	11000
6009	45	75	16	1	51	69	1	21.0	14.8	8000	10000
6010	50	80	16	1	56	74	1	22.0	16.2	7000	9000
6011	55	90	18	1.1	62	83	1	30.2	21.8	6300	8000
6012	60	95	18	1.1	67	88	1	31.5	24.2	6000	7500
6013	65	100	18	1.1	72	93	1	32.0	24.8	5600	7000
6014	70	110	20	1.1	77	103	1	38.5	30.5	5300	6700
6015	75	115	20	1.1	82	108	1	40.2	33.2	5000	6300
6016	80	125	22	1.1	87	118	1	47.5	39.8	4800	6000
6017	85	130	22	1.1	92	123	1	50.8	42.8	4500	5600
6018	90	140	24	1.5	99	131	1.5	58.0	49.8	4300	5300
6019	95	145	24	1.5	104	136	1.5	57.8	50.0	4000	5000
6020	100	150	24	1.5	109	141	1.5	64.5	56.2	3800	4800
(0) 2 尺寸系列											
6200	10	30	9	0.6	15	25	0.6	5.10	2.38	19000	26000
6201	12	32	10	0.6	17	27	0.6	6.82	3.05	18000	24000
6202	15	35	11	0.6	20	30	0.6	7.65	3.72	17000	22000
6203	17	40	12	0.6	22	35	0.6	9.58	4.78	16000	20000
6204	20	47	14	1	26	41	1	12.8	6.65	14000	18000
6205	25	52	15	1	31	46	1	14.0	7.88	12000	16000
6206	30	62	16	1	36	56	1	19.5	11.5	9500	13000
6207	35	72	17	1.1	42	65	1	25.5	15.2	8500	11000
6208	40	80	18	1.1	47	73	1	29.5	18.0	8000	10000
6209	45	85	19	1.1	52	78	1	31.5	20.5	7000	9000
6210	50	90	20	1.1	57	83	1	35.0	23.2	6700	8500
6211	55	100	21	1.5	64	91	1.5	43.2	29.2	6000	7500
6212	60	110	22	1.5	69	101	1.5	47.8	32.8	5600	7000
6213	65	120	23	1.5	74	111	1.5	57.2	40.0	5000	6300
6214	70	125	24	1.5	79	116	1.5	60.8	45.0	4800	6000
6215	75	130	25	1.5	84	121	1.5	66.0	49.5	4500	5600
6216	80	140	26	2	90	130	2	71.5	54.2	4300	5300
6217	85	150	28	2	95	140	2	83.2	63.8	4000	5000
6218	90	160	30	2	100	150	2	95.8	71.5	3800	4800
6219	95	170	32	2.1	107	158	2.1	110	82.8	3600	4500
6220	100	180	34	2.1	112	168	2.1	122	92.8	3400	4300

（续）

轴承代号	公称尺寸/mm				安装尺寸/mm			基本额定动载荷 C_r/kN	基本额定静载荷 C_{0r}/kN	极限转速 /r·min^{-1}	
	d	D	B	r_{min}	d_{amin}	D_{amax}	r_{amax}			脂润滑	油润滑
(0) 3 尺寸系列											
6300	10	35	11	0.6	15	30	0.6	7.65	3.48	18000	24000
6301	12	37	12	1	18	31	1	9.72	5.08	17000	22000
6302	15	42	13	1	21	36	1	11.5	5.42	16000	20000
6303	17	47	14	1	23	41	1	13.5	6.58	15000	19000
6304	20	52	15	1.1	27	45	1	15.8	7.88	13000	17000
6305	25	62	17	1.1	32	55	1	22.2	11.5	10000	14000
6306	30	72	19	1.1	37	65	1	27.0	15.2	9000	12000
6307	35	80	21	1.5	44	71	1.5	33.2	19.2	8000	10000
6308	40	90	23	1.5	49	81	1.5	40.8	24.0	7000	9000
6309	45	100	25	1.5	54	91	1.5	52.8	31.8	6300	8000
6310	50	110	27	2	60	100	2	61.8	38.0	6000	7500
6311	55	120	29	2	65	110	2	71.5	44.8	5300	6700
6312	60	130	31	2.1	72	118	2.1	81.8	51.8	5000	6300
6313	65	140	33	2.1	77	128	2.1	93.8	60.5	4500	5600
6314	70	150	35	2.1	82	138	2.1	105	68.0	4300	5300
6315	75	160	37	2.1	87	148	2.1	112	76.8	4000	5000
6316	80	170	39	2.1	92	158	2.1	122	86.5	3800	4800
6317	85	180	41	3	99	166	2.5	132	96.5	3600	4500
6318	90	190	43	3	104	176	2.5	145	108	3400	4300
6319	95	200	45	3	109	186	2.5	155	122	3200	4000
6320	100	215	47	3	114	201	2.5	172	140	2800	3600
(0) 4 尺寸系列											
6403	17	62	17	1.1	24	55	1	22.5	10.8	11000	15000
6404	20	72	19	1.1	27	65	1	31.0	15.2	9500	13000
6405	25	80	21	1.5	34	71	1.5	38.2	19.2	8500	11000
6406	30	90	23	1.5	39	81	1.5	47.5	24.5	8000	10000
6407	35	100	25	1.5	44	91	1.5	56.8	29.5	6700	8500
6408	40	110	27	2	50	100	2	65.5	37.5	6300	8000
6409	45	120	29	2	55	110	2	77.5	45.5	5600	7000
6410	50	130	31	2.1	62	118	2.1	92.2	55.2	5300	6700
6411	55	140	33	2.1	67	128	2.1	100	62.5	4800	6000
6412	60	150	35	2.1	72	138	2.1	108	70.0	4500	5600
6413	65	160	37	2.1	77	148	2.1	118	78.5	4300	5300
6414	70	180	42	3	84	166	2.5	140	99.5	3800	4800
6415	75	190	45	3	89	176	2.5	155	115	3600	4500
6416	80	200	48	3	94	186	2.5	162	125	3400	4300
6417	85	210	52	4	103	192	3	175	138	3200	4000
6418	90	225	54	4	108	207	3	192	158	2800	3600
6420	100	250	58	4	118	232	3	222	195	2400	3200

注：1. 表中 C_r 值适用于轴承为真空脱气轴承钢材料。如为普通电炉钢，C_r 值降低；如为真空重熔或电渣重熔轴承钢，C_r 值提高。

2. r_{min} 为 r 的单向最小倒角尺寸，r_{amax} 为 r_a 的单向最大倒角尺寸。

表18-2　角接触球轴承（摘自 GB/T 292—2007）

70000C（AC）型　　　　安装尺寸　　　简化画法

标记示例：滚动轴承　7210C　GB/T 292—2007

iF_a/C_{0r}	e	Y
0.015	0.38	1.47
0.029	0.40	1.40
0.058	0.43	1.30
0.087	0.46	1.23
0.12	0.47	1.19
0.17	0.50	1.12
0.29	0.55	1.02
0.44	0.56	1.00
0.58	0.56	1.00

70000C 型

径向当量动载荷
当 $F_a/F_r \leq e$，$P_r = F_r$
当 $F_a/F_r > e$，$P_r = 0.44F_r + YF_a$

径向当量静载荷
$P_{0r} = 0.5F_r + 0.46F_a$
当 $P_{0r} < F_r$，取 $P_{0r} = F_r$

70000AC 型

径向当量动载荷
当 $F_a/F_r \leq 0.68$，$P_r = F_r$
当 $F_a/F_r > 0.68$，$P_r = 0.41F_r + 0.87F_a$

径向当量静载荷
$P_{0r} = 0.5F_r + 0.38F_a$
当 $P_{0r} < F_r$，取 $P_{0r} = F_r$

轴承代号	公称尺寸/mm					安装尺寸/mm			70000C（α=15°）			70000AC（α=25°）			极限转速/r·min^{-1}	
	d	D	B	r_{min}	r_{1min}	d_{amin}	D_{am}	r_{amax}	a/mm	基本额定 动载荷 C_r/kN	静载荷 C_{0r}/kN	a/mm	基本额定 动载荷 C_r/kN	静载荷 C_{0r}/kN	脂润滑	油润滑
(0) 1 尺寸系列																
7000C / 7000AC	10	26	8	0.3	0.1	12.4	23.6	0.3	6.4	4.92	2.25	8.2	4.75	2.12	19000	28000
7001C / 7001AC	12	28	8	0.3	0.1	14.4	25.6	0.3	6.7	5.42	2.65	8.7	5.20	2.55	18000	26000
7002C / 7002AC	15	32	9	0.3	0.1	17.4	29.6	0.3	7.6	6.25	3.42	10	5.95	3.25	17000	24000
7003C / 7003AC	17	35	10	0.3	0.1	19.4	32.6	0.3	8.5	6.60	3.85	11.1	6.30	3.68	16000	22000
7004C / 7004AC	20	42	12	0.6	0.3	25	37	0.6	10.2	10.5	6.08	13.2	10.0	5.78	14000	19000

（续）

轴承代号	公称尺寸/mm					安装尺寸/mm			70000C（α=15°）			70000AC（α=25°）			极限转速 /r·min⁻¹	
										基本额定			基本额定			
	d	D	B	r_{min}	r_{1min}	d_{am}	D_{am}	r_{amax}	a/mm	动载荷 C_r/kN	静载荷 C_{0r}/kN	a/mm	动载荷 C_r/kN	静载荷 C_{0r}/kN	脂润滑	油润滑
(0) 1 尺寸系列																
7005C / 7005AC	25	47	12	0.6	0.3	30	42	0.6	10.8	11.5	7.45	14.4	11.2	7.08	12000	17000
7006C / 7006AC	30	55	13	1	0.3	36	49	1	12.2	15.2	10.2	16.4	14.5	8.85	9500	14000
7007C / 7007AC	35	62	14	1	0.3	41	56	1	13.5	19.5	14.2	18.3	18.5	13.5	8500	12000
7008C / 7008AC	40	68	15	1	0.3	46	62	1	14.7	20.0	15.2	20.1	19.0	14.5	8000	11000
7009C / 7009AC	45	75	16	1	0.3	51	69	1	16	25.8	20.5	21.9	25.8	19.5	7500	10000
7010C / 7010AC	50	80	16	1	0.3	56	74	1	16.7	26.5	22.0	23.2	25.2	21.0	6700	9000
7011C / 7011AC	55	90	18	1.1	0.6	62	83	1	18.7	37.2	30.5	25.9	35.2	29.2	6000	8000
7012C / 7012AC	60	95	18	1.1	0.6	67	88	1	19.4	38.2	32.8	27.1	36.2	31.5	5600	7500
7013C / 7013AC	65	100	18	1.1	0.6	72	93	1	20.1	40.0	35.5	28.2	38.0	33.8	5300	7000
7014C / 7014AC	70	110	20	1.1	0.6	77	103	1	22.1	48.2	43.5	30.9	45.8	41.5	5000	6700
7015C / 7015AC	75	115	20	1.1	0.6	82	108	1	22.7	49.5	46.5	32.2	46.8	44.2	4800	6300
7016C / 7016AC	80	125	22	1.1	0.6	89	116	1.5	24.7	58.5	55.8	34.9	55.5	53.2	4500	6000
7017C / 7017AC	85	130	22	1.1	0.6	94	121	1.5	25.4	62.5	60.2	36.1	59.2	57.2	4300	5600
7018C / 7018AC	90	140	24	1.5	0.6	99	131	1.5	27.4	71.5	69.8	38.8	67.5	66.5	4000	5300
7019C / 7019AC	95	145	24	1.5	0.6	104	136	1.5	28.1	73.5	73.2	40	69.5	69.8	3800	5000
7020C / 7020AC	100	150	24	1.5	0.6	109	141	1.5	28.7	79.2	78.5	41.2	75	74.8	3800	5000
(0) 2 尺寸系列																
7200C / 7200AC	10	30	9	0.6	0.3	15	25	0.6	7.2	5.82	2.95	9.2	5.58	2.82	18000	26000
7201C / 7201AC	12	32	10	0.6	0.3	17	27	0.6	8	7.35	3.52	10.2	7.10	3.35	17000	24000
7202C / 7202AC	15	35	11	0.6	0.3	20	30	0.6	8.9	8.68	4.62	11.4	8.53	4.40	16000	22000
7203C / 7203AC	17	40	12	0.6	0.3	22	35	0.6	9.9	10.8	5.95	12.8	10.5	5.65	15000	20000
7204C / 7204AC	20	47	14	1	0.3	26	41	1	11.5	14.5	8.22	14.9	14.0	7.82	13000	18000

（续）

| 轴承代号 | 公称尺寸/mm | | | | | 安装尺寸/mm | | | 70000C（α=15°） | | | 70000AC（α=25°） | | | 极限转速/r·min⁻¹ | |
	d	D	B	r_{min}	r_{1min}	d_{amin}	D_{am}	r_{amax}	a/mm	基本额定 动载荷 C_r/kN	静载荷 C_{0r}/kN	a/mm	基本额定 动载荷 C_r/kN	静载荷 C_{0r}/kN	脂润滑	油润滑
(0) 2 尺寸系列																
7205C 7205AC	25	52	15	1	0.3	31	46	1	12.7	16.5	10.5	16.4	15.8	9.88	11000	16000
7206C 7206AC	30	62	16	1	0.3	36	56	1	14.2	23.0	15.0	18.7	22.0	14.2	9000	13000
7207C 7207AC	35	72	17	1.1	0.3	42	65	1	15.7	30.5	20.0	21	29.0	19.2	8000	11000
7208C 7208AC	40	80	18	1.1	0.6	47	73	1	17	36.8	25.8	23	35.2	24.5	7500	10000
7209C 7209AC	45	85	19	1.1	0.6	52	78	1	18.2	38.5	28.5	24.7	36.8	27.2	6700	9000
7210C 7210AC	50	90	20	1.1	0.6	57	83	1	19.4	42.8	32.0	26.3	40.8	30.5	6300	8500
7211C 7211AC	55	100	21	1.5	0.6	64	91	1.5	20.9	52.8	40.5	28.6	50.5	38.5	5600	7500
7212C 7212AC	60	110	22	1.5	0.6	69	101	1.5	22.4	61.0	48.5	30.8	58.2	46.2	5300	7000
7213C 7213AC	65	120	23	1.5	0.6	74	111	1.5	24.2	69.8	55.2	33.5	66.5	52.5	4800	6300
7214C 7214AC	70	125	24	1.5	0.6	79	116	1.5	25.3	70.2	60.0	35.1	69.2	57.5	4500	6000
7215C 7215AC	75	130	25	1.5	0.6	84	121	1.5	26.4	79.2	65.8	36.6	75.2	63.0	4300	5600
7216C 7216AC	80	140	26	2	1	90	130	2	27.7	89.5	78.2	38.9	85.0	74.5	4000	5300
7217C 7217AC	85	150	28	2	1	95	140	2	29.9	99.8	85.0	41.6	94.8	81.5	3800	5000
7218C 7218AC	90	160	30	2	1	100	150	2	31.7	122	105	44.2	118	100	3600	4800
7219C 7219AC	95	170	32	2.1	1.1	107	158	2.1	33.8	135	115	46.9	128	108	3400	4500
7220C 7220AC	100	180	34	2.1	1.1	112	168	2.1	35.8	148	128	49.7	142	122	3200	4300
(0) 3 尺寸系列																
7301C 7301AC	12	37	12	1	0.3	18	31	1	8.6	8.10	5.22	12	8.08	4.88	16000	22000
7302C 7302AC	15	42	13	1	0.3	21	36	1	9.6	9.38	5.95	13.5	9.08	5.58	15000	20000
7303C 7303AC	17	47	14	1	0.3	23	41	1	10.4	12.8	8.62	14.8	11.5	7.08	14000	19000
7304C 7304AC	20	52	15	1.1	0.6	27	45	1	11.3	14.2	9.68	16.8	13.8	9.10	12000	17000

（续）

(0) 3 尺寸系列

轴承代号 70000C	轴承代号 70000AC	公称尺寸/mm					安装尺寸/mm			70000C（α=15°）			70000AC（α=25°）			极限转速 /r·min⁻¹	
		d	D	B	r_{min}	r_{1min}	d_{amin}	D_{am}	r_{amax}	a/mm	C_r/kN 动载荷	C_{0r}/kN 静载荷	a/mm	C_r/kN 动载荷	C_{0r}/kN 静载荷	脂润滑	油润滑
7305C	7305AC	25	62	17	1.1	0.6	32	55	1	13.1	21.5	15.8	19.1	20.8	14.8	9500	14000
7306C	7306AC	30	72	19	1.1	0.6	37	65	1	15	26.5	19.8	22.2	25.2	18.5	8500	12000
7307C	7307AC	35	80	21	1.5	0.6	44	71	1.5	16.6	34.2	26.8	24.5	32.8	24.8	7500	10000
7308C	7308AC	40	90	23	1.5	0.6	49	81	1.5	18.5	40.2	32.3	27.5	38.5	30.5	6700	9000
7309C	7309AC	45	100	25	1.5	0.6	54	91	1.5	20.2	49.2	39.8	30.2	47.5	37.2	6000	8000
7310C	7310AC	50	110	27	2	1	60	100	2	22	53.5	47.2	33	55.5	44.5	5600	7500
7311C	7311AC	55	120	29	2	1	65	110	2	23.8	70.5	60.5	35.8	67.2	56.8	5000	6700
7312C	7312AC	60	130	31	2.1	1.1	72	118	2.1	25.6	80.5	70.2	38.7	77.8	65.8	4800	6300
7313C	7313AC	65	140	33	2.1	1.1	77	128	2.1	27.4	91.5	80.5	41.5	89.8	75.5	4300	5600
7314C	7314AC	70	150	35	2.1	1.1	82	138	2.1	29.2	102	91.5	44.3	98.5	86.0	4000	5300
7315C	7315AC	75	160	37	2.1	1.1	87	148	2.1	31	112	105	47.2	108	97.0	3800	5000
7316C	7316AC	80	170	39	2.1	1.1	92	158	2.1	32.8	122	118	50	118	108	3600	4800
7317C	7317AC	85	180	41	3	1.1	99	166	2.5	34.6	132	128	52.8	125	122	3400	4500
7318C	7318AC	90	190	43	3	1.1	104	176	2.5	36.4	142	142	55.6	135	135	3200	4300
7319C	7319AC	95	200	45	3	1.1	109	186	2.5	38.2	152	158	58.5	145	148	3000	4000
7320C	7320AC	100	215	47	3	1.1	114	201	2.5	40.2	162	175	61.9	165	178	2600	3600

表 18-3　圆锥滚子轴承（摘自 GB/T 297—1994）

简化画法

安装尺寸

30000型

径向当量动载荷

当 $\dfrac{F_a}{F_r} \le e$，$P_r = F_r$

当 $\dfrac{F_a}{F_r} > e$，$P_r = 0.4F_r + YF_a$

径向当量静载荷

$P_{0r} = F_r$　$P_{0r} = 0.5F_r + Y_0F_a$

取上列两式计算结果的较大值

标记示例：滚动轴承　30310　GB/T 297—1994

轴承代号	外形尺寸/mm								安装尺寸/mm（02 尺寸系列）									计算系数			基本额定		极限转速 /r·min⁻¹	
	d	D	T	B	C	r_{min}	r_{1min}	$a \gtrapprox$	d_{amin}	d_{bmax}	D_{amin}	D_{amax}	D_{bmin}	a_{1min}	a_{2min}	r_{amax}	r_{bmax}	e	Y	Y_0	动载荷 C_r/kN	静载荷 C_{0r}/kN	脂润滑	油润滑
30203	17	40	13.25	12	11	1	1	9.9	23	23	34	34	37	2	2.5	1	1	0.35	1.7	1	20.8	21.8	9000	12000
30204	20	47	15.25	14	12	1	1	11.2	26	27	40	41	43	2	3.5	1	1	0.35	1.7	1	28.2	30.5	8000	10000
30205	25	52	16.25	15	13	1	1	12.5	31	31	44	46	48	2	3.5	1	1	0.37	1.6	0.9	32.2	37.0	7000	9000
30206	30	62	17.25	16	14	1	1	13.8	36	37	53	56	58	2	3.5	1	1	0.37	1.6	0.9	43.2	50.5	6000	7500
30207	35	72	18.25	17	15	1.5	1.5	15.3	42	44	62	65	67	3	3.5	1.5	1.5	0.37	1.6	0.9	54.2	63.5	5300	6700
30208	40	80	19.75	18	16	1.5	1.5	16.9	47	49	69	73	75	3	4	1.5	1.5	0.37	1.6	0.9	63.0	74.0	5000	6300
30209	45	85	20.75	19	16	1.5	1.5	18.6	52	53	74	78	80	3	5	1.5	1.5	0.4	1.5	0.8	67.8	83.5	4500	5600
30210	50	90	21.75	20	17	1.5	1.5	20	57	58	79	83	86	3	5	1.5	1.5	0.42	1.4	0.8	73.2	92.0	4300	5300
30211	55	100	22.75	21	18	2	1.5	21	64	64	88	91	95	4	5	2	1.5	0.4	1.5	0.8	90.8	115	3800	4800
30212	60	110	23.75	22	19	2	1.5	22.3	69	69	96	101	103	4	5	2	1.5	0.4	1.5	0.8	102	130	3600	4500
30213	65	120	24.75	23	20	2	1.5	23.8	74	77	106	111	114	4	5	2	1.5	0.4	1.5	0.8	120	152	3200	4000
30214	70	125	26.25	24	21	2	1.5	25.8	79	81	110	116	119	4	5.5	2	1.5	0.42	1.4	0.8	132	175	3000	3800

（续）

轴承代号	外形尺寸/mm								安装尺寸/mm									计算系数			基本额定		极限转速/r·min^{-1}	
	d	D	T	B	C	r_{min}	r_{1min}	$a \approx$	d_{amin}	d_{bmax}	D_{amin}	D_{amax}	D_{bmin}	a_{1min}	a_{2min}	r_{amax}	r_{bmax}	e	Y	Y_0	动载荷 C_r/kN	静载荷 C_{0r}/kN	脂润滑	油润滑
02 尺寸系列																								
30215	75	130	27.25	25	22	2	1.5	27.4	84	85	115	121	125	4	5.5	2	1.5	0.44	1.4	0.8	138	185	2800	3600
30216	80	140	28.25	26	22	2.5	2	28.1	90	90	124	130	133	4	6	2.1	2	0.42	1.4	0.8	160	212	2600	3400
30217	85	150	30.5	28	24	2.5	2	30.3	95	96	132	140	142	5	6.5	2.1	2	0.42	1.4	0.8	178	238	2400	3200
30218	90	160	32.5	30	26	2.5	2	32.3	100	102	140	150	151	5	6.5	2.1	2	0.42	1.4	0.8	200	270	2200	3000
30219	95	170	34.5	32	27	3	2.5	34.2	107	108	149	158	160	5	7.5	2.5	2.1	0.42	1.4	0.8	228	308	2000	2800
30220	100	180	37	34	29	3	2.5	36.4	112	114	157	168	169	5	8	2.5	2.1	0.42	1.4	0.8	255	350	1900	2600
03 尺寸系列																								
30302	15	42	14.25	13	11	1	1	9.6	21	22	36	36	38	2	3.5	1	1	0.29	2.1	1.2	22.8	21.5	9000	12000
30303	17	47	15.25	14	12	1.5	1	10.4	23	25	40	41	43	3	3.5	1.5	1	0.29	2.1	1.2	28.2	27.2	8500	11000
30304	20	52	16.25	15	13	1.5	1.5	11.1	27	28	44	45	48	3	3.5	1.5	1.5	0.3	2	1.1	33.0	33.2	7500	9500
30305	25	62	18.25	17	15	1.5	1.5	13	32	34	54	55	58	3	3.5	1.5	1.5	0.3	2	1.1	46.8	48.0	6300	8000
30306	30	72	20.75	19	16	1.5	1.5	15.3	37	40	62	65	66	3	5	1.5	1.5	0.31	1.9	1.1	59.0	63.0	5600	7000
30307	35	80	22.75	21	18	2	1.5	16.8	44	45	70	71	74	3	5	2	1.5	0.31	1.9	1.1	75.2	82.5	5000	6300
30308	40	90	25.25	23	20	2	1.5	19.5	49	52	77	81	84	3	5.5	2	1.5	0.35	1.7	1	90.8	108	4500	5600
30309	45	100	27.25	25	22	2	1.5	21.3	54	59	86	91	94	3	5.5	2	1.5	0.35	1.7	1	108	130	4000	5000
30310	50	110	29.25	27	23	2.5	2	23	60	65	95	100	103	4	6.5	2.5	2	0.35	1.7	1	130	158	3800	4800
30311	55	120	31.5	29	25	2.5	2.5	24.9	65	70	104	110	112	4	6.5	2.5	2	0.35	1.7	1	152	188	3400	4300
30312	60	130	33.5	31	26	3	2.5	26.6	72	76	112	118	121	5	7.5	2.5	2.1	0.35	1.7	1	170	210	3200	4000
30313	65	140	36	33	28	3	2.5	28.7	77	83	122	128	131	5	8	2.5	2.1	0.35	1.7	1	195	242	2800	3600
30314	70	150	38	35	30	3	2.5	30.7	82	89	130	138	141	5	8	2.5	2.1	0.35	1.7	1	218	272	2600	3400
30315	75	160	40	37	31	3	2.5	32	87	95	139	148	150	5	9	2.5	2.1	0.35	1.7	1	252	318	2400	3200
30316	80	170	42.5	39	33	3	2.5	34.4	92	102	148	158	160	5	9.5	2.5	2.1	0.35	1.7	1	278	352	2200	3000

（续）

轴承代号	外形尺寸/mm								安装尺寸/mm									计算系数			基本额定		极限转速 /r·min⁻¹	
	d	D	T	B	C	r_{min}	r_{1min}	$a \approx$	d_{amin}	d_{bmax}	D_{amin}	D_{amax}	D_{bmin}	a_{1min}	a_{2min}	r_{amax}	r_{bmax}	e	Y	Y_0	动载荷 C_r/kN	静载荷 C_{0r}/kN	脂润滑	油润滑
									03 尺寸系列															
30317	85	180	44.5	41	34	4	3	35.9	99	107	156	166	168	6	10.5	3	2.5	0.35	1.7	1	305	388	2000	2800
30318	90	190	46.5	43	36	4	3	37.5	104	113	165	176	178	6	10.5	3	2.5	0.35	1.7	1	342	440	1900	2600
30319	95	200	49.5	45	38	4	3	40.1	109	118	172	186	185	6	11.5	3	2.5	0.35	1.7	1	370	478	1800	2400
30320	100	215	51.5	47	39	4	3	42.2	114	127	184	201	199	6	12.5	3	2.5	0.35	1.7	1	405	525	1600	2000
									22 尺寸系列															
32206	30	62	21.25	20	17	1	1	15.6	36	36	52	56	58	3	4.5	1	1	0.37	1.6	0.9	51.8	63.8	6000	7500
32207	35	72	24.25	23	19	1.5	1.5	17.9	42	42	61	65	68	3	5.5	1.5	1.5	0.37	1.6	0.9	70.5	89.5	5300	6700
32208	40	80	24.75	23	19	1.5	1.5	18.9	47	48	68	73	75	3	6	1.5	1.5	0.37	1.6	0.9	77.8	97.2	5000	6300
32209	45	85	24.75	23	19	1.5	1.5	20.1	52	53	73	78	81	3	6	1.5	1.5	0.4	1.5	0.8	80.8	105	4500	5600
32210	50	90	24.75	23	19	1.5	1.5	21	57	57	78	83	86	3	6	1.5	1.5	0.42	1.4	0.8	82.8	108	4300	5300
32211	55	100	26.75	25	21	2	1.5	22.8	64	62	87	91	96	4	6	2	1.5	0.4	1.5	0.8	108	142	3800	4800
32212	60	110	29.75	28	24	2	1.5	25	69	68	95	101	105	4	6	2	1.5	0.4	1.5	0.8	132	180	3600	4500
32213	65	120	32.75	31	27	2	1.5	27.3	74	75	104	111	115	4	6	2	1.5	0.4	1.5	0.8	160	222	3200	4000
32214	70	125	33.25	31	27	2	1.5	28.8	79	79	108	116	120	4	6.5	2	1.5	0.42	1.4	0.8	168	238	3000	3800
32215	75	130	33.25	31	27	2	1.5	30	84	84	115	121	126	4	6.5	2	1.5	0.44	1.4	0.8	170	242	2800	3600
32216	80	140	35.25	33	28	2.5	2	31.4	90	89	122	130	135	5	7.5	2.1	2	0.42	1.4	0.8	198	278	2600	3400
32217	85	150	38.5	36	30	2.5	2	33.9	95	95	130	140	143	5	8.5	2.1	2	0.42	1.4	0.8	228	325	2400	3200
32218	90	160	42.5	40	34	2.5	2	36.8	100	101	138	150	153	5	8.5	2.1	2	0.42	1.4	0.8	270	395	2200	3000
32219	95	170	45.5	43	37	3	2.5	39.2	107	106	145	158	163	5	8.5	2.5	2.1	0.42	1.4	0.8	302	448	2000	2800
32220	100	180	49	46	39	3	2.5	41.9	112	113	154	168	172	5	10	2.5	2.1	0.42	1.4	0.8	340	512	1900	2600

（续）

轴承代号	外形尺寸/mm								安装尺寸/mm 23 尺寸系列									计算系数			基本额定		极限转速 /r·min⁻¹	
	d	D	T	B	C	r_{min}	r_{1min}	$a \approx$	d_{amin}	d_{bmax}	D_{amin}	D_{amax}	D_{bmin}	a_{1min}	a_{2min}	r_{amax}	r_{bmax}	e	Y	Y_0	动载荷 C_r/kN	静载荷 C_{0r}/kN	脂润滑	油润滑
32303	17	47	20.25	19	16	1	1	12.3	23	24	39	41	43	3	4.5	1	1	0.29	2.1	1.2	35.2	36.2	8500	11000
32304	20	52	22.25	21	18	1.5	1.5	13.6	27	26	43	45	48	3	4.5	1.5	1.5	0.3	2	1.1	42.8	46.2	7500	9500
32305	25	62	25.25	24	20	1.5	1.5	15.9	32	32	52	55	58	3	5.5	1.5	1.5	0.3	2	1.1	61.5	68.8	9300	8000
32306	30	72	28.75	27	23	1.5	1.5	18.9	37	38	59	65	66	4	6	1.5	1.5	0.31	1.9	1.1	81.5	96.5	5600	7000
32307	35	80	32.75	31	25	2	1.5	20.4	44	43	66	71	74	4	8.5	2	1.5	0.31	1.9	1.1	99.0	118	5000	6300
32308	40	90	35.25	33	27	2	1.5	23.3	49	49	73	81	83	4	8.5	2	1.5	0.35	1.7	1	115	148	4500	5600
32309	45	100	38.25	36	30	2	1.5	25.6	54	56	82	91	93	4	8.5	2	1.5	0.35	1.7	1	145	188	4000	5000
32310	50	110	42.25	40	33	2.2	2	28.2	60	61	90	100	102	5	9.5	2	2	0.35	1.7	1	178	235	3800	4800
32311	55	120	45.5	43	35	2.5	2	30.4	65	66	99	110	111	5	10	2.5	2	0.35	1.7	1	202	270	3400	4300
32312	60	130	48.5	46	37	3	2.5	32	72	72	107	118	122	6	11.5	2.5	2.1	0.35	1.7	1	228	302	3200	4000
32313	65	140	51	48	39	3	2.5	34.3	77	79	117	128	131	6	12	2.5	2.1	0.35	1.7	1	260	350	2800	3600
32314	70	150	54	51	42	3	2.5	36.5	82	84	125	138	141	6	12	2.5	2.1	0.35	1.7	1	298	408	2600	3400
32315	75	160	58	55	45	3	2.5	39.4	87	91	133	148	150	7	13	2.5	2.1	0.35	1.7	1	348	482	2400	3200
32316	80	170	61.5	58	48	3	2.5	42.1	92	97	142	158	160	7	13.5	2.5	2.1	0.35	1.7	1	388	542	2200	3000
32317	85	180	63.5	60	49	4	3	43.5	99	102	150	166	168	8	14.5	3	2.5	0.35	1.7	1	422	592	2000	2800
32318	90	190	67.5	64	53	4	3	46.2	104	107	157	176	178	8	14.5	3	2.5	0.35	1.7	1	478	682	1900	2600
32319	95	200	71.5	67	55	4	3	49	109	114	166	186	187	8	16.5	3	2.5	0.35	1.7	1	515	738	1800	2400
32320	100	215	77.5	73	60	4	3	52.9	114	122	177	201	201	8	17.5	3	2.5	0.35	1.7	1	600	872	1600	2000

注: 1. 同表 18-1 中注 1。

2. r_{min}、r_{1min} 分别为 r、r_1 的单向最小倒角尺寸；r_{amax}、r_{bmax} 分别为 r_a、r_b 的单向最大倒角尺寸。

表 18-4　圆柱滚子轴承（摘自 GB/T 283—2007）

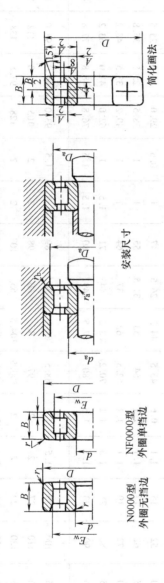

N0000型　外圈无挡边
NF0000型　外圈单挡边

简化画法
安装尺寸

标记示例：滚动轴承　N216E　GB/T 283—2007

$P_r = F_r$

径向当量动载荷

对轴向承载的轴承（NF 型 2、3 系列）

$P_r = F_r + 0.3F_a \ (0 \leqslant F_a/F_r \leqslant 0.12)$
$P_r = 0.94F_r + 0.8F_a \ (0.12 \leqslant F_a/F_r \leqslant 0.3)$

径向当量静载荷

$P_{0r} = F_r$

轴承型号	外形尺寸/mm					安装尺寸/mm						基本额定动载荷 C_r/kN		基本额定静载荷 C_{0r}/kN		极限转速 /r·min⁻¹	
	d	D	B	r_{min}	r_{1min}	E_w		d_{amin}	D_{amin}	r_{amax}	r_{bmax}	N 型	NF 型	N 型	NF 型	脂润滑	油润滑
						N 型	NF 型										
(0) 2 尺寸系列																	
N204E NF204	20	47	14	1	0.6	41.5	40	25	42	1	0.6	25.8	12.5	24.0	11.0	12000	16000
N205E NF205	25	52	15	1	0.6	46.5	45	30	47	1	0.6	27.5	14.2	26.8	12.8	10000	14000
N206E NF206	30	62	16	1	0.6	55.5	53.5	36	56	1	0.6	36.0	19.5	35.5	18.2	8500	11000
N207E NF207	35	72	17	1.1	0.6	64	61.8	42	64	1	0.6	46.5	28.5	48.0	28.0	7500	9500
N208E NF208	40	80	18	1.1	1.1	71.5	70	47	72	1	1	51.5	37.5	53.0	38.2	7000	9000
N209E NF209	45	85	19	1.1	1.1	76.5	75	52	77	1	1	58.5	39.8	63.8	41.0	6300	8000

（续）

| 轴承型号 | | d | D | B | r_{min} | r_{1min} | E_w | | d_{amin} | D_{amin} | r_{amax} | r_{bmax} | C_r/kN | | C_{0r}/kN | | 极限转速 /r·min^{-1} | |
N 型	NF 型						N 型	NF 型					N 型	NF 型	N 型	NF 型	脂润滑	油润滑
													基本额定动载荷		基本额定静载荷			
			外形尺寸/mm						安装尺寸/mm									

(0) 2 尺寸系列

N 型	NF 型	d	D	B	r_{min}	r_{1min}	E_w N 型	E_w NF 型	d_{amin}	D_{amin}	r_{amax}	r_{bmax}	C_r N 型	C_r NF 型	C_{0r} N 型	C_{0r} NF 型	脂润滑	油润滑
N210E	NF210	50	90	20	1.1	1.1	81.5	80.4	57	83	1	1	61.2	43.2	69.2	48.5	6000	7500
N211E	NF211	55	100	21	1.5	1.1	90	88.5	64	91	1.5	1	80.2	52.8	95.5	60.2	5300	6700
N212E	NF212	60	110	22	1.5	1.5	100	97.5	69	100	1.5	1.5	89.8	62.8	102	73.5	5000	6300
N213E	NF213	65	120	23	1.5	1.5	108.5	105.6	74	108	1.5	1.5	102	73.2	118	87.5	4500	5600
N214E	NF214	70	125	24	1.5	1.5	113.5	110.5	79	114	1.5	1.5	112	73.2	135	87.5	4300	5300
N215E	NF215	75	130	25	1.5	1.5	118.5	116.5	84	120	1.5	1.5	125	89.0	155	110	4000	5000
N216E	NF216	80	140	26	2	2	127.3	125.3	90	128	2	2	132	102	165	125	3800	4800
N217E	NF217	85	150	28	2	2	136.5	133.8	95	137	2	2	158	115	192	145	3600	4500
N218E	NF218	90	160	30	2	2	145	143	100	146	2	2	172	142	215	178	3400	4300
N219E	NF219	95	170	32	2.1	2.1	154.5	151.5	107	155	2.1	2.1	208	152	262	190	3200	4000
N220E	NF220	100	180	34	2.1	2.1	163	160	112	164	2.1	2.1	235	168	302	212	3000	3800

(0) 3 尺寸系列

N 型	NF 型	d	D	B	r_{min}	r_{1min}	E_w N 型	E_w NF 型	d_{amin}	D_{amin}	r_{amax}	r_{bmax}	C_r N 型	C_r NF 型	C_{0r} N 型	C_{0r} NF 型	脂润滑	油润滑
N304E	NF304	20	52	15	1.1	0.6	45.5	44.5	26.5	47	1	0.6	29.0	18.0	25.5	15.0	11000	15000
N305E	NF305	25	62	17	1.1	1.1	54	53	31.5	55	1	1	38.5	25.5	35.8	22.5	9000	12000
N306E	NF306	30	72	19	1.1	1.1	62.5	62	37	64	1	1	49.2	33.5	48.2	31.5	8000	10000
N307E	NF307	35	80	21	1.5	1.1	70.2	68.2	44	71	1.5	1	62.0	41.0	63.2	39.2	7000	9000
N308E	NF308	40	90	23	1.5	1.5	80	77.5	49	80	1.5	1.5	76.8	48.8	77.8	47.5	6300	8000
N309E	NF309	45	100	25	1.5	1.5	88.5	86.5	54	89	1.5	1.5	93.0	66.8	98.0	66.8	5600	7000
N310E	NF310	50	110	27	2	2	97	95	60	98	2	2	105	76.0	112	79.5	5300	6700
N311E	NF311	55	120	29	2	2	106.5	104.5	65	107	2	2	128	97.8	138	105	4800	6000
N312E	NF312	60	130	31	2.1	2.1	115	113	72	116	2.1	2.1	142	118	155	128	4500	5600

（续）

轴承型号		外形尺寸/mm					E_{w}		安装尺寸/mm				基本额定动载荷 C_r/kN		基本额定静载荷 C_{0r}/kN		极限转速 /r·min^{-1}	
		d	D	B	r_{min}	r_{1min}	N 型	NF 型	d_{amin}	D_{amin}	r_{amax}	r_{bmax}	N 型	NF 型	N 型	NF 型	脂润滑	油润滑
										(0) 3 尺寸系列									
N313E	NF313	65	140	33	2.1	2.1	124.5	121.5	77	125	2.1	2.1	170	125	188	135	4000	5000
N314E	NF314	70	150	35	2.1	2.1	133	130	82	134	2.1	2.1	195	145	220	162	3800	4800
N315E	NF315	75	160	37	2.1	2.1	143	139.5	87	143	2.1	2.1	228	165	260	188	3600	4500
N316E	NF316	80	170	39	2.1	2.1	151	147	92	151	2.1	2.1	245	175	282	200	3400	4300
N317E	NF317	85	180	41	3	3	160	156	99	160	2.5	2.5	280	212	332	242	3200	4000
N318E	NF318	90	190	43	3	3	169.5	165	104	169	2.5	2.5	298	228	348	265	3000	3800
N319E	NF319	95	200	45	3	3	177.5	173.5	109	178	2.5	2.5	315	245	380	288	2800	3600
N320E	NF320	100	215	47	3	3	191.5	185.5	114	190	2.5	2.5	365	282	425	240	2600	3200
										(0) 4 尺寸系列									
N406		30	90	23	1.5	1.5	73	—	39	—	1.5	1.5	57.2		53.0		7000	9000
N407		35	100	25	1.5	1.5	83	—	44	—	1.5	1.5	70.8		68.2		6000	7500
N408		40	110	27	2	2	92	—	50	—	2	2	90.5		89.8		5600	7000
N409		45	120	29	2	2	100.5	—	55	—	2	2	102		100		5000	6300
N410		50	130	31	2.1	2.1	110.8	—	62	—	2.1	2.1	120		120		4800	6000
N411		55	140	33	2.1	2.1	117.2	—	67	—	2.1	2.1	128		132		4300	5300
N412		60	150	35	2.1	2.1	127	—	72	—	2.1	2.1	155		162		4000	5000
N413		65	160	37	2.1	2.1	135.3	—	77	—	2.1	2.1	170		178		3800	4800
N414		70	180	42	3	3	152	—	84	—	2.5	2.5	215		232		3400	4300
N415		75	190	45	3	3	160.5	—	89	—	2.5	2.5	250		272		3200	4000
N416		80	200	48	3	3	170	—	94	—	2.5	2.5	285		315		3000	3800
N417		85	210	52	4	4	177	—	103	—	3	3	312		345		2800	3600
N418		90	225	54	4	4	191.5	—	108	—	3	3	352		392		2400	3200
N419		95	240	55	4	4	201.5	—	113	—	3	3	378		428		2200	3000
N420		100	250	58	4	4	211	—	118	—	3	3	418		480		2000	2800

（续）

22 尺寸系列

轴承型号	外形尺寸/mm					E_w		安装尺寸/mm				基本额定动载荷 C_r/kN		基本额定静载荷 C_{0r}/kN		极限转速 /r·min⁻¹	
	d	D	B	r_{min}	r_{1min}	N 型	NF 型	d_{amin}	D_{amin}	r_{amax}	r_{bmax}	N 型	NF 型	N 型	NF 型	脂润滑	油润滑
N2204E	20	47	18	1	0.6	41.5		25	42	1	0.6	30.8		30.0		12000	16000
N2205E	25	52	18	1	0.6	46.5		30	47	1	0.6	32.8		33.8		11000	14000
N2206E	30	62	20	1	0.6	55.5		36	56	1	0.6	45.5		48.0		8500	11000
N2207E	35	72	23	1.1	0.6	64		42	64	1	0.6	57.5		63.0		7500	9500
N2208E	40	80	23	1.1	1.1	71.5		47	72	1	1	67.5		75.2		7000	9000
N2209E	45	85	23	1.1	1.1	76.5		52	77	1	1	71.0		82.0		6300	8000
N2210E	50	90	23	1.1	1.1	81.5		57	83	1	1	74.2		88.8		6000	7500
N2211E	55	100	25	1.5	1.1	90		64	91	1.5	1	94.8		118		5300	6700
N2212E	60	110	28	1.5	1.5	100		69	100	1.5	1.5	122		152		5000	6300
N2213E	65	120	31	1.5	1.5	108.5		74	108	1.5	1.5	142		180		4500	5600
N2214E	70	125	31	1.5	1.5	113.5		79	114	1.5	1.5	148		192		4300	5300
N2215E	75	130	31	1.5	1.5	118.5		84	120	1.5	1.5	155		205		4000	5000
N2216E	80	140	33	2	2	127.3		90	128	2	2	178		242		3800	4800
N2217E	85	150	36	2	2	136.5		95	137	2	2	205		272		3600	4500
N2218E	90	160	40	2	2	145		100	146	2	2	230		312		3400	4300
N2219E	95	170	43	2.1	2.1	154.5		107	155	2.1	2.1	275		368		3200	4000
N2220E	100	180	46	2.1	2.1	163		112	164	2.1	2.1	318		440		3000	3800

注：1. 同表 18-1 中注 1。

　2. r_{min}、r_{1min} 分别为 r、r_1 的单向最小倒角尺寸；r_{amax}、r_{bmax} 分别为 r_a、r_b 的单向最大倒角尺寸。

　3. 后缀带 E 为加强型圆柱型圆柱滚子轴承，应优先选用。

第二节 滚动轴承的配合

滚动轴承内圈与轴的配合采用基孔制，外圈与外壳孔的配合采用基轴制。与一般的圆柱配合不同，由于轴承内外径的上偏差均为零，故在配合种类相同的条件下，内圈与轴颈的配合较紧，外圈与外壳孔的配合较松。

滚动轴承的配合种类和公差等级应根据轴承的类型、精度、尺寸，以及负荷的大小、方向和性质确定，详见表18-5～表18-8。

表18-5　向心轴承和轴的配合及轴公差带代号（摘自 GB/T 275—1993）

圆柱孔轴承					
运转状态	负荷状态	深沟球轴承、调心球轴承和角接触球轴承	圆柱滚子轴承和圆锥滚子轴承	调心滚子轴承	公差带
说明	举例	轴承公称内径/mm			
旋转的内圈负荷及摆动负荷	一般通用机械、电动机、机床主轴、泵、内燃机、正齿轮传动装置、铁路机车车辆轴箱、破碎机等	轻负荷 ≤18 >18～100 >100～200 —	— ≤40 >40～140 >140～200	— ≤40 >40～100 >100～200	h5 j6① k6① m6①
		正常负荷 ≤18 >18～100 >100～140 >140～200 >200～280 — —	— ≤40 >40～100 >100～140 >140～200 >200～400 —	— ≤40 >40～65 >65～100 >100～140 >140～280 >280～500	j5、js5 k5② m5② m6 n6 p6 r6
		重负荷	>50～140 >140～200 >200 —	>50～100 >100～140 >140～200 >200	n6 p6③ r6 r7
固定的内圈负荷	静止轴上的各种轮子、张紧轮绳轮、振动筛、惯性振动器	所有负荷 所有尺寸			f6 g6① h6 j6
仅有轴向负荷		所有尺寸			j6、js6
所有负荷	铁路机车车辆轴箱	装在退卸套上的所有尺寸			h8(IT6)⑤④
	一般机械传动	装在紧定套上的所有尺寸			h9(IT7)⑤④

① 凡对精度有较高要求的场合，应用 j5、k5……代替 j6、k6……
② 圆锥滚子轴承、角接触球轴承配合对游隙影响不大，可用 k6、m6 代替 k5、m5。
③ 重负荷下轴承游隙应大于 0 组。
④ 凡有较高精度或转速要求的场合，应选用 h7(IT5) 代替 h8(IT6)。
⑤ IT6、IT7 表示圆柱度公差数值。

表 18-6　向心轴承和外壳的配合及孔公差带代号（摘自 GB/T 275—1993）

运　转　状　态		负荷状态	其他状况	公差带[1]	
说　明	举　例			球轴承	滚子轴承
固定的外圈负荷	一般机械、铁路机车车辆轴箱、电动机、泵、曲轴主轴承	轻、正常重	轴向易移动，可采用剖分式外壳	H7、G7[2]	
		冲击	轴向能移动，可采用整体或剖分式外壳	J7、Js7	
摆动负荷		轻、正常		J7、Js7	
		正常、重		K7	
		冲击		M7	
旋转的外圈负荷	张紧滑轮、轮毂轴承	轻	轴向不移动，采用整体式外壳	J7	K7
		正常		K7、M7	M7、N7
		重		—	N7、P7

① 并列公差带随尺寸的增大从左到右选择，对旋转精度有较高要求时，可相应提高一个公差等级。
② 不适用于剖分式外壳。

表 18-7　配合面——轴和外壳孔的几何公差（摘自 GB/T 275—1993）

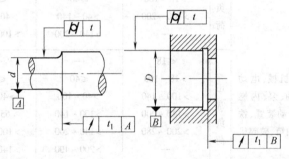

公称尺寸/mm		圆　柱　度 t				轴向圆跳动 t₁			
		轴　颈		外　壳　孔		轴　肩		外 壳 孔 肩	
		轴　承　公　差　等　级							
		G	E(Ex)	G	E(Ex)	G	E(Ex)	G	E(Ex)
超过	到	公　差　值　/μm							
	6	2.5	1.5	4	2.5	5	3	8	5
6	10	2.5	1.5	4	2.5	6	4	10	6
10	18	3.0	2.0	5	3.0	8	5	12	8
18	30	4.0	2.5	6	4.0	10	6	15	10
30	50	4.0	2.5	7	4.0	12	8	20	12
50	80	5.0	3.0	8	5.0	15	10	25	15
80	120	6.0	4.0	10	6.0	15	10	25	15
120	180	8.0	5.0	12	8.0	20	12	30	20
180	250	10.0	7.0	14	10.0	20	12	30	20
250	315	12.0	8.0	16	12.0	25	15	40	25
315	400	13.0	9.0	18	13.0	25	15	40	25
400	500	15.0	10.0	20	15.0	25	15	40	25

表 18-8 配合表面的粗糙度　　　　　　　　　　　（单位：μm）

轴或轴承座 直径/mm		轴或轴承座配合表面直径公差等级								
		IT7			IT6			IT5		
		表　面　粗　糙　度								
超过	到	Rz	Ra		Rz	Ra		Rz	Ra	
			磨	车		磨	车		磨	车
	80	10	1.6	3.2	6.3	0.8	1.6	4	0.4	0.8
80	500	16	1.6	3.2	10	1.6	3.2	6.3	0.8	1.6
端　面		25	3.2	6.3	25	3.2	6.3	10	1.6	3.2

第十九章 润滑与密封

第一节 润 滑 剂

减速器中传动件润滑除个别情况外，多采用油润滑。减速器中滚动轴承常用的润滑剂有润滑油和润滑脂两大类，可参考表19-1和表19-2进行选择。

表 19-1 常用润滑油的性质和主要用途

名 称	牌 号	运动粘度 (40℃)/(mm²/s)	闪点(开口)/℃ 不低于	倾点/℃ 不高于	主要用途
全损耗系统用油 (摘自 GB/T 443 —1989)	L-AN5	4.14~5.05	80	−5	主要用于轻载、普通机械的全损耗润滑系统或换油周期较短的油浸式润滑系统，不适用于循环润滑系统
	L-AN7	6.12~7.48	110		
	L-AN10	9.0~11.0	130		
	L-AN15	13.5~16.5	150		
	L-AN22	19.8~24.2			
	L-AN32	28.8~35.2			
	L-AN46	41.4~50.6	160		
	L-AN68	61.2~74.8			
	L-AN100	90~110	180		
	L-AN150	135~165			
工业闭式齿轮油 (摘自 GB/T 5903 —2011)	L-CKB100	90~110	180	−8	适用于齿轮接触应力小于500MPa、滑动速度小于1/3齿轮分度圆周速度的轻载荷或普通载荷的齿轮副润滑
	L-CKB150	135~165			
	L-CKB220	198~242	200		
	L-CKB320	288~352			
	L-CKC32	28.8~35.2	180	−12	适合于工作温度为−16~100℃、中载荷、无冲击的齿轮副润滑
	L-CKC46	41.4~50.6			
	L-CKC68	61.2~74.8			
	L-CKC100	90~110	200	−9	
	L-CKC150	135~165			
	L-CKC220	198~242			
	L-CKC320	288~352			
	L-CKC460	414~506			
	L-CKC680	612~748			
	L-CKC1000	900~1100		−5	
	L-CKC1500	1350~1650			
	L-CKD68	61.2~74.8	180	−12	适用于工作温度为100~120℃、接触应力大于500MPa、重载荷、有冲击的齿轮副润滑
	L-CKD100	90~110			
	L-CKD150	135~165	200	−9	
	L-CKD220	198~242			
	L-CKD320	288~352			
	L-CKD460	414~506			
	L-CKD680	612~748		−5	
	L-CKD1000	900~1100			

（续）

名　　称	牌　号	运动粘度 (40℃)/(mm²/s)	闪点(开口)/℃ 不低于	倾点/℃ 不高于	主要用途
蜗轮蜗杆油 （摘自 SH/T 0094 —1991）	L-CKE/P220	198～242	180	-6	主要用于铜—钢配对的圆柱型蜗杆，承受重载荷、传动中有振动和冲击的蜗轮蜗杆副的润滑
	L-CKE/P320	288～352			
	L-CKE/P460	414～506			
	L-CKE/P680	612～748			
	L-CKE/P1000	900～1100			

表 19-2　常用润滑脂的性质和主要用途

名　　称	牌　号	滴点℃ 不低于	工作锥入度（25°C 450g）1/10mm	主要用途
钠基润滑脂（GB 492—1989）	ZN-2	160	265～295	工作温度在 -10～110°C 的一般中负荷机械设备轴承的润滑，不耐水（或潮湿）
	ZN-3	160	220～250	
钙钠基润滑脂（SH/T 0368—1992）	ZGN-2	120	250～290	在 80～100°C、有水分或较潮湿环境中工作的机械润滑，多用于铁路机车、小电机、发电机滚动轴承的润滑，不适于低温工作
	ZGN-3	135	200～240	
石墨钙基润滑脂（SH/T 0369—1992）		80	—	人字齿轮、起重机、挖掘机的底盘齿轮、矿山机械等高负荷、高压力、低速度的粗糙机械润滑及一般开式齿轮润滑，能耐潮湿
滚珠轴承脂（SH/T 0386—1992）	ZG40-2	120	250～290 -40°C 时为 30	机车、汽车、电动机及其他机械的滚动轴承润滑
通用锂基润滑脂（GB/T 7324—2010）	ZL-1	170	310～340	适用于 -20～120°C 宽温度范围内各种机械的滚动轴承、滑动轴承及其他摩擦部位的润滑
	ZL-2	175	265～295	
	ZL-3	180	220～250	
7407 号齿轮润滑脂（SH/T 0469—1994）		160	75～90	适用于各种低速、中、重载荷齿轮、链和联轴器等部位的润滑，使用温度不大于120°C，可承受冲击载荷不大于25000MPa

第二节　润滑装置

　　润滑油供给可以是间歇的或连续的，连续供油比较可靠；润滑脂则只能间歇供应，不能控制供脂量。表 19-3 所列的直通式压注油杯和表 19-4 所列的压配式压注油杯必须定期用油枪压注润滑（油）脂，为间歇供油。

表 19-3　直通式压注油杯（摘自 JB/T 7940.1—1995）　　　　（单位：mm）

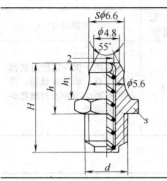

d	H	h	h_1	s		钢球 (GB/T 308—2002)
				公称尺寸	极限偏差	
M6	13	8	6	8		3
M8×1	16	9	6.5	10	0 −0.22	3
M10×1	18	10	7	11		

标记示例：油杯 M10×1　JB/T 7940.1—1995（连接螺纹 M10×1，直通式压注油杯）

表 19-4　压配式压注油杯（摘自 JB/T 7940.4—1995）　　　　（单位：mm）

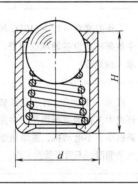

d		H	钢球 (GB/T 308—2002)
公称尺寸	极限偏差		
6	+0.040 +0.028	6	4
8	+0.049 +0.034	10	5
10	+0.058 +0.040	12	6
16	+0.063 +0.045	20	11
25	+0.085 +0.064	30	13

标记示例：油杯 6　JB/T 7940.4—1995（d=6mm，压配式压注油杯）

　　旋盖式油杯是应用最广的脂润滑装置，旋拧杯盖可将杯体内润滑脂压送到轴承孔内（表 19-5）。

表 19-5　旋盖式油杯（摘自 JB/T 7940.3—1995）　　　　（单位：mm）

最小 容量 /cm³	d	l	H	h	h_1	d_1	D		L_{max}	s	
							A 型	B 型		公称尺寸	极限偏差
1.5	M8×1	8	14	22	7	3	16	18	33	10	0 −0.22
3	M10×1		15	33	8	4	20	22	35	13	
6	M10×1		17	26			26	28	40		
12	M14×1.5	12	20	30	10	5	32	34	47	18	0 −0.27
18	M14×1.5		22	32			36	40	50		
25	M14×1.5		24	34			41	44	55		
50	M16×1.5		30	44			51	54	70	21	0 −0.33
100	M16×1.5		38	52			68	68	85		
200	M24×1.5	16	48	64	16	6	—	86	105	30	—

标记示例：油杯 A25　JB/T 7940.3—1995（最小容量 25cm³，A 型旋盖式油杯）

注：B 型油杯除尺寸 D 和滚花部分尺寸稍有不同外，其余尺寸与 A 型相同。

　　针阀式注油杯既可间歇供油，又可连续供油。当手柄卧倒时，针阀受弹簧推压向下而堵住底部油孔；当手柄直立时，针阀上提，下端油孔敞开，润滑油进入轴承，调节油孔开口大小可调节流量（表 19-6）。

表 19-6 针阀式注油杯（摘自 JB/T 7940.6—1995）

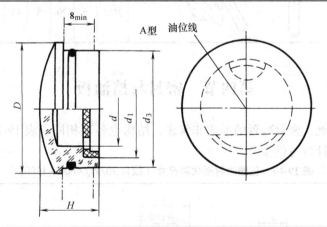

标记示例：油杯 A25 JB/T 7940.6—1995

（最小容量 25cm³，A 型针阀式油杯）

最小容量 /cm³	d	l	H	D	S 公称尺寸	S 极限偏差	螺母 (GB/T 6172)
16	M10 × 1		105	32	13		M8 × 1
25	M14 × 1.5	12	115	36	18	0 −0.27	
50			130	45			
100			140	55			M10 × 1
200	M16 × 1.5	14	170	70	21	0 −0.33	
400			190	85			

第三节 油 标

表 19-7 和表 19-8 所列的两种油标，观察油面高度方便，常用于较重要的减速器中。

表 19-7 压配式圆形油标（摘自 JB/T 7941.1—1995）　　　（单位：mm）

d	D	d_1 公称尺寸	d_1 极限偏差	d_3 公称尺寸	d_3 极限偏差	H	O 型密封圈 (GB/T 3452.1—2005)
12	22	12	−0.050 −0.160	20	−0.065 −0.195	14	15 × 2.65
16	27	18		25			20 × 2.65
20	34	22	−0.065 −0.195	32	−0.080 −0.240	16	25 × 3.55
25	40	28		38			31.5 × 3.55
32	48	35	−0.080 −0.240	45		18	38.7 × 3.55
40	58	45		55	−0.100 −0.290		48.7 × 3.55
50	70	55	−0.100 −0.290	65		22	
63	85	70		80			

标记示例：油标 A32 JB/T 7941.1—1995（视孔 d =32，A 型压配式圆形油标）

表 19-8　长形油标（摘自 JB/T 7941.3—1995）　　　　　　（单位：mm）

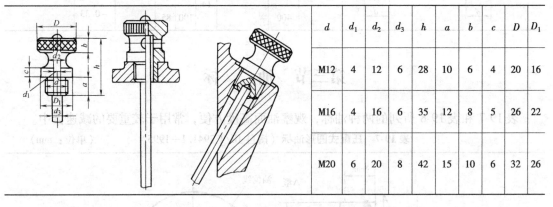

H		H_1	L	n（条数）	O 型密封圈（GB/T 3452.1—2005）	六角螺母（GB/T 6172.1—2000）	弹性垫圈（GB 861—1987）
基本尺寸	极限偏差						
80	±0.17	40	110	2	10×2.65	M10	10
100		60	130	3			
125	±0.20	80	155	4			
160		120	190	6			

标记示例：油标 A80　JB/T 7941.3—1995（$H=80$，A 型油标）

B 型长形油标尺寸见 JB/T 7941.3—1995

表 19-9 所列的杆式油标构造简单，在一般减速器中普遍使用。

表 19-9　杆 式 油 标　　　　　　　　　　（单位：mm）

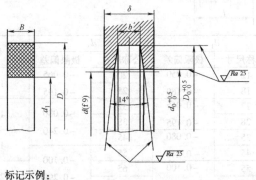

d	d_1	d_2	d_3	h	a	b	c	D	D_1
M12	4	12	6	28	10	6	4	20	16
M16	4	16	6	35	12	8	5	26	22
M20	6	20	8	42	15	10	6	32	26

第四节　密封与挡油板

减速器轴伸出处，密封装置的形式非常多，结构也各不相同。表 19-10 ～ 表 19-15 所列为常用的几种，设计时可供参考。

表 19-10　毡圈油封形式和尺寸（摘自 JB/ZQ 4606—1986）　　　　（单位：mm）

标记示例：

毡圈　50　JB/ZQ 4606—1986（$d=50$mm，毡圈油封）

（续）

轴径	毡圈				槽				
d	D	d_1	B	质量/kg	D_0	d_0	b	δ_{min}	
								用于钢	用于铸铁
15	29	14	6	0.0010	28	16	5	10	12
20	33	19		0.0012	32	21			
25	39	24	7	0.0018	38	26	6	12	15
30	45	29		0.0023	44	31			
35	49	34		0.0023	48	36			
40	53	39		0.0026	52	41			
45	61	44	8	0.0040	60	46			
50	69	49		0.0054	68	51			
55	74	53		0.0060	72	56	7		
60	80	58		0.0069	78	61			
65	84	63		0.0070	82	66			
70	90	68		0.0079	88	71			
75	94	73		0.0080	92	77			
80	102	78	9	0.011	100	82	8	15	18

注：毡圈油封适用于线速度 $v < 5 \mathrm{m/s}$。

　　毡圈式密封主要用于密封处速度 $v < 3 \sim 5 \mathrm{m/s}$ 的脂润滑结构中，当转速不大时，也可用于油润滑结构中。

　　当轴承为油润滑时，嵌入式轴承盖与箱体接合面常采用 O 形橡胶密封圈密封（简称 O 形圈），一般应用的 O 形橡胶密封圈内径、截面直径尺寸和公差（G 系列）见表 19-11，径向密封槽在轴上时的沟槽尺寸见表 19-12。

表 19-11　一般应用的 O 形橡胶密封圈（O 形圈）内径、截面直径尺寸和公差
（G 系列）（摘自 GB/T 3452.1—2005）　　　　　　　　　（单位：mm）

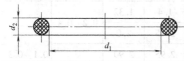

标记示例：

O 形圈内径 $d_1 = 40 \mathrm{mm}$、截面直径 $d_2 = 3.55 \mathrm{mm}$，G 系列，等级代号 N

O 形圈 $40 \times 3.55\text{-}G\text{-}N\text{-}GB/T\ 3452.1—2005$

内径 d_1		截面直径 d_2					内径 d_1		截面直径 d_2				
基本尺寸	公差 ±	1.8 ± 0.08	2.65 ± 0.09	3.55 ± 0.10	5.3 ± 0.13	7 ± 0.15	基本尺寸	公差 ±	1.8 ± 0.08	2.65 ± 0.09	3.55 ± 0.10	5.3 ± 0.13	7 ± 0.15
18		*	*	*			32.5		*	*	*		
19	0.25	*	*	*			33.5	0.36	*	*	*		
20		*	*	*			34.5	0.37	*	*	*		
20.6	0.26	*	*	*			35.5		*	*	*		
21.2	0.27	*	*	*			36.5	0.38	*	*	*		
22.4	0.28	*	*	*			37.5	0.39	*	*	*		
23		*	*	*			38.7	0.40	*	*	*		
23.6	0.29	*	*	*			40	0.41	*	*	*	*	
24.3		*	*	*			41.2	0.42	*	*	*	*	
25	0.3	*	*	*			42.5	0.43	*	*	*	*	
25.8		*	*	*			43.7		*	*	*	*	
26.5	0.31	*	*	*			45	0.44	*	*	*	*	
27.3		*	*	*			46.2	0.45	*	*	*	*	
28	0.32	*	*	*			47.5	0.46	*	*	*	*	
29	0.33	*	*	*			48.7	0.47	*	*	*	*	
30	0.34	*	*	*			50	0.48	*	*	*	*	
31.5	0.35	*	*	*			51.5	0.49		*	*	*	

（续）

内径 d_1		截面直径 d_2					内径 d_1		截面直径 d_2				
基本尺寸	公差±	1.8±0.08	2.65±0.09	3.55±0.10	5.3±0.13	7±0.15	基本尺寸	公差±	1.8±0.08	2.65±0.09	3.55±0.10	5.3±0.13	7±0.15
53	0.50		*	*	*		85	0.72		*	*	*	
54.5	0.51		*	*	*		87.5	0.74		*	*	*	
56	0.52		*	*	*		90	0.76		*	*	*	
58	0.54		*	*	*		92.5	0.77		*	*	*	
60	0.55		*	*	*		95	0.79		*	*	*	
61.5	0.56	*	*	*	*		97.5	0.81		*	*	*	
63	0.57	*	*	*	*		100	0.82		*	*	*	
65	0.58	*	*	*	*		103	0.85			*	*	
67	0.60	*	*	*	*		106	0.87			*	*	
69	0.61	*	*	*	*		109	0.89			*	*	*
71	0.63	*	*	*	*		112	0.91			*	*	
73	0.64	*	*	*	*		115	0.93			*	*	
75	0.65	*	*	*	*		118	0.95			*	*	
77.5	0.67	*	*	*	*		122	0.97			*	*	
80	0.69	*	*	*	*		125	0.99			*	*	*
82.5	0.71	*	*	*	*		128	1.01			*	*	*

注："*"指 GB/T 3452.1—2005 包括的规格。

表 19-12　径向密封槽在轴上时的沟槽尺寸（摘自 GB/T 3452.3—2005）（单位：mm）

截面直径 d_2	沟槽宽度 $b_{0}^{+0.25}$		沟槽深度 h			沟槽底圆角半径 r_1	沟槽棱角半径 r_2
	气动动密封	液压静密封或液压动密封	液压动密封	气动动密封	静密封		
1.8	2.2	2.4	1.35	1.4	1.32	0.2~0.4	0.1~0.3
2.65	3.4	3.6	2.10	2.15	2.0	0.2~0.4	0.1~0.3
3.55	4.6	4.8	2.85	2.95	2.90	0.4~0.8	0.1~0.3
5.3	6.9	7.1	4.35	4.50	4.31	0.4~0.8	0.1~0.3
7	9.3	9.5	5.85	6.10	5.85	0.8~1.2	0.1~0.3

d_3 为沟槽槽底直径，其尺寸公差为 h9；
d_4 为缸内径，其尺寸公差为 H8；
D_3 为嵌入式轴承盖外径

　　内包骨架旋转轴唇形密封圈依靠与孔的配合固定，表 19-13 所列为密封唇部向着箱外，防尘性能好。

表 19-13　内包骨架旋转轴唇形密封圈（摘自 GB/T 9877—2008）　（单位：mm）

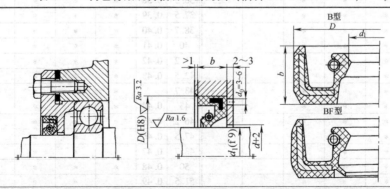

（续）

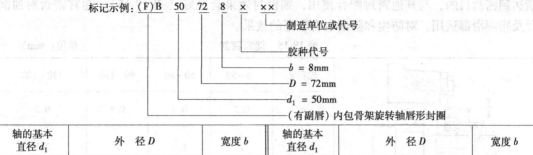

标记示例：(F)B　50　72　8　×　××

- 制造单位或代号
- 胶种代号
- $b = 8mm$
- $D = 72mm$
- $d_1 = 50mm$
- （有副唇）内包骨架旋转轴唇形封圈

轴的基本 直径 d_1	外　径 D	宽度 b	轴的基本 直径 d_1	外　径 D	宽度 b
16	30 (35)		50	68、(70)、72	
18	30、35		55	72、(75)、80	8
20	40、(45)		60	80、85	
22	35、40、47	7	65	85、90	
25	40、47、52		70	90、95	
28	40、47、52		75	95、100	10
30	42、47、(50)、52		80	100、110	
32	45、47、52		85	110、120	
35	50、52、55		90	(115)、120	
38	55、58、62		95	120	
40	55、(60)、62	8	100	125	12
42	55、62		(105)	130	
45	62、65		110	140	

注：1. 括号内尺寸尽量不采用。

2. 为便于拆卸密封圈，在壳体上应有 $3 \sim 4$ 个 d_0 孔。

3. 在一般情况下（中速），采用胶种为 B-丙烯酸脂橡胶（ACM）。

4. B 型为无副唇型，BF 型为有副唇型。

迷宫式沟槽密封装置构造简单，在沟槽中充满油脂，可以防止脏物和水分进入轴承，适用于脂润滑和油润滑且工作环境清洁的轴承，见表19-14。

表 19-14　迷宫式密封槽（摘自 JB/ZQ 4245—2006）　　（单位：mm）

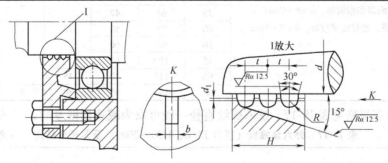

轴　径 d	$25 \sim 80$	$> 80 \sim 120$	$> 120 \sim 180$
R	1.5	2	2.5
t	4.5	6	7.5
b	4	5	6
d_1	$d_1 = d + 1$		
$H_{\min}$	$H_{\min} = nt + R$　（n—槽数）		

注：1. 表中尺寸 R、t、b 在个别情况下，可用于与表中不相对应的轴径上。

2. 一般油沟数 $n = 2 \sim 4$，使用三个油沟的较多。

迷宫密封装置利用转动元件与固定元件间所构成的曲折而狭小的缝隙及缝隙内充填的油脂达到密封目的，与其他密封配合使用，则密封效果会更好（表19-15）。迷宫密封对油润滑及脂润滑都适用，对防尘和防漏也有较好的效果。

表 19-15　迷宫密封　　　　　　　　　　（单位：mm）

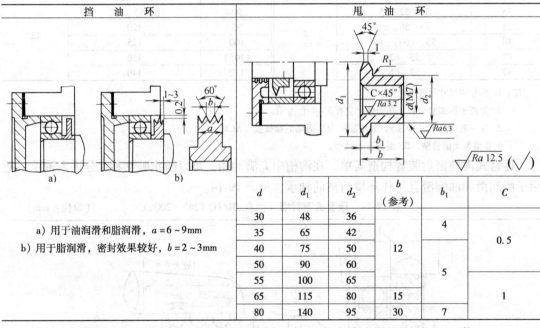

轴径 d	10 ~ 50	50 ~ 80	80 ~ 110	110 ~ 180
e	0.2	0.3	0.4	0.5
f	1	1.5	2	2.5

挡油环的作用是使轴承室与箱体内部隔开，防止油脂泄进箱内及箱内润滑油溅入轴承室而稀释带走油脂。甩油环与轴承座孔之间留有不大的间隙，以便让一定量的油能溅入轴承室。挡油环和甩油环用于起动机器时，保持轴承内有适量的润滑油，同时防止过多的油涌入轴承室。挡油环及甩油环的结构尺寸见表19-16。

表 19-16　挡油环及甩油环　　　　　　　（单位：mm）

挡　油　环	甩　油　环

a) 用于油润滑和脂润滑，$a = 6 \sim 9$mm

b) 用于脂润滑，密封效果较好，$b = 2 \sim 3$mm

d	d_1	d_2	b（参考）	b_1	C
30	48	36	12	4	0.5
35	65	42	12	4	0.5
40	75	50	12	5	0.5
50	90	60	12	5	0.5
55	100	65	12	5	0.5
65	115	80	15	5	1
80	140	95	30	7	1

放油孔油塞规格见表19-17，螺塞螺纹直径一般可取为减速器壁厚的2~3倍。

表 19-17　外六角螺塞（摘自 JB/ZQ 4450—2006）及其组合结构　　（单位：mm）

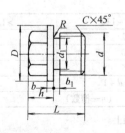
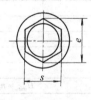

（续）

d	d_1	D	e	s	L	h	b	b_1	R	C	D_0	H 纸圈	H 皮圈
M12×1.25	10.2	22	15	13	24	12	3	3	1	1.0	22	2	2
M20×1.5	17.8	30	24.2	21	30	15					30		
M24×2	21	34	31.2	27	32	16	4	4		1.5	35	3	2.5
M30×2	27	42	39.3	34	38	18					45		

标记示例：螺塞　M20×1.5　JB/ZQ 4450—2006

油圈　30×20　ZB70—1962（D_0=30　d=20 的皮封油圈）

油圈　30×20　QB/T 2200—1996（D_0=30　d=20 的软钢纸板封油圈）

材料：螺塞—Q235，纸封油圈—石棉橡胶纸，皮封油圈—工业用革

第五节　轴承盖与套杯

螺钉联接式轴承端盖调整轴承间隙方便，密封性好，应用广泛，见表19-18。

表19-18　螺钉联接式（凸缘式）轴承端盖　（单位：mm）

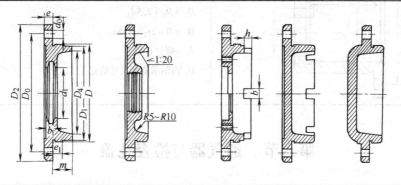

$d_0 = d_3 + 1$

$D_0 \approx D + 2.5d_3$

$D_2 \approx D_0 + 2.5d_3$

d_3—端盖联接螺钉直径,尺寸见右表

$D_4 = D - (10 \sim 15)$

$D_1 = D - (3 \sim 4)$

$e \approx 1.2d_3$

$e_1 = (0.10 \sim 0.15)D \geqslant e$

m 由结构确定,d_1、b_1 由密封尺寸确定

$b = 5 \sim 10$

$h = (0.8 \sim 1)b$

材料:HT150

轴承外径 D	螺钉直径 d_3	端盖上螺钉数目
45~65	8	4
70~100	10	4
110~140	12	6
150~220	16	6

嵌入式轴承端盖（表19-19）结构简单，但调整间隙不便，主要用于要求重量轻的运行设备的减速器中。

表 19-19　嵌入式轴承端盖　　　　　　　　　　（单位：mm）

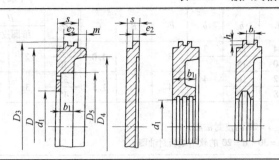

$s = 10 \sim 15$
$e_2 = 5 \sim 10$
m 由结构确定
$D_3 = D + e_2$，装有 O 形圈的按 O 形圈外径取整
D_5、d_1、b_1 等由密封尺寸确定
h、b 按 O 形圈沟槽尺寸确定
D_4 由轴承结构确定
材料：HT150

　　为方便轴承的固定和装拆，调整整个轴承部件的轴向位置，或者同一轴线上的两端轴承外径不相等时，可参考表 19-20 设计使用轴承套杯。

表 19-20　轴承套杯　　　　　　　　　　（单位：mm）

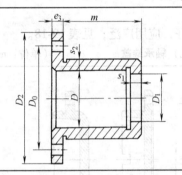

$s_1 \approx s_2 \approx e_3 = 6 \sim 12$
m 由结构确定
$D_2 = D_0 + 2.5 d_3$
$D_0 = D + 2 s_2 + 2.5 d_3$
d_3—螺钉直径
D_1 由轴承安装尺寸确定

第六节　通气器与检查孔盖

　　表 19-21 和表 19-22 所列通气器设有金属网，可防止停机后灰尘吸入箱体，其尺寸也较大，通气能力较好，适用于较重要的减速器中。

表 19-21　通气器（ I 型）　　　　　　　　　　（单位：mm）

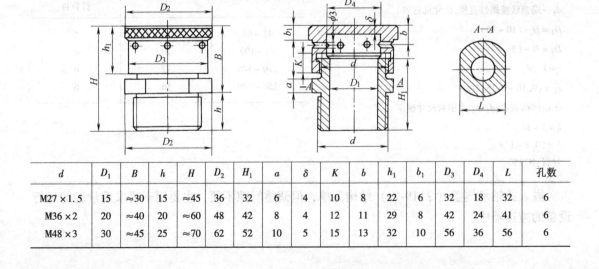

d	D_1	B	h	H	D_2	H_1	a	δ	K	b	h_1	b_1	D_3	D_4	L	孔数
M27 × 1.5	15	≈30	15	≈45	36	32	6	4	10	8	22	6	32	18	32	6
M36 × 2	20	≈40	20	≈60	48	42	8	4	12	11	29	8	42	24	41	6
M48 × 3	30	≈45	25	≈70	62	52	10	5	15	13	32	10	56	36	56	6

表 19-22　通气器（Ⅱ型）　　　　　　　　　　　　（单位：mm）

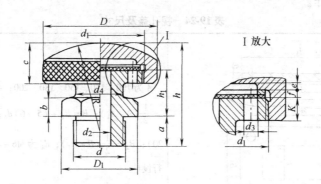

d	d_1	d_2	d_3	d_4	D	h	a	b	c	h_1	R	D_1	s	K	e	f
M18	M32 × 1. 5	10	5	16	40	35	10	6	14	11	46	26. 9	19	5	2	2
M24	M48 × 1. 5	12	5	22	55	55	15	8	20	25	85	41. 6	36	10	2	2
M36	M64 × 2	20	8	30	75	60	20	12	20	30	160	57. 7	50	10	2	2

注：表中符号 s 是螺母扳手宽度。

　　表 19-23 所列通气塞的防尘和通气能力较小，适用于发热小和环境清洁的小型减速器中。

表 19-23　通气塞　　　　　　　　　　　　（单位：mm）

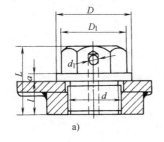

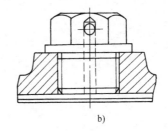

a)　　　　　　　　　　　　　　　　　b)

d	D	D_1	s	L	l	a	d_1
M10 × 1	13	11. 5	10	16	8	2	3
M12 × 1. 25	18	16. 5	14	19	10	2	4
M16 × 1. 5	22	19. 6	17	23	12	2	5
M20 × 1. 5	30	25. 4	22	28	15	4	6
M22 × 1. 5	32	25. 4	22	29	15	4	7
M27 × 1. 5	38	31. 2	27	34	18	4	8
M30 × 2	42	36. 9	32	36	18	4	8
M33 × 2	45	36. 9	32	38	20	4	8
M36 × 3	50	41. 6	36	46	25	5	8

视孔盖及视孔尺寸可参考表 19-24 选取，也可根据减速器自行设计，但视孔尺寸应足够大，以便于检查操作。

表 19-24　视孔盖及尺寸　　　　　　　　　　　（单位：mm）

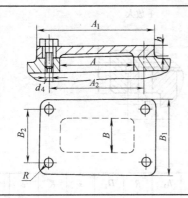

A 为 100、120、150、180、200；$A_1 = A + (5 \sim 6)d_4$；$A_2 = \frac{1}{2}(A + A_1)$；$B = B_1 - (5 \sim 6)d_4$；$B_1 = $ 箱体宽 $- (15 \sim 20)$；$B_2 = \frac{1}{2}(B + B_1)$；$d_4$ 为 M6 ~ M8；$R = 5 \sim 10$；h 为自行设计

第二十章 电 动 机

第一节 常用电动机的特点、用途及安装形式

常用电动机的特点、用途及安装形式见表20-1、表20-2。

表 20-1 常用电动机的特点、用途及安装形式

类别	系列名称	主要性能及结构特点	用途	工作条件	安装形式	型号及含义
一般异步电动机	Y 系列（IP44）封闭式三相异步电动机	效率高，耗电少，性能好，噪声低，振动小，体积小，重量轻，运行可靠，维修方便。为 B 级绝缘。结构为全封闭、自扇冷式，能防止灰尘、铁屑等杂物侵入电动机内部。冷却方式为 ICO141	适用于灰尘多、土扬水溅的场合，如农业机械、矿山机械、搅拌机、碾米机、磨粉机等，为一般用途电动机	1. 海拔不超过 1000m 2. 环境温度不超过 40℃ 3. 额定电压为 380V，额定频率为 50Hz 4. 3kW 以下为丫联结，4kW 及以上为△联结 5. 工作方式为连续使用（S1）	B3 B5 B35	Y132S2-2 Y—异步电动机 132—中心高(mm) S2—机座长（S—短机座，M—中机座，L—长机座，2号铁心长） 2—极数
一般异步电动机	Y 系列（IP23）防护式笼型三相异步电动机	为一般用途防滴式电动机，可防止直径大于 12mm 的小固体异物进入机壳内，并防止沿垂直线成 60°角或小于 60°角的淋水对电动机的影响。同样机座号 IP23 比 IP44 提高一个功率等级。主要性能同 IP44。绝缘为 B 级，冷却方式为 IC01	适用于驱动无特殊要求的各种机械设备，如金属切削机床、鼓风机、水泵、运输机械等			Y160L2-2 Y—异步电动机 160—中心高(mm) L2—机座长（L—长机座，2号铁心长） 2—极数
起重冶金用电动机	YZR、YZ 系列起重及冶金用三相异步电动机	YZR 系列为绕线转子电动机，YZ 系列为笼型转子电动机，有较高的机械强度及过载能力，承受冲击及振动，转动惯量小，适合频繁快速起动及反转频繁的制动场合。绝缘为 F、H 级，冷却方式 JC0141、JC0041	适用于室外多尘环境及起动、逆转次数频繁的起重机械和冶金设备等	1. 工作方式 S3 2. 海拔不超过 1000m 3. 环境温度不超过 40℃（F 级）或 60℃（H 级）	IM1001 IM1002 IM1003 IM1004 IM3001 IM3003 IM3011 IM3013	YZR132M1-6 Z—起重及冶金用 R—绕线转子（笼型转子无 R）
直流电动机	Z4 系列直流电动机	Z4 系列直流电动机可用于直流电源供电，更适用于静止整流电源供电，转动惯量小，有较好的动态性能，能承受高负载变化，适用于需平滑调速、效率高、自动稳速、反应灵敏的控制系统。外壳防护等级为 IP21S，冷却方式为 IC06，绝缘等级为 F	广泛用于轻工机械、纺织、造纸和冶金工业等调速要求高的自动化传动系统	1. 额定电压 160V，在单相桥式整流供电下一般需带电抗器工作。440 电动机不接电抗器 2. 海拔不超过 1000m 3. 环境温度不超过 40℃（F 级） 4. 工作方式 S1	B3 B35 B5 V1 V15	Z4-112/2-1 Z—直流电动机 4—设计序号 2—极数 1—1 号铁心长度 112—机座中心高为 112mm Z4-160/21 Z—直流电动机 4—设计序号

表 20-2　电动机安装形式及代号

电动机类型	示意图	代　号	安装形式	备　注
Y 系列电动机		B3	安装在基础构件上	有底脚，有轴伸
		B35	借底脚安装在基础构件上，并附用凸缘安装	有底脚，有轴伸，端盖上带凸缘
		B5	借凸缘安装	无底脚，有轴伸
		V1	借凸缘在底部安装	无底脚，轴伸向下
		V15	安装在墙上并附用凸缘在底部安装	有底脚，轴伸向下
YZR、YZ 系列电动机		IM1001		
		IM1003		锥形轴伸
		IM1002		
		IM1004		锥形轴伸

第二节　常用电动机的技术参数

一、Y 系列（IP23）三相异步电动机（摘自 JB/T 5271—2010）

Y 系列（IP23）三相异步电动机的技术数据、安装尺寸及外形尺寸见表 20-3、表 20-4。

表 20-3　Y 系列（IP23）三相异步电动机技术数据

| 型　号 | 额定功率 P_n/kW | 满载时 | | | | 堵转转矩/额定转矩 | 堵转电流/额定电流 | 最大转矩/额定转矩 | 空载噪声/dB（A 声级） | 净重/kg |
		转速 /r·min⁻¹	电流 /A	效率 (%)	功率因数 cosφ					
同步转速 n = 3000r/min										
Y160M-2	15	2928	29.3	88	0.88	1.7			85	160
Y160L1-2	18.5	2929	35.2	89	0.89	1.8			85	160
Y160L2-2	22	2928	41.8	89.5	0.89	2.0	7.0	2.2	85	160
Y180M-2	30	2938	56.7	89.5	0.89	1.7			88	220
Y180L-2	37	2939	69.2	90.5	0.89	1.9			88	220

（续）

型　号	额定功率 P_n/kW	满载时				堵转转矩 额定转矩	堵转电流 额定电流	最大转矩 额定转矩	空载噪声 /dB (A声级)	净重 /kg
		转速 /r·min^{-1}	电流 /A	效率 (%)	功率因数 $cos\varphi$					
同步转速 $n=3000r/min$										
Y200M-2	45	2952	84.4	91	0.89	1.9	7.0	2.2	90	310
Y200L-2	55	2950	100.8	91.5	0.89	1.9			90	310
Y225M-2	75	2955	137.9	91.5	0.89	1.8	6.7		92	380
Y250S-2	90	2966	164.9	92	0.89	1.7	6.8		96	465
Y250M-2	110	2965	199.4	92.5	0.90	1.7			96	465
Y280M-2	132	2967	238	92.5	0.90	1.6			98	750
同步转速 $n=1500r/min$										
Y160M-4	11	1459	22.4	87.5	0.85	1.9	7.0	2.2	76	160
Y160L1-4	15	1458	29.9	88	0.86	2.0			80	160
Y160L2-4	18.5	1458	36.5	89	0.86	2.0			80	160
Y180M-4	22	1467	43.2	89.5	0.86	1.9			80	230
Y180L-4	30	1467	57.9	90.5	0.87	1.9			84	230
Y200M-4	37	1473	71.1	90.5	0.87	2.0			87	310
Y200L-4	45	1475	85.5	91.5	0.87	2.0			87	310
Y225M-4	55	1476	103.6	91.5	0.88	1.8			88	380
Y250S-4	75	1480	140.1	92	0.88	2.0	6.7		89	490
Y250M-4	90	1480	167.2	92.5	0.88	2.2			89	490
Y280S-4	110	1482	202.4	92.5	0.88	1.7	6.8		92	820
Y280M-4	132	1483	241.3	93	0.88	1.8			92	820
同步转速 $n=1000r/min$										
Y160M-6	7.5	971	16.7	85	0.79	2.0	6.5	2.0	74	150
Y160L1-6	11	971	23.9	86.5	0.78	2.0			74	150
Y180M-6	15	974	31	88	0.81	1.8			78	215
Y180L-6	18.5	975	37.8	88.5	0.83	1.8			78	215
Y200M-6	22	978	43.7	89	0.85	1.7			81	295
Y200L-6	30	975	58.6	89.5	0.85	1.7			81	295
Y225M-6	37	982	70.2	90.5	0.87	1.8			81	360
Y250S-6	45	983	86.2	91	0.86	1.8			83	465
Y250M-6	55	983	104.2	91	0.87	1.8			83	465
Y280S-6	75	986	140.8	91.5	0.87	1.8			86	820
Y280M-6	90	986	160.8	92	0.88	1.8			86	820
同步转速 $n=750r/min$										
Y160M-8	5.5	723	13.5	83.5	0.73	2.0	6.0	2.0	73	150
Y160L1-8	7.5	723	18.0	85	0.73	2.0			73	150
Y180M-8	11	727	25.1	86.5	0.74	1.8			77	215
Y180L-8	15	726	34.0	87.5	0.76	1.8			77	215
Y200M-8	18.5	728	40.2	88.5	0.78	1.7			80	295
Y200L-8	22	729	47.7	89	0.78	1.8			80	295
Y225M-8	30	734	61.7	89.5	0.81	1.7			80	360
Y250S-8	37	735	76.3	90	0.80	1.6			81	465
Y250M-8	45	736	92.8	90.5	0.80	1.8			81	465
Y280S-8	55	740	112.4	91	0.80	1.8			83	820
Y280M-8	75	740	151	91.5	0.81	1.8			83	820

注：Y系列型号含义，例如Y160L2-2，Y为异步电动机，160为机座中心高（mm），L为长机座（M为中机座，S为短机座），L后面的数字表示不同功率的代号，短横线后面的数字为极数。

表20-4　Y系列(IP23)三相异步电动机安装尺寸及外形尺寸

（单位：mm）

机座带底脚，端盖上无凸缘的电动机

安装尺寸及公差 / 外形尺寸

机座号	极数	A 公称尺寸	B 公称尺寸	C 公称尺寸	C 极限偏差	D 公称尺寸	D 极限偏差	E 公称尺寸	E 极限偏差	F 公称尺寸	F 极限偏差	G 公称尺寸	G 极限偏差	H 公称尺寸	H 极限偏差	K① 公称尺寸	K① 极限偏差	K① 位置度公差	AB	AC	AD	HD	L
160M	2、4、6、8	254	210	108	±3.0	48	+0.018/+0.002	110	±0.43	14	0/-0.043	42.5	0/-0.20	160	0/-0.5	14.5	+0.43/0	φ1.2Ⓜ	330	380	290	440	676
160L	2、4、6、8	254	254	108	±3.0	48	+0.018/+0.002	110	±0.43	14	0/-0.043	42.5	0/-0.20	160	0/-0.5	14.5	+0.43/0	φ1.2Ⓜ	330	380	290	440	676
180M	2、4、6、8	279	241	121	±3.0	55	+0.030/+0.011	110	±0.43	16	0/-0.043	49	0/-0.20	180	0/-0.5	18.5	+0.43/0	φ1.2Ⓜ	350	420	325	505	726
180L	2、4、6、8	279	279	121	±3.0	55	+0.030/+0.011	110	±0.43	16	0/-0.043	49	0/-0.20	180	0/-0.5	18.5	+0.43/0	φ1.2Ⓜ	350	420	325	505	726
200M	2、4、6、8	318	267	133	±3.0	60	+0.030/+0.011	110	±0.43	18	0/-0.043	53	0/-0.20	200	0/-0.5	18.5	+0.43/0	φ1.2Ⓜ	400	465	350	570	820
200L	2、4、6、8	318	305	133	±3.0	60	+0.030/+0.011	110	±0.43	18	0/-0.043	53	0/-0.20	200	0/-0.5	18.5	+0.43/0	φ1.2Ⓜ	400	465	350	570	886
225M	2	356	311	149	±4.0	65	+0.030/+0.011	140	±0.50	18	0/-0.043	58	0/-0.20	225	0/-0.5	18.5	+0.43/0	φ1.2Ⓜ	450	520	395	640	880
225M	4、6、8	356	311	149	±4.0	75	+0.030/+0.011	140	±0.50	20	0/-0.052	67.5	0/-0.20	225	0/-0.5	18.5	+0.43/0	φ1.2Ⓜ	450	520	395	640	880
250S	2	406	311	168	±4.0	65	+0.030/+0.011	140	±0.50	18	0/-0.043	58	0/-0.20	250	0/-0.5	24	+0.52/0	φ2.0Ⓜ	510	550	410	710	930
250S	4、6、8	406	311	168	±4.0	75	+0.030/+0.011	140	±0.50	20	0/-0.052	67.5	0/-0.20	250	0/-0.5	24	+0.52/0	φ2.0Ⓜ	510	550	410	710	930
250M	2	406	349	168	±4.0	65	+0.030/+0.011	140	±0.50	18	0/-0.043	58	0/-0.20	250	0/-0.5	24	+0.52/0	φ2.0Ⓜ	510	550	410	710	960
250M	4、6、8	406	349	168	±4.0	75	+0.030/+0.011	140	±0.50	20	0/-0.052	67.5	0/-0.20	250	0/-0.5	24	+0.52/0	φ2.0Ⓜ	510	550	410	710	960

（续）

机座号	极数	A 公称尺寸	B 公称尺寸	C 公称尺寸	C 极限偏差	D 公称尺寸	D 极限偏差	E 公称尺寸	E 极限偏差	F 公称尺寸	F 极限偏差	G 公称尺寸	G 极限偏差	H 公称尺寸	H 极限偏差	K① 公称尺寸	K① 极限偏差	位置度公差	AB	AC	AD	HD	L
280S	4、6、8	457	368	190	±4.0	80	+0.030 / +0.011	170	±0.50	22	0 / -0.052	71	0 / -0.20	280	0 / -1.0	24	+0.52 / 0	φ2.0 Ⓜ	570	610	485	785	1090
	2					65	+0.030 / +0.011	140		18	0 / -0.043	58											1140
280M	4、6、8	457	419	190		80	+0.030 / +0.011	170		22	0 / -0.052	71		280		24							1130
	2					70	+0.030 / +0.011	140		20		62.5											1160
315S	4、6、8、10	508	406	216	±4.0	90	+0.035 / +0.013	170	±0.50	25	0 / -0.052	81	0 / -0.20	315	0 / -1.0	28	+0.52 / 0	φ2.0 Ⓜ	630	792	586	928	1240
	2					70	+0.030 / +0.011	140		20		62.5											1270
315M	4、6、8、10	508	457	216		90	+0.035 / +0.013	170		25	0 / -0.052	81		315		28							1550
	2					75	+0.030 / +0.011	140		20		67.5											1620
355M	4、6、8、10	610	560	254	±4.0	100	+0.035 / +0.013	210	±0.57	28	0 / -0.052	90	0 / -0.20	355	0 / -1.0	28	+0.52 / 0	φ2.0 Ⓜ	710	980	630	1120	1620
	2					75	+0.030 / +0.011	140	±0.50	20		67.5											1690
355L	4、6、8、10	610	630	254		100	+0.035 / +0.013	210	±0.57	28	0 / -0.052	90		355		28							1690

① K 孔的位置度公差以轴伸的轴线为基准。

二、Y系列(IP44)三相异步电动机(摘自 JB/T 10391—2008)

Y系列(IP44)三相异步电动机的技术数据、安装尺寸及外形尺寸见表20-5~表20-7。

表 20-5 Y系列(IP44)三相异步电动机技术数据

型　号	额定功率 P_n/kW	满载时				堵转转矩 额定转矩	堵转电流 额定电流	最大转矩 额定转矩	空载噪声 /dB (A声级) 2级	净重 /kg
		转速 /r·min^{-1}	电流 /A	效率 (%)	功率因数 cosφ					
同步转速 $n=3000$r/min										
Y80M1-2	0.75	2830	1.81	75	0.84	2.2	6.1		71	16
Y80M2-2	1.1	2830	2.52	76.2	0.86	2.2			71	17
Y90S-2	1.5	2840	3.44	78.5	0.85	2.2	7.0		75	22
Y90L-2	2.2	2840	4.74	81	0.86	2.2			75	25
Y100L-2	3.0	2870	6.39	82.6	0.87	2.2		2.3	79	33
Y112M-2	4.0	2890	8.17	84.2	0.87	2.2			79	45
Y132S1-2	5.5	2900	11.1	85.7	0.88	2.0			83	64
Y132S2-2	7.5	2900	15.0	87	0.88	2.0			83	70
Y160M1-2	11.0	2930	21.8	88.4	0.88	2.0			87	117
Y160M2-2	15.0	2930	29.4	89.4	0.88	2.0			87	125
Y160L-2	18.5	2930	35.5	90	0.89	2.0	7.5		87	147
Y180M-2	22.0	2940	42.2	90.5	0.89	2.0			91	180
Y200L1-2	30.0	2950	56.9	91.4	0.89	2.0			93	240
Y200L2-2	37.0	2950	69.8	92	0.89	2.0			93	260
Y225M-2	45.0	2970	83.9	92.5	0.89	2.0			95	310
Y250M-2	55.0	2970	103	93	0.89	2.0		2.2	95	400
Y280S-2	75.0	2970	140	93.6	0.89	2.0			97	550
Y280M-2	90.0	2970	167	93.9	0.89	2.0			97	620
Y315S-2	110	2980	204	94	0.89	1.8			97	980
Y315M1-2	132	2980	245	94.5	0.89	1.8	7.1		100	1080
Y315L1-2	160	2980	295	94.6	0.89	1.8			100	1160
同步转速 $n=1500$r/min										
Y80M1-2	0.55	1390	1.51	71	0.76	2.4	5.2		67	17
Y80M2-2	0.75	1390	2.01	73	0.76	2.3	6.0	2.3	67	18
Y90S-4	1.1	1400	2.75	76.2	0.78	2.3			67	22

（续）

型 号	额定功率 P_n/kW	满载时				堵转转矩 额定转矩	堵转电流 额定电流	最大转矩 额定转矩	空载噪声 /dB (A声级) 2级	净重 /kg
		转速 /r·min^{-1}	电流 /A	效率 (%)	功率因数 $\cos\varphi$					
同步转速 $n=1500$r/min										
Y90L-4	1.5	1440	3.65	78.5	0.79	2.3	6.0		67	27
Y100L1-4	2.2	1430	5.03	81	0.82	2.2			68	34
Y100L2-4	3.0	1430	6.82	82.6	0.81	2.2			70	38
Y112M-4	4.0	1440	8.77	84.2	0.82	2.2	7.0	2.3	73	43
Y132S-4	5.5	1440	11.6	85.7	0.84	2.2			73	68
Y132M-4	7.5	1440	15.4	87	0.85	2.2			78	81
Y160M-4	11.0	1460	22.6	88.4	0.84	2.2			78	123
Y160L-4	15.0	1460	30.3	89.4	0.85	2.2			82	144
Y180M-4	18.5	1470	35.9	90	0.86	2.0	7.5		82	182
Y180L-4	22.0	1470	42.5	90.5	0.86	2.0			82	190
Y200L-4	30.0	1470	56.8	91.4	0.87	2.0			84	270
Y225S-4	37.0	1480	69.8	92	0.87	1.9			84	300
Y225M-4	45.0	1480	84.2	92.5	0.88	1.9	7.2	2.2	84	320
Y250M-4	55.0	1480	103	93	0.88	2.0			86	427
Y280S-4	75.0	1480	140	93.6	0.88	1.9			90	562
Y280M-4	90.0	1480	161	93.9	0.89	1.9			90	670
Y315S-4	110	1480	201	94.5	0.89	1.8			94	1000
Y315M-4	132	1490	241	94.8	0.89	1.8	6.9		98	1100
Y315L1-4	160	1490	291	94.9	0.89	1.8			98	1160
同步转速 $n=1000$r/min										
Y90S-6	0.75	910	2.25	69	0.70	2.0			65	23
Y90L-6	1.1	910	3.15	72	0.72	2.0	5.5		65	25
Y100L-6	1.5	940	3.97	76	0.74	2.0			67	35
Y112M-6	2.2	940	5.61	79	0.74	2.0		2.2	67	45
Y132S-6	3	960	7.23	81	0.76	2.0			71	65
Y132M1-6	4	960	9.40	82	0.77	2.0			71	75
Y132M2-6	5.5	960	12.6	84	0.78	2.0	6.5		71	85
Y160M-6	7.5	970	17.0	86	0.78	2.0			75	120
Y160L-6	11	970	24.6	87.5	0.78	2.0		2.0	75	150

（续）

型　号	额定功率 P_n/kW	满载时				堵转转矩/额定转矩	堵转电流/额定电流	最大转矩/额定转矩	空载噪声/dB（A 声级）2 级	净重/kg
		转速/r·min^{-1}	电流/A	效率（%）	功率因数 $\cos\varphi$					
同步转速 $n = 1000$r/min										
Y180L-6	15	970	31.4	89	0.81	2.0			78	200
Y200L1-6	18.5	970	37.7	90	0.83	2.0			78	220
Y200L2-6	22	970	44.6	90	0.83	2.0			78	250
Y225M-6	30	980	59.5	91.5	0.85	1.7			81	300
Y250M-6	37	980	72	92	0.86	1.7	7.0		81	410
Y280S-6	45	980	85.4	92.5	0.87	1.8		2.0	84	550
Y280M-6	55	980	104	92.8	0.87	1.8			84	600
Y315S-6	75	990	141	93.5	0.87	1.6			91	1000
Y315M-6	90	990	168	93.8	0.87	1.6			91	1080
Y315L1-6	110	990	205	94	0.87	1.6	6.7		91	1150
Y315L2-6	132	990	246	94.2	0.87	1.6			92	1210
同步转速 $n = 750$r/min										
Y132S-8	2.2	710	5.81	80.5	0.71	2.0			66	70
Y132M-8	3	710	7.72	82	0.72	2.0			66	80
Y160M1-8	4	720	9.91	84	0.73	2.0	6		69	120
Y160M2-8	5.5	720	13.3	85	0.74	2.0			69	125
Y160L-8	7.5	720	17.7	86	0.75	2.0			72	150
Y180L-8	11	730	25.1	87.5	0.77	1.7			72	200
Y200L-8	15	730	34.1	88	0.76	1.8			75	250
Y225S-8	18.5	730	41.3	89.5	0.76	1.7			75	270
Y225M-8	22	730	47.6	90	0.78	1.8		2.0	75	300
Y250M-8	30	730	63.0	90.5	0.80	1.8			78	400
Y280S-8	37	740	78.2	91	0.79	1.8	6.6		78	520
Y280M-8	45	740	93.2	91.7	0.80	1.8			78	600
Y315S-8	55	740	111	92	0.80	1.6			86	1000
Y315M-8	75	740	150	92.5	0.81	1.6			87	1100
Y315L1-8	90	740	179	93	0.82	1.6			87	1160
Y315L2-8	110	740	219	93.3	0.82	1.6	6.4		87	1230

表 20-6 Y 系列(IP44)三相异步电动机 B3 安装尺寸及外形尺寸

（单位：mm）

机座号80~132　机座号160~315　机座号355

机座号80~315

机座号355

机座带底脚、端盖上无凸缘的电动机

安装尺寸及公差 / 外形尺寸

机座号	极数	A 公称尺寸	A/2 公称尺寸	B 公称尺寸	C 公称尺寸	C 极限偏差	D 公称尺寸	D 极限偏差	E 公称尺寸	E 极限偏差	F 公称尺寸	F 极限偏差	G 公称尺寸	G 极限偏差	H 公称尺寸	H 极限偏差	K 公称尺寸	K 极限偏差	位置度公差	AB	AC	AD	HD	L
80M	2、4	125	62.5	100	50	±1.5	19	+0.009 −0.004	40	±0.31	6	0 −0.030	15.5	0 −0.10	80	0 −0.5	10	+0.36 0	φ1.0⑩	165	175	150	175	290
90S	2、4、6	140	70	100	56	±1.5	24	+0.009 −0.004	50	±0.31	8	0 −0.036	20	0 −0.20	90	0 −0.5	10	+0.36 0	φ1.0⑩	180	195	160	195	315
90L	2、4、6	140	70	125	56	±1.5	24	+0.009 −0.004	50	±0.31	8	0 −0.036	20	0 −0.20	90	0 −0.5	10	+0.36 0	φ1.0⑩	180	195	160	195	340
100L	2、4、6	160	80	140	63	±2.0	28	+0.018 +0.002	60	±0.37	8	0 −0.036	24	0 −0.20	100	0 −0.5	12	+0.36 0	φ1.0⑩	205	215	180	245	380
112M	2、4、6	190	95	140	70	±2.0	28	+0.018 +0.002	60	±0.37	8	0 −0.036	24	0 −0.20	112	0 −0.5	12	+0.36 0	φ1.0⑩	245	240	190	265	400
132S	2、4、6、8	216	108	140	89	±2.0	38	+0.018 +0.002	80	±0.37	10	0 −0.036	33	0 −0.20	132	0 −0.5	12	+0.36 0	φ1.0⑩	280	275	210	315	475
132M	2、4、6、8	216	108	178	89	±2.0	38	+0.018 +0.002	80	±0.37	10	0 −0.036	33	0 −0.20	132	0 −0.5	12	+0.36 0	φ1.0⑩	280	275	210	315	515
160M	2、4、6、8	254	127	210	108	±3.0	42	+0.018 +0.002	110	±0.43	12	0 −0.043	37	0 −0.20	160	0 −0.5	14.5	+0.43 0	φ1.2⑩	330	335	265	385	605
160L	2、4、6、8	254	127	254	108	±3.0	48	+0.018 +0.002	110	±0.43	14	0 −0.043	42.5	0 −0.20	160	0 −0.5	14.5	+0.43 0	φ1.2⑩	330	335	265	385	650
160L	2、4、6、8	279	139.5	241	121	±3.0	48	+0.018 +0.002	110	±0.43	14	0 −0.043	42.5	0 −0.20	180	0 −0.5	14.5	+0.43 0	φ1.2⑩	355	380	285	430	670
180M	2、4、6、8	279	139.5	279	121	±3.0	48	+0.018 +0.002	110	±0.43	14	0 −0.043	42.5	0 −0.20	180	0 −0.5	14.5	+0.43 0	φ1.2⑩	355	380	285	430	710
180L	4、8	318	159	305	133	±4.0	55	+0.030 +0.011	140	±0.50	16	0 −0.043	49	0 −0.20	200	0 −0.5	18.5	+0.52 0	φ1.2⑩	395	420	315	475	775
200L	4、8	318	159	305	149	±4.0	60	+0.030 +0.011	140	±0.50	18	0 −0.043	53	0 −0.20	200	0 −0.5	18.5	+0.52 0	φ1.2⑩	395	420	315	475	820
225S	2	356	178	286	149	±4.0	55	+0.030 +0.011	110	±0.43	16	0 −0.043	49	0 −0.20	225	0 −0.5	18.5	+0.52 0	φ2.0⑩	435	475	345	530	815
225M	4、6、8	356	178	311	149	±4.0	60	+0.030 +0.011	140	±0.50	18	0 −0.043	53	0 −0.20	225	0 −0.5	18.5	+0.52 0	φ2.0⑩	435	475	345	530	845
250M	2 / 4、6、8	406	203	349 / 168	168	±4.0	65	+0.030 +0.011	140	±0.50	18	0 −0.043	58	0 −0.20	250	0 −0.5	24	+0.52 0	φ2.0⑩	490	515	385	575	930

① K

（续）

机座号	极数	A 公称尺寸	A/2 公称尺寸	B 公称尺寸	C 公称尺寸	C 极限偏差	D 公称尺寸	D 极限偏差	E 公称尺寸	E 极限偏差	F 公称尺寸	F 极限偏差	G 公称尺寸	G 极限偏差	H 公称尺寸	H 极限偏差	K① 公称尺寸	K① 极限偏差	K① 位置度公差	AB	AC	AD	HD	L
280S	2	457	228.5	368	190	±4.0	65	+0.030 +0.011	140	±0.50	18	0 −0.043	58	−0.20	280	0 −1.0	24	+0.52 0		550	580	410	640	1000
	4,6,8						75		140		20	0 −0.052	67.5											
280M	2	457	228.5	419	190	±4.0	65	+0.030 +0.011	140	±0.50	18	0 −0.043	58	−0.20	280	0 −1.0	24	+0.52 0		550	580	410	640	1050
	4,6,8						75		140		20	0 −0.052	67.5											
315S	2	508	254	406	216	±4.0	65	+0.030 +0.011	140	±0.50	18	0 −0.043	58	−0.20	315	0 −1.0	28	+0.52 0	φ2.0⑩	635	645	576	865	1240
	4,6,8,10						80		170		22	0 −0.052	71											1270
315M	2	508	254	457	216	±4.0	65	+0.030 +0.011	140	±0.50	18	0 −0.043	58	−0.20	315	0 −1.0	28	+0.52 0						1310
	4,6,8,10						80		170		22	0 −0.052	71											1340
315L	2	508	254	508	216	±4.0	65	+0.030 +0.011	140	±0.50	18	0 −0.043	58	−0.20	315	0 −1.0	28	+0.52 0						1310
	4,6,8,10						80		170		22	0 −0.052	71											1340
355M	2	610	305	560	254	±4.0	75	+0.030 +0.011	140	±0.50	20	0 −0.052	67.5	−0.20	355	0 −1.0	28	+0.52 0		740	750	680	1035	1540
	4,6,8,10						95	+0.035 +0.013	170	±0.57	25		86											1570
355L	2	610	305	630	254	±4.0	75	+0.030 +0.011	140	±0.50	20	0 −0.052	67.5	−0.20	355	0 −1.0	28	+0.52 0						1540
	4,6,8,10						95	+0.035 +0.013	170	±0.57	25		86											1570

① K孔的位置度公差以轴伸的轴线为基准。

表20-7 Y系列(IP44)三相异步电动机 B35安装尺寸及外形尺寸

（单位：mm）

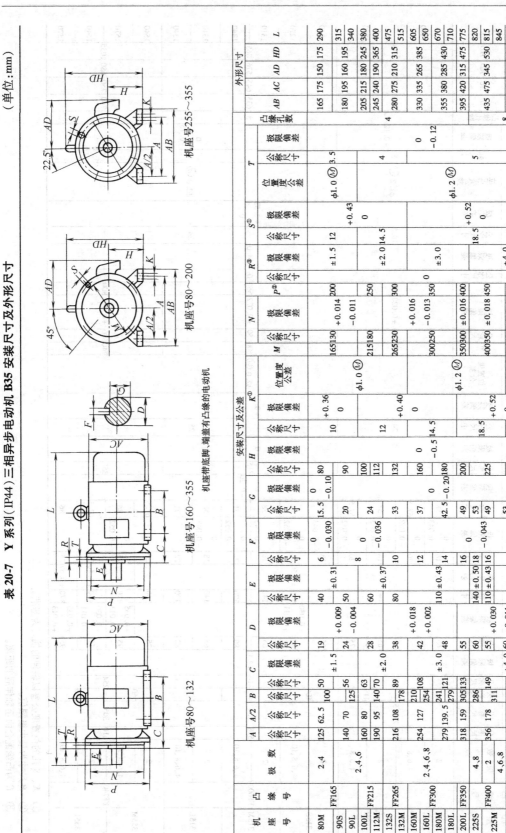

机座号255～355
机座号80～200
机座号160～355
机座号80～132
机座带底脚、端盖有凸缘的电动机

机座号	凸缘号	极数	A	A/2	B	C	D	E	F	G	H	K	M	N	P	S	T	凸缘孔数	AB	AC	AD	HD	L
80M	FF165	2,4	125	62.5	100	50	19	40	6	15.5	80	10	165	130	200	12	3.5	4	165	175	150	175	290
90S		2,4,6	140	70	100	56	24	50	8	20	90	10							180	195	160	195	315
90L			140	70	125	56	24	50	8	20	90	10							180	195	160	195	340
100L	FF215		160	80	140	63	28	60	8	24	100	12	215	180	250	14.5	4		205	215	180	245	380
112M			190	95	140	70	28	60	8	24	112	12							245	240	190	265	400
132S	FF265	2,4,6,8	216	108	140	89	38	80	10	33	132	12	265	230	300	14.5	4		280	275	210	315	475
132M			216	108	178	89	38	80	10	33	132	12							280	275	210	315	515
160M	FF300		254	127	210	108	42	110	12	37	160	14.5	300	250	350	18.5	5	8	330	335	265	385	605
160L			254	127	254	108	42	110	12	37	160	14.5							330	335	265	385	650
180M			279	139.5	241	121	48	110	14	42.5	180	14.5							355	380	285	430	670
180L			279	139.5	279	121	48	110	14	42.5	180	14.5							355	380	285	430	710
200L	FF350	4,8	318	159	305	133	55	110	16	49	200	18.5	350	300	400	18.5	5		395	420	315	475	775
225S	FF400	2	356	178	286	149	60	140	18	53	225	18.5	400	350	450	18.5	5		435	475	345	530	820
225M		4,6,8	356	178	311	149	55	110	16	49	225								435	475	345	530	815
225M		2	356	178	311	149	60	140	18	53	225												845
250M	FF500	4,6,8	406	203	349	168	65	140	18	58	250	24	500	450	550				490	515	385	575	930

（续）

机座号	凸缘号	极数	A 公称尺寸	A/2 公称尺寸	B 公称尺寸	C 公称尺寸	C 极限偏差	D 公称尺寸	D 极限偏差	E 公称尺寸	E 极限偏差	F 公称尺寸	F 极限偏差	G 公称尺寸	G 极限偏差	H 公称尺寸	H 极限偏差	K 公称尺寸	K 极限偏差	K 位置度公差	M 公称尺寸	N 公称尺寸	N 极限偏差	P 公称尺寸	R 极限偏差	S 公称尺寸	S 极限偏差	T 位置度公差	T 公称尺寸	T 极限偏差	凸缘孔数	AB	AC	AD	HD	L
280S	FF500	2	457	228.5	368	190	±4.0	65	+0.030 / +0.011	140	±0.50	18	0 / −0.043	58	0 / −0.20	280	0 / −1.0	24	+0.52 / 0		500	450	±0.020	550	±4.0	18.5	+0.52 / 0	φ1.2 Ⓜ	5	0 / −0.12	8	550	585	410	640	1000
		4,6,8						75		170		20	0 / −0.052	67.5																							
280M	FF500	2	457	228.5	419	190	±4.0	65	+0.030 / +0.011	140	±0.50	18	0 / −0.043	58	0 / −0.20	280	0 / −1.0	24	+0.52 / 0		500	450	±0.020	550	±4.0	18.5	+0.52 / 0	φ1.2 Ⓜ	5	0 / −0.12	8	550	585	410	640	1050
		4,6,8						75		170		20	0 / −0.052	67.5																							
315S	FF600	2	508	254	406	216	±4.0	65	+0.030 / +0.011	140	±0.50	18	0 / −0.043	58	0 / −0.20	315	0 / −1.0	28	+0.52 / 0	φ2.0 Ⓜ	600	550	±0.022	660	±4.0	24	+0.52 / 0	φ2.0 Ⓜ			8	635	645	576	865	1240
		4,6,8,10						80		170		22	0 / −0.052	71																						1270
315M	FF600	2	508	254	457	216	±4.0	65	+0.030 / +0.011	140	±0.50	18	0 / −0.043	58	0 / −0.20	315	0 / −1.0	28	+0.52 / 0	φ2.0 Ⓜ	600	550	±0.022	660	±4.0	24	+0.52 / 0	φ2.0 Ⓜ			8	635	645	576	865	1310
		4,6,8,10						80		170		22	0 / −0.052	71																						1340
315L	FF600	2	508	254	508	216	±4.0	65	+0.030 / +0.011	140	±0.50	18	0 / −0.043	58	0 / −0.20	315	0 / −1.0	28	+0.52 / 0	φ2.0 Ⓜ	600	550	±0.022	660	±4.0	24	+0.52 / 0	φ2.0 Ⓜ			8	635	645	576	865	1310
		4,6,8,10						80		170		22	0 / −0.052	71																						1340
355M	FF740	2	610	305	560	254	±4.0	75	+0.030 / +0.011	140	±0.50	20	0 / −0.052	67.5	0 / −0.20	355	0 / −1.0	28	+0.52 / 0	φ2.0 Ⓜ	740	680	±0.025	800	±4.0	24	+0.52 / 0	φ2.0 Ⓜ	6	0 / −0.15	8	740	750	680	1035	1540
		4,6,8,10						95	+0.035 / +0.013	170		25	0 / −0.057	86																						1570
355L	FF740	2	610	305	630	254	±4.0	75	+0.030 / +0.011	140	±0.50	20	0 / −0.052	67.5	0 / −0.20	355	0 / −1.0	28	+0.52 / 0	φ2.0 Ⓜ	740	680	±0.025	800	±4.0	24	+0.52 / 0	φ2.0 Ⓜ	6	0 / −0.15	8	740	750	680	1035	1540
		4,6,8,10						95	+0.035 / +0.013	170		25	0 / −0.057	86																						1570

① K、S孔的位置度公差以轴伸的轴线为基准。
② P尺寸为最大极限值。
③ R为凸缘配合面至轴伸肩的距离。

三、YZR、YZ 系列起重及冶金用三相异步电动机（摘自 JB/T 10104—1999 JB/T 10105—1999）

参照机械部及国内电机企业的相关技术规范，YZR，YZ 系列起重及冶金用三相异步电动机的技术数据、安装尺寸及外形尺寸见表 20-8～表 20-10。

表 20-8 YZR 系列电动机技术数据

型号	S2② 30min 额定功率/kW	S2② 30min 转速/$(r\cdot min^{-1})$	S2② 60min 额定功率/kW	S2② 60min 转速/$(r\cdot min^{-1})$	S3③ FC④=15% 额定功率/kW	S3③ FC=15% 转速/$(r\cdot min^{-1})$	FC=25% 额定功率/kW	FC=25% 转速/$(r\cdot min^{-1})$	FC=40% 额定功率/kW	FC=40% 最大转矩/额定转矩	FC=40% 转速/$(r\cdot min^{-1})$	FC=60% 额定功率/kW	FC=60% 转速/$(r\cdot min^{-1})$
YZR112M-6	1.8	815	1.5	866	2.2	725	1.8	815	1.5	2.5	866	1.1	912
YZR132M1-6	2.5	892	2.2	908	3.0	855	2.5	892	2.2	2.86	908	1.3	924
YZR132M2-6	4.0	900	3.7	908	5.0	875	4.0	900	3.7	2.51	908	3.0	937
YZR160M1-6	6.3	921	5.5	930	7.5	910	6.3	921	5.5	2.56	930	5.0	935
YZR160M2-6	8.5	930	7.5	940	11	908	8.5	930	7.5	2.78	940	6.3	949
YZR160L-6	13	942	11	957	15	920	13	942	11	2.47	945	9.0	952
YZR180L-6	17	955	15	962	20	946	17	955	15	3.2	962	13	963
YZR200L-6	26	956	22	964	33	942	26	956	22	2.88	964	19	969
YZR225M-6	34	957	30	962	40	947	34	957	30	3.3	962	26	968
YZR250M1-6	42	960	37	965	50	950	42	960	37	3.13	960	32	970
YZR250M2-6	52	958	45	965	63	947	52	958	45	3.48	965	39	969
YZR280S-6	63	966	55	969	75	960	63	966	55	3	969	48	972
YZR160L-8	9	694	7.5	705	11	676	9	694	7.5	2.73	705	6	717
YZR180L-8	13	700	11	700	15	690	13	700	11	2.72	700	9	720
YZR200L-8	18.5	701	15	712	22	700	18.5	701	15	2.94	712	13	718
YZR225M-8	26	708	22	715	33	696	26	708	22	2.96	715	18.5	721
YZR250M1-8	35	715	30	720	42	710	35	715	30	2.64	720	26	725
YZR250M2-8	42	716	37	720	52	706	42	716	37	2.73	720	32	725
YZR280M-8	63	722	55	725	75	715	63	722	55	2.85	725	43	730
YZR315S-8	85	724	75	727	100	719	85	724	75	2.74	727	63	731
YZR280S-10	42	571	37	560	55	564	42	571	37	2.8	572	32	578
YZR280M-10	55	556	45	560	63	548	55	556	45	3.16	560	37	569
YZR315S-10	63	580	55	580	75	574	63	580	55	3.11	580	48	585
YZR315M-10	85	576	75	579	100	570	85	576	75	3.45	579	63	585
YZR355M-10	110	581	90	585	132	576	110	581	90	3.33	589	75	588

① 表示热等效起动次数。
② S2 表示短时工作制。
③ S3 表示断续周期工作制，每一周期 10min。
④ FC 表示基准负载持续率。

表 20-9　YZ 系列电动机技术数据

型号	S2② 30min 额定功率/kW	S2② 30min 定子电流/A	S2② 30min 转速/(r·min⁻¹)	S2② 60min 额定功率/kW	S2② 60min 定子电流/A	S2② 60min 转速/(r·min⁻¹)	S3③ 6次/h① FC④=15% 额定功率/kW	FC=15% 定子电流/A	FC=15% 转速/(r·min⁻¹)	FC=25% 额定功率/kW	FC=25% 定子电流/A	FC=25% 转速/(r·min⁻¹)	FC=40% 额定功率/kW	FC=40% 定子电流/A
YZ112M-6	1.8	4.9	892	1.5	4.25	920	2.2	6.5	810	1.8	4.9	892	1.5	4.25
YZ132M1-6	2.5	6.5	920	2.2	5.9	935	3.0	7.5	804	2.5	6.5	920	2.2	5.9
YZ132M2-6	4.0	9.2	912	3.7	8.8	915	5	11.6	890	4	9.2	915	3.7	8.8
YZ160M1-6	6.3	14.1	933	5.5	12.5	922	7.5	16.8	903	6.3	14.1	922	5.5	12.5
YZ160M2-6	8.5	18	948	7.5	15.9	943	11	25.4	926	8.5	18	943	7.5	15.9
YZ160L-6	15	32	953	11	24.6	920	15	32	920	13	28.7	936	11	24.6
YZ160L-8	9	21.1	705	7.5	18	694	11	27.4	675	9	21.1	694	7.5	18
YZ180L-8	13	30	694	11	25.8	675	15	35.3	654	13	30	675	11	25.8
YZ200L-8	18.5	40	710	15	33.1	697	22	47.5	686	18.5	40	697	15	33.1
YZ225M-8	26	53.5	712	22	45.8	701	33	69	687	26	53.5	701	22	45.8
YZ250M1-8	35	74	681	30	63.3	681	42	89	663	35	74	681	30	63.3
YZ112M-6	920	2.0	2.0	4.47	69.5	0.765	1.1	2.7	946	0.8	3.5	980	0.022	58
YZ132M1-6	935	2.0	2.0	5.16	74	0.745	1.8	5.3	950	1.5	4.9	960	0.056	80
YZ132M2-6	912	2.0	2.0	5.54	79	0.79	3.0	7.5	940	2.8	7.2	945	0.062	92
YZ160M1-6	933	2.0	2.0	4.9	80.6	0.83	5.0	11.5	940	4.0	10	953	0.0114	119
YZ160M2-6	948	2.3	2.3	5.52	83	0.86	6.3	14.2	956	5.5	13	961	0.143	132
YZ160L-6	953	2.3	2.3	6.17	84	0.852	9	20.6	964	7.5	18.8	972	0.192	152
YZ160L-8	705	2.3	2.3	5.1	82.4	0.766	6	15.6	717	5	14.2	724	0.192	152
YZ180L-8	694	2.3	2.3	4.9	80.9	0.811	9	21.5	710	7.5	19.2	718	0.352	205
YZ200L-8	710	2.5	2.5	6.1	86.2	0.8	13	28.1	714	11	26	720	0.622	276
YZ225M-8	712	2.5	2.5	6.2	87.5	0.834	18.5	40	718	17	37.5	720	0.820	347
YZ250M1-8	694	2.5	2.5	5.47	85.7	0.84	26	56	702	22	45	717	1.432	462

注：①、②、③、④同表 20-8。

表 20-10　YZ、YZR 系列电动机（卧式）安装尺寸及外形尺寸 （单位：mm）

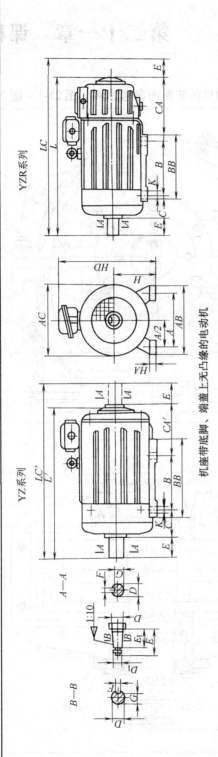

YZ系列　　YZR系列

机座带底脚、端盖上无凸缘的电动机

机座号	A	A/2	B	C	CA	CA'	D	D_1	E	E_1	F (N9)	G	H	K	螺栓直径	AB	AC	BB	LC	LC'	HD	L	L'	HA
									安装尺寸									外形尺寸						
YZ、YZR112M	190	95	140	70	300	135	32k6		80		10	27	112	12	M10	250	245	235	670	505	335	590	420	18
YZ、YZR132M	216	108	178	89	300	150	38k6		80		10	33	132	12	M10	275	285	260	727	577	365	645	495	20
YZ、YZR160M	254	127	210	108	330	180	48k6		110		14	42.5	160	15	M12	320	325	290	868	718	425	758	608	25
YZ、YZR160L	254	127	254	108	330	180	48k6		110		14	42.5	160	15	M12	320	325	335	912	762	425	800	650	25
YZ、YZR180L	279	139.5	279	121	360	180	55k8	M36×3	110	82	14	19.9	180	15	M12	360	360	380	980	800	465	870	685	25
YZ、YZR200L	318	159	305	133	400	210	60k8	M42×3	140	105	16	21.4	200	19	M16	405	405	400	1118	928	510	975	780	28
YZ、YZR225M	356	178	311	149	450	258	65k8	M42×3	140	105	16	23.9	225	19	M16	455	430	410	1190	998	545	1050	850	28
YZ、YZR250M	406	203	349	168	540	295	70k8	M48×3	140	105	18	25.4	250	24	M20	515	480	510	1337	1092	605	1195	935	30
YZR280S	457	228.5	368	190	540		85k8	M56×4	170	130	20	31.7	280	24	M20	575	535	530	1438		665	1265		32
YZR280M	457	228.5	419	190	540		85k8	M56×4	170	130	20	31.7	280	24	M20	575	535	580	1489		665	1315		32
YZR315S	508	254	406	216	600		95k8	M64×4	170	130	22	35.2	315	28	M24	640	620	580	1562		750	1390		35
YZR315M	508	254	457	216	600		95k8	M64×4	170	130	22	35.2	315	28	M24	640	620	630	1613		750	1440		35
YZR355M	610	305	560	254	630		110k8	M80×4	210	165	25	41.9	355	28	M24	740	710	730	1864		840	1650		38
YZR355L	610	305	630	254	630		110k8	M80×4	210	165	25	41.9	355	28	M24	740	710	800	1934		840	1720		38
YZR400L	686	343	710	280	630		130k8	M100×4	250	200	28	50	400	35	M30	855	840	910	2120		950	1865		45

本章选编了机械设计课程设计中部分典型设计题目的装配图参考图例（图21-1～图21-

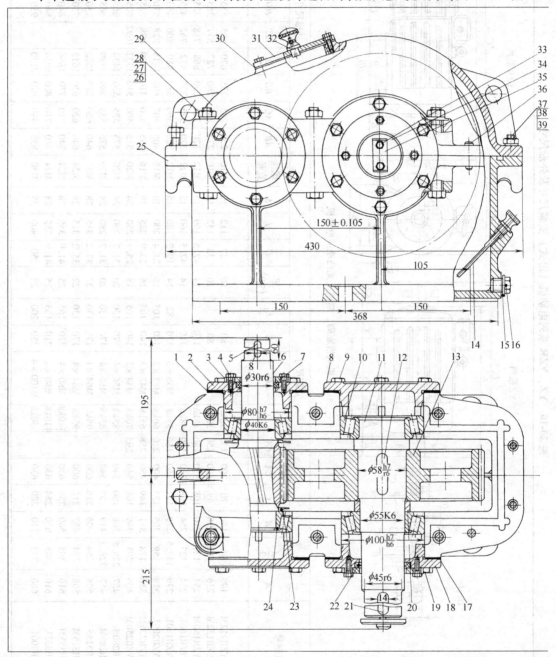

150 ± 0.105

$\phi 30r6$

$\phi 80 \frac{h7}{h6}$

$\phi 40K6$

$\phi 58 \frac{h7}{r6}$

$\phi 55K6$

$\phi 100 \frac{h7}{h6}$

$\phi 45r6$

图 21-1　一级圆柱

设计参考图例

8），供设计时参考。

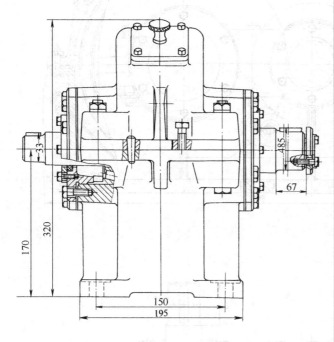

减速器特性

1. 功率：5kW。2. 高速轴转速：327r/min。3. 传动比：3.95。

技术要求

1. 在装配之前，所有零件用煤油清洗，滚动轴承用汽油清洗，机体内不允许有任何杂物存在。内壁涂不被机油侵蚀的涂料两次。
2. 啮合侧隙 C_n 的大小用铅丝来检验，保证侧隙不小于0.14mm，所用铅丝不得大于最小侧隙的四倍。
3. 用涂色法检验斑点，按齿高接触斑点不少于45%，按齿长接触斑点不少于60%。必要时可用研磨或刮后研磨改善接触情况。
4. 调整、固定轴承时应留有轴向间隙：ϕ40时为0.05~0.1mm，ϕ55时为0.08~0.15mm。
5. 检查减速器剖分面、各接触及密封处，均不漏油。剖分面允许涂密封油或水玻璃，不允许使用任何填料。
6. 机座内装L-AN 68润滑油至规定高度。
7. 表面涂灰色油漆。

齿轮减速器图例

序号	名称	数量	材料	备注
39	垫圈	2	65Mn	10 GB/T 93—1987
38	螺母	2	Q235A	M10 GB/T 6170—2000
37	螺栓	3	Q235A	M10×35 GB/T 5782—2000
36	销	2	35钢	8×30 GB/T 117—2000
35	防松垫片	1	35钢	
34	轴端挡圈	1	Q235A	B55 GB/T 891—1986
33	螺栓	2	Q235A	M6×20 GB/T 5782—2000
32	通气器	1	Q235A	
31	视孔盖	1	35钢	
30	垫片	1	石棉橡胶纸	
29	机盖	1	HT200	
28	垫圈	6	65Mn	12 GB/T 93—1987
27	螺母	6	Q235A	M12 GB/T 6170—2000
26	螺栓	6	Q235A	M12×100 GB/T 5782—2000
25	机座	1	HT200	
24	轴承	2		30208
23	挡油环	2	Q235A	
22	毡封油圈	1	半粗羊毛毡	
21	键	1	Q275	14×56 GB/T 1096—2003
20	定距环	1	Q235A	
19	密封盖	1	Q235A	
18	可穿通端盖	1	HT150	
17	调整垫片	2	08E	成组
16	螺塞	1	Q235A	
15	垫片	1	石棉橡胶纸	
14	油标尺	1		组合件
13	大齿轮	1	40钢	
12	键	1	Q275A	16×50 GB/T 1096—2003
11	轴	1	45钢	
10	轴承	2		30211
9	螺栓	24	Q235A	M8×25 GB/T 5782—2000
8	端盖	1	HT200	
7	毡封油圈	1	半粗羊毛毡	
6	齿轮轴	1	45钢	
5	键	1	Q275	8×50 GB/T 1096—2003
4	螺栓	12	Q235A	M6×15 GB/T 5782—2000
3	密封盖	1	Q235A	
2	可穿通端盖	1	HT200	
1	调整垫片	2	08F	成组
序号	名称	数量	材料	备注

齿轮减速器		比例	图号
		载量	重量
设计			
绘图			
审核			

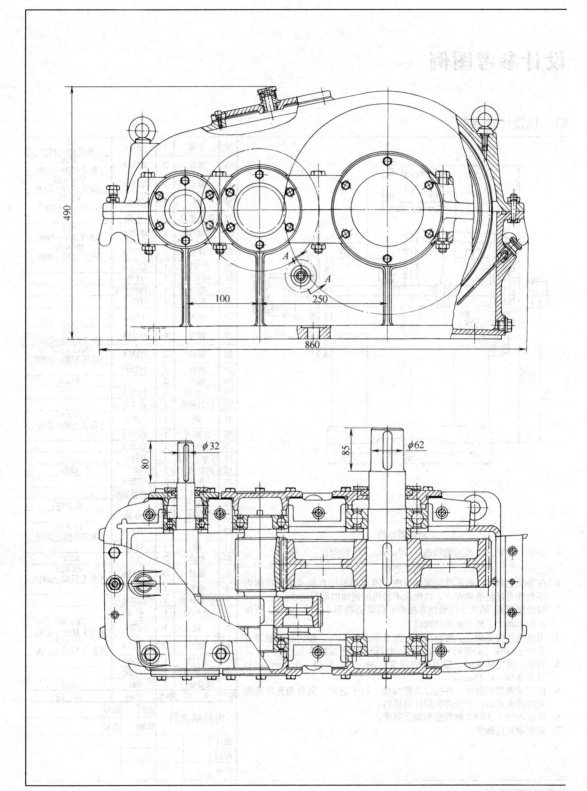

图 21-2　二级展开式

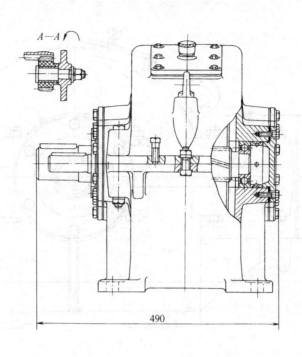

490

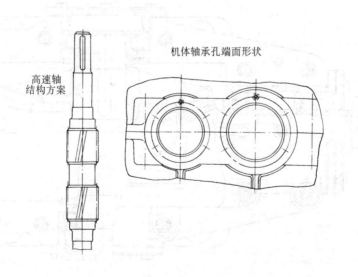

机体轴承孔端面形状

高速轴
结构方案

二级展开式圆柱齿轮减速器

圆柱齿轮减速器图例

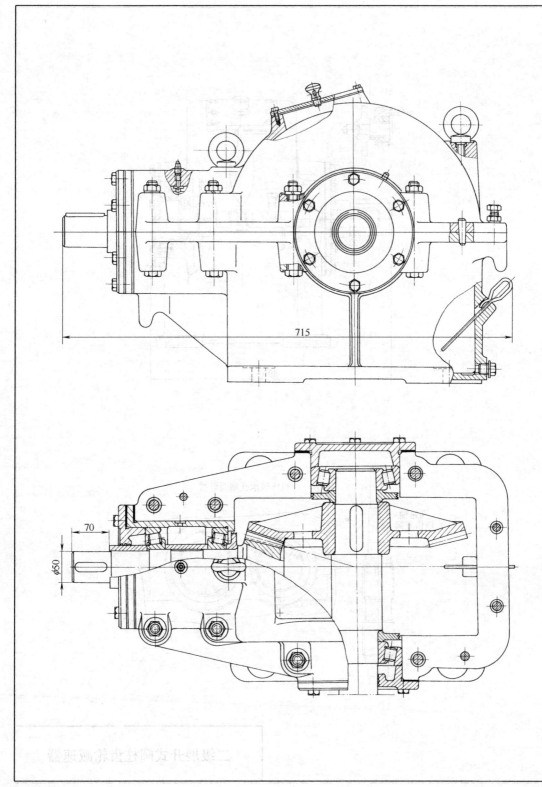

图 21-3 单级锥

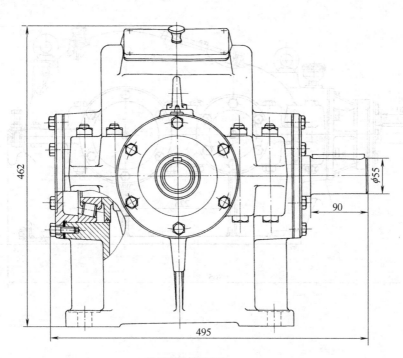

轴承部件结构方案

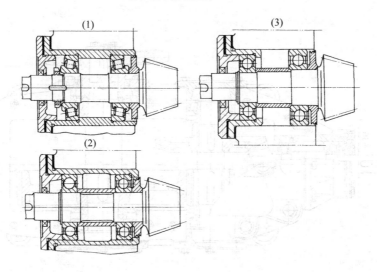

单级锥齿轮减速器

齿轮减速器图例

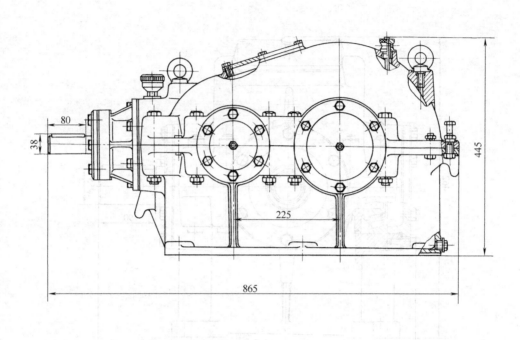

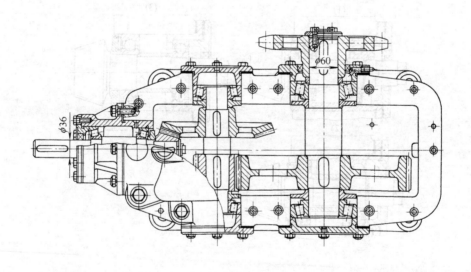

图 21-4　锥齿轮-圆柱

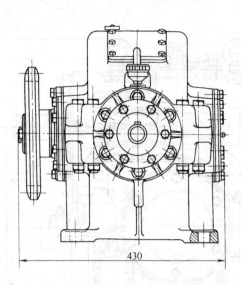

高速锥齿轮轴轴承部件结构方案 (5)

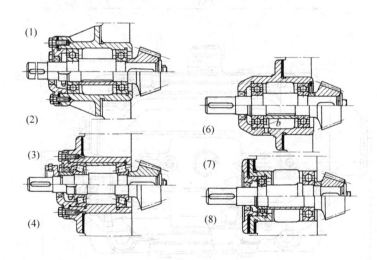

(1)

(2)

(3)

(4)

(6)

(7)

(8)

锥齿轮-圆柱齿轮减速器

齿轮减速器图例

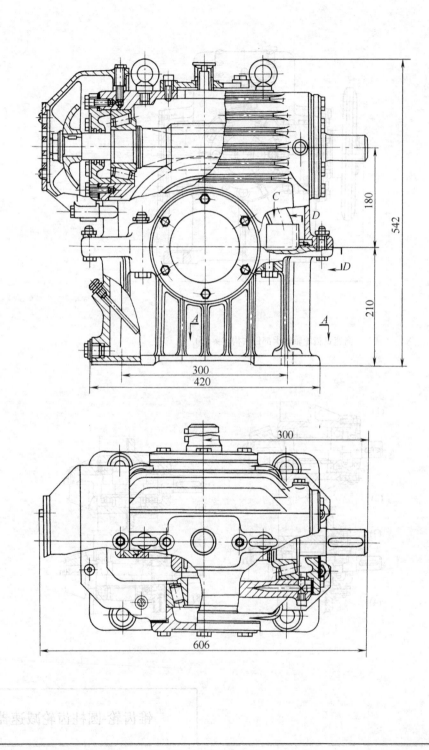

图 21-5　单级蜗杆

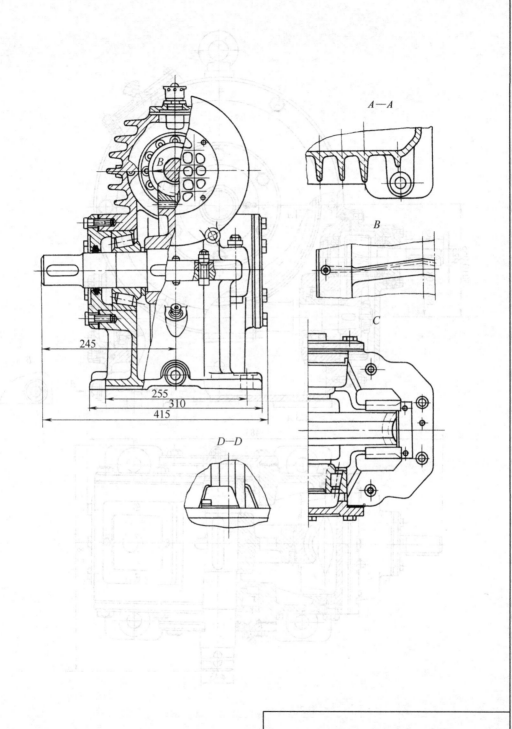

$A-A$

B

C

$D-D$

245

255
310
415

单级蜗杆上置减速器

上置减速器图例

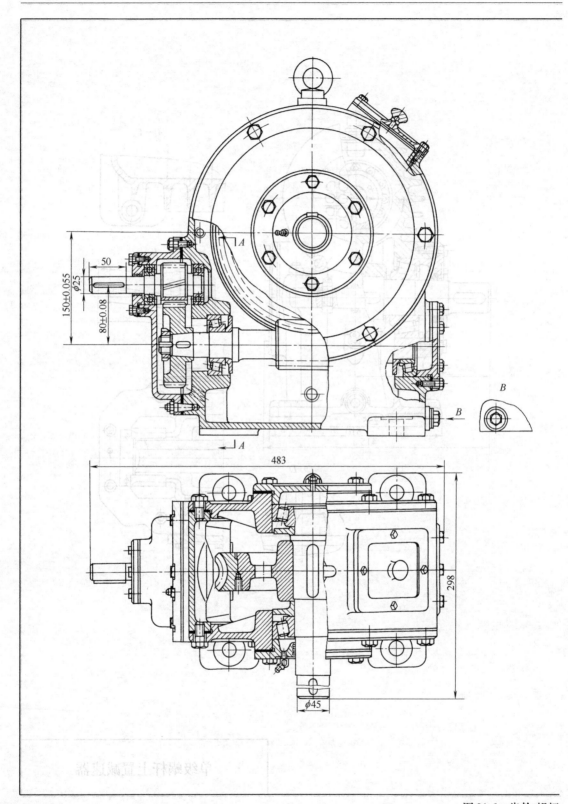

图 21-6　齿轮-蜗杆

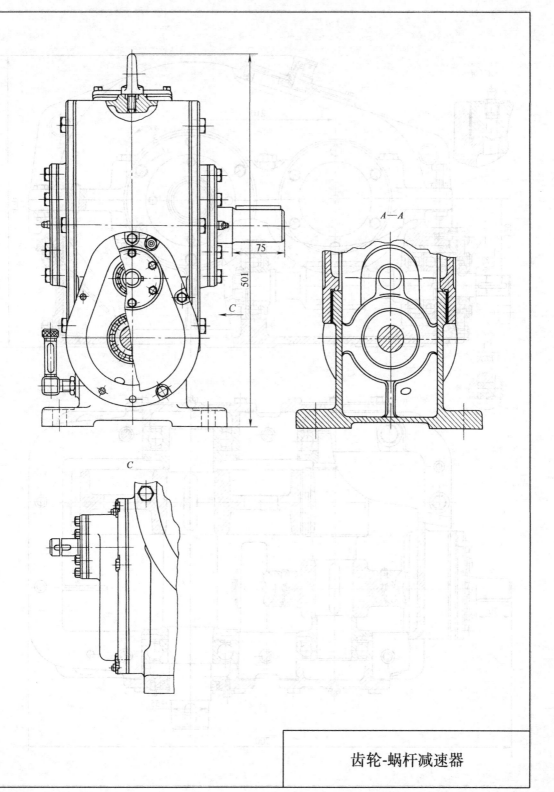

齿轮-蜗杆减速器

减速器图例

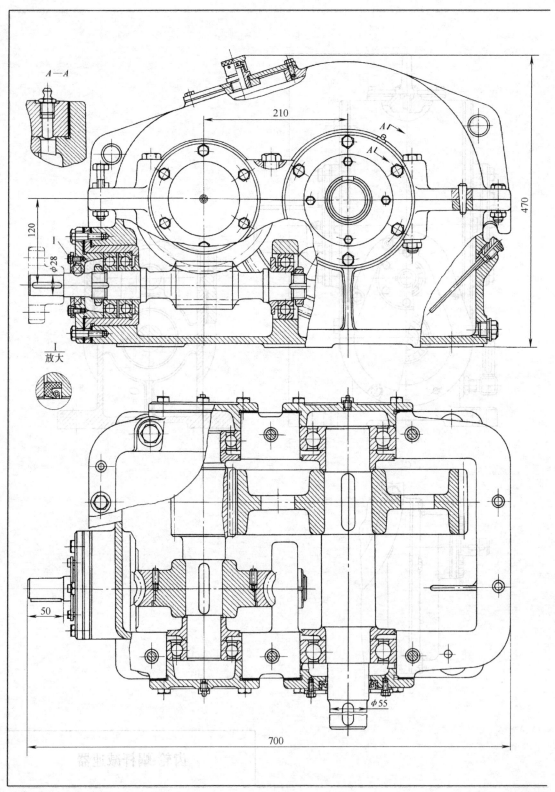

A—A

210

470

120

$\phi 28$

I

I
放大

50

$\phi 55$

700

图 21-7　蜗杆-

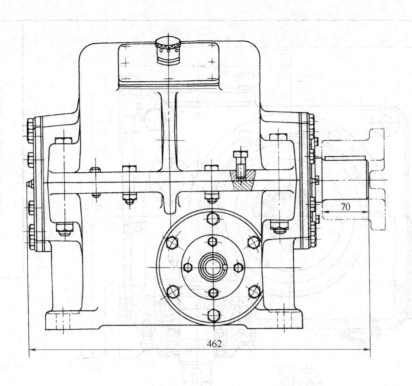

蜗杆轴承结构方案

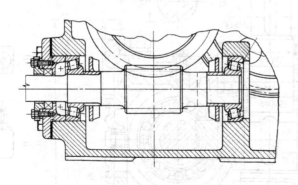

蜗杆—齿轮减速器

齿轮减速器图例

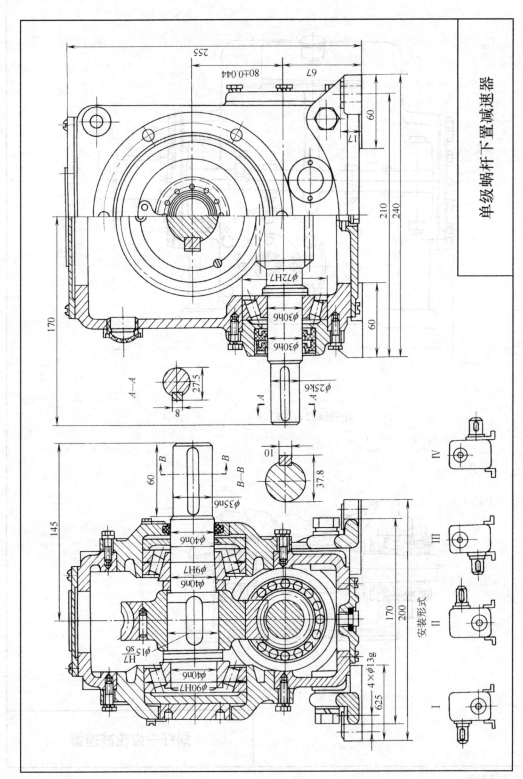

单级蜗杆下置减速器

图21-8 单级蜗杆下置减速器图例

参 考 文 献

[1] 龚溎义，等. 机械设计课程设计指导书 [M]. 2 版. 北京：高等教育出版社，1990.
[2] 任嘉卉，等. 机械设计课程设计 [M]. 北京：北京航空航天大学出版社，2001.
[3] 濮良贵，等. 机械设计 [M]. 7 版. 北京：高等教育出版社，2001.
[4] 陈秀宁，等. 机械设计课程设计 [M]. 4 版. 杭州：浙江大学出版社，2012.
[5] 王大康，等. 机械设计课程设计 [M]. 2 版. 北京：北京工业大学出版社，2009.
[6] 路永明. 机械设计课程设计 [M]. 东营：中国石油大学出版社，2005.
[7] 郑家骧，等. 机械制图及计算机绘图 [M]. 北京：机械工业出版社，2004.
[8] 汤慧瑾. 机械零件课程设计 [M]. 北京：高等教育出版社，1990.
[9] 龚溎义. 机械零件课程设计图册 [M]. 3 版. 北京：高等教育出版社，1989.
[10] 朱龙根. 简明机械零件设计手册 [M]. 2 版. 北京：机械工业出版社，2005.
[11] 毛平淮. 互换性与测量技术基础 [M]. 2 版. 北京：机械工业出版社，2011.
[12] 胡家秀. 简明机械零件设计实用手册 [M]. 2 版. 北京：机械工业出版社，2012.
[13] 任秀华，等. 机械设计基础课程设计 [M]. 2 版. 北京：机械工业出版社，2013.
[14] 骆素君，等. 机械课程设计简明手册 [M]. 2 版. 北京：化学工业出版社，2011.